BO 博士论丛 SHI CONG LUN

生物序列数值化表征模型的矩阵分解方法及其应用

The Approaches to Matrices Factorization for Biological Sequences Numerical Characterization Model and Their Applications

余宏杰　著

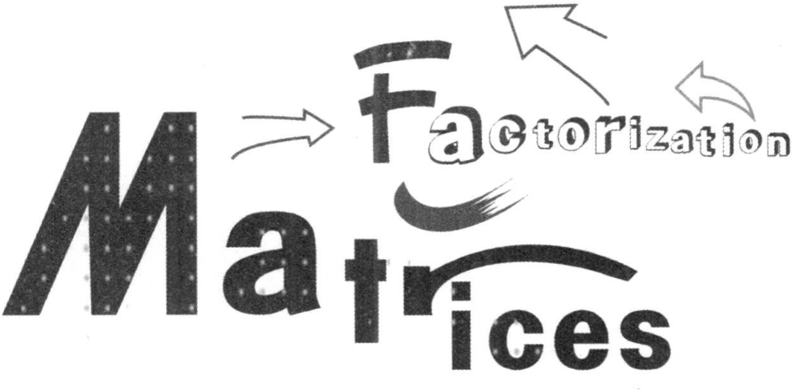

中国科学技术大学出版社

内 容 简 介

本书以生物序列的数值化表征模型所涉及的矩阵分解为核心，以序列的特征信息提取为主要目标，在非序列比对（Alignment-free）的框架下，分别提出了针对DNA/蛋白质序列、基因组序列等的若干个不同的特征信息抽取模型，并将所抽取的特征信息应用于序列的相似度分析.本书取材广泛，内容新颖，理论与应用紧密结合.书中所介绍的生物序列的建模方法、矩阵分解抽取其特征信息的研究策略，可供读者在解决实际问题时予以借鉴.

本书适合生物信息学、图像处理、信号处理等领域有关科研人员参考使用.

图书在版编目(CIP)数据

生物序列数值化表征模型的矩阵分解方法及其应用/余宏杰著.—合肥：中国科学技术大学出版社，2014.6

ISBN 978-7-312-03454-1

Ⅰ.生… Ⅱ.余… Ⅲ.生物分析—序列—数据模型—生物信息论 Ⅳ.Q5

中国版本图书馆CIP数据核字(2014)第110630号

出版 中国科学技术大学出版社
安徽省合肥市金寨路96号，230026
http://press.ustc.edu.cn

印刷 安徽省瑞隆印务有限公司

发行 中国科学技术大学出版社

经销 全国新华书店

开本 710 mm×1000 mm 1/16

印张 13

字数 255千

版次 2014年6月第1版

印次 2014年6月第1次印刷

定价 36.00元

前　言

当前正处于后基因组时代，日益积累的海量数据亟待分析解释，生物信息学便应运而生. 其研究内容十分丰富，而其中的序列相似度分析尤为重要. 这必然会涉及生物序列的表征方式，其中数值化表征模型会运用到矩阵分解技术等. 针对现有的一些序列数值化表征方法普遍存在的不足之处，本书分别从算法设计、数据应用等不同角度，提出若干种有效的用于表征序列的模型. 通过与相关研究成果从理论和实验结果上分别加以比较，以期验证所提出算法的有效性. 而矩阵分析法显示出的特有的、行之有效的影响力，已渗透到相关领域，并取得较好的应用效果. 本书旨在系统地介绍如何从生物序列中抽取特征信息的矩阵模型构建及矩阵分解，以期为相关领域问题的研究提供借鉴.

本书内容安排如下：

(1) 生物序列的图形化表示，为我们提供了一个可供研究序列的可视化工具. 为了直观地比较不同的 DNA 序列，提出一种新的特征信息抽取模型，可对序列作图形化表示，并作序列之间的相似度分析. 引入变换将每条 DNA 序列用近邻核苷酸矩阵(NNM)来表示. 再基于近似联合对角化(AJD)，从每条 DNA 序列变换所得的 NNM 矩阵中抽取特征值作为表征向量(EVV)，视每个 EVV 向量为各自所对应序列的数值描述子(descriptor). 基于表征向量 EVV 可得 DNA 序列的二维表征图形. 此外，利用 k-均值法将这些表征各条序列的曲线图聚为若干个合理的子类. 利用所得向量计算成对距离(pairwise distance)，分析原始序列之间的相似度，从而同步、联合地从多重序列中抽取更多的信息，而非孤立地分析各条序列.

(2) 为了比较不同的基因组序列，提出了新的非比对序列比较方法：考虑到序列具有“序”这一本质属性，基于 16 种不同类型的 2-mer，即双核苷酸(dinucleotides)，定义一种复合变换，能将每条基因组序列转换成 $16\times(L-1)$ 的特征矩阵 $\boldsymbol{M}$. 此外，还发现上述变换具有“保序”的特性. 由矩阵分析理论，对矩阵 $\boldsymbol{M}$ 施以奇异值分解，来导出 16 维的向量用以描述每条基因组序列，用于对 20 条真哺乳亚纲线粒体基因组序列作相似度分析.

(3) 为解决基因组序列维数较高，直接在低维空间数值表征很困难的问题，书中还提出了具有“保距”特性的基因组序列的非比对模型. 先将基因组序列转换成

$16\times(L-1)$的稀疏矩阵 $\boldsymbol{M}$，对所得矩阵 $\boldsymbol{M}$ 施以奇异值分解，便得 16 维“特征值”向量 $\boldsymbol{F}$ 用以表征每条基因组序列. 通过主成分分析(PCA)，将所得的前几个主元用于序列之间的比较. 从理论上证明了：① 模型属于保距变换；② 16 元组向量与最近邻的双核苷酸数目密切相关. 利用“特征值”向量 $\boldsymbol{F}$ 构建了各组哺乳动物基因组序列系统树图. 此外，由主成分分析所得的前两个主元绘制物种的二维“Map 图”，用以表征所涉物种间的亲缘关系. 分析结果符合已知的哺乳动物谱系关系，揭示了线粒体基因组以及全基因组序列均能很好地将不同物种区分开来.

(4) 基于所有各种近邻氨基酸(AAA)的分布情况，可将每条蛋白质序列映射成 $400\times(L-1)$的矩阵 $\boldsymbol{M}$. 对 $\boldsymbol{M}$ 施行奇异值分解，从而可得从原始蛋白质序列抽取出归一化的数学描述符 D，其维数为 400. 所得的 400 维归一化“特征”向量(NFV)便于对蛋白质序列作定量分析. 运用蛋白质序列的归一化表示形式，遴选两个典型数据集作相似度分析.

(5) 由于计算开销大的原因，传统的多重序列比对(MSA)不再适合基因组规模上的序列比较. 本书还提出了改进的 K-mer 法：将序列分成若干段，同时将每一段转换成相应的 K-mer. 该算法的关键在于确定出距离测度 d，K 值以及段数 s 的最优组合(d^*, s^*, K^*). 基于从寻优分成的 s^* 个片段的序列转化而来串联在一起的“特征”向量，运用所提出的分段 K-mer 模型(即 s-K-mer)，获得 34 条哺乳动物线粒体基因组序列的系统树状图.

(6) 比较多重基因组序列时，不仅要考虑全局相似性，还须考虑局部相似性. 从信号处理的角度，本书还提出了拟用于基因组序列比较的新算法：先将各条基因组序列分成若干个片段，每段同时转换成相应的基于 K-mer 的向量，此过程可以视为将多重基因组信号经过虚拟传感器(VM)混合后的数值输出，实现了将长度迥异的原始序列转换为等长的向量. 随后，利用基于独立分量分析法(ICA)的变换，可将上述混合输出的向量组向独立主成分投影，由此经过投影抽取器(PE)捕获得到其投影向量；并从理论上严格证明了复合变换具有保距特性. 此外，作为改进，引入双层 VM-PE 模型，以提高相似度分析的性能. 而且经过层级 VM-PE 模型(HVMPE)，大大降低了数据的维度. 利用所提出的 HVMPE 模型，运用于两个线粒体基因组序列数据集作相似度分析.

本书能够顺利地出版，得益于安徽省教育厅自然科学研究重点项目的资助，项目名称为：保序映射算法在序列相似性分析中的应用研究(KJ2013A076). 最后，作者真诚而郑重地感谢安徽科技学院科研处以及中国科学技术大学出版社对本书出版所给予的热忱支持和帮助，在此一并致谢.

余宏杰
2014 年 1 月谨识于中都

目　　录

前言 …………………………………………………………………………（ⅰ）

第 1 章　绪论 …………………………………………………………………（1）

1.1　生物信息学海量数据的产生背景 ……………………………………（1）

1.1.1　生物信息学简介 ……………………………………………………（1）

1.1.2　两种基本的生物序列 ………………………………………………（2）

1.2　生物序列比对概述 ……………………………………………………（4）

1.3　基于序列比对的系统发育树构建方法 ………………………………（5）

1.3.1　分子进化研究的基本方法 …………………………………………（5）

1.3.2　构建系统进化树的详细步骤 ………………………………………（6）

1.3.3　构建系统发育树需要注意的几个问题 ……………………………（10）

1.4　生物序列数值化表征模型的矩阵分解方法的研究背景 ……………（11）

1.4.1　序列图形化表征 ……………………………………………………（12）

1.4.2　基因组序列数值化表征及应用 ……………………………………（13）

1.4.3　蛋白质序列数值化表征及应用 ……………………………………（14）

1.4.4　有关 *K*-mer 的算法概述 ……………………………………………（15）

1.5　本书的内容安排 ………………………………………………………（16）

第 2 章　基于矩阵束联合对角化的 DNA 序列图形化表征及其应用 ………（19）

2.1　DNA 序列的图形化表征方法概述 ……………………………………（19）

2.2　DNA 序列的描述符 ……………………………………………………（20）

2.2.1　相关的一些工作 ……………………………………………………（20）

2.2.2　构建序列的邻接矩阵 ………………………………………………（20）

2.2.3　矩阵分解理论简介 …………………………………………………（21）

2.2.4　有关矩阵对角化的理论 ……………………………………………（29）

2.2.5　近似联合对角化(AJD) ……………………………………………（35）

2.2.6 算法的保距性 …… (36)
2.3 图形化表示法 …… (39)
2.3.1 计算特征值组成的序列表征向量(EVV) …… (40)
2.3.2 AJD 算法收敛性分析 …… (40)
2.3.3 基于特征值组成的表征向量(EVV)的序列图形聚类 …… (41)
2.4 相似度分析 …… (43)
2.4.1 聚类分析基本原理 …… (43)
2.4.2 计算成对距离 …… (59)
2.4.3 11 条 β 球蛋白基因的系统谱系分析 …… (59)
2.4.4 与相关工作的比较 …… (60)
2.5 本章结论 …… (62)

第 3 章　基于 SVD 的基因组序列保序变换及其应用 …… (64)
3.1 DNA 序列数值描述符 …… (64)
3.2 从基因组序列向数值向量的保序变换 …… (65)
3.2.1 基因组序列变换矩阵的构建 …… (65)
3.2.2 所提出的序列变换算法具有的良好性质 …… (67)
3.2.3 保序变换-奇异值分解(OPT-SVD)算法的过程描述 …… (107)
3.3 保序变换算法在基因组序列相似度/相异度分析中的应用 …… (108)
3.4 本章结论 …… (113)

第 4 章　基于保距映射算法的基因组序列 Map 示图及应用 …… (114)
4.1 受 PCA 的启发尝试对基因组序列数值描述 …… (114)
4.2 基因组序列的"保距"变换 …… (115)
4.2.1 特征矩阵的构建 …… (115)
4.2.2 基因组序列变换的特性 …… (115)
4.3 基于保距变换算法的基因组序列的相似度分析 …… (118)
4.3.1 第一个数据集上的实验结果 …… (118)
4.3.2 另一个更大规模数据集上的实验结果 …… (124)
4.4 本章结论 …… (127)

第 5 章　基于 NFV-AAA 算法的蛋白质序列相似度分析 …… (128)
5.1 基于 *K*-mer 的组分向量法背景概述 …… (128)

5.2 基于氨基酸(AAA)分布的蛋白质序列描述符 …… (129)
5.2.1 描述符的范式 …… (129)
5.2.2 蛋白质序列转换成 $400\times(L-1)$ 稀疏矩阵 …… (132)
5.2.3 AAA 优于 SAA …… (133)
5.2.4 对特征矩阵 $\boldsymbol{M}$ 施行 SVD 以抽取序列的特征 …… (135)
5.3 NFV 在相似度分析中的应用 …… (136)
5.3.1 九条 ND5 蛋白质序列的相似度分析 …… (136)
5.3.2 在 24 条转铁蛋白序列的数据集上的应用 …… (141)
5.4 本章结论 …… (143)

第 6 章　分段 K-mer 算法及其在序列相似度分析中的应用 …… (144)
6.1 K-mer 分析法优劣性分析 …… (144)
6.2 基因组序列的描述符 …… (145)
6.3 s-K-mer 在 34 条线粒体基因组序列数据集上的应用 …… (147)
6.3.1 优化算法的数据准备 …… (147)
6.3.2 对 K-mer 进行寻优以便获得其最优阶数 K^* 值 …… (148)
6.3.3 s-K-mer 算法的性能 …… (150)
6.3.4 利用 s-K-mer 对基因组作系统发生分析 …… (153)
6.4 本章结论 …… (154)

第 7 章　基于层级虚拟混合与投影抽取的基因组序列比较 …… (155)
7.1 有关 FFP 与 ICA 背景概述 …… (155)
7.2 基因组序列特征提取模型 …… (160)
7.2.1 基于 K-mer 虚拟混合器的基因组序列数据预处理 …… (160)
7.2.2 虚拟混合与投影抽取模型 …… (162)
7.2.3 层级的 VMPE 模型 …… (166)
7.3 HVMPE 模型在真实基因组数据集上的应用 …… (168)
7.3.1 先行相关数据的准备 …… (168)
7.3.2 确定虚拟混合器(VM)的最佳阶数 K^* …… (171)
7.3.3 对 HVMPE 模型进行最佳段数 s^* 值的寻优 …… (171)
7.3.4 层级的 VMPE 模型的效果分析 …… (172)
7.3.5 基于 HVMPE 模型的基因组序列种系发生分析 …… (174)

7.3.6 在另一个基因组数据集上的应用 …………………………… (176)
7.4 本章结论 …………………………………………………… (177)
第 8 章 总结与展望 ……………………………………………… (179)
8.1 本书的主要工作与创新点 ……………………………………… (179)
8.2 未来工作的设想 ……………………………………………… (181)
8.2.1 NMF 的基本原理 …………………………………………… (182)
8.2.2 序列分析中引入 NMF 算法的构想 ………………………… (186)
参考文献 ………………………………………………………… (188)

第1章　绪　　论

1.1　生物信息学海量数据的产生背景

1.1.1　生物信息学简介

现代科学研究表明，生命大约起源于35亿年前，在地质时间上稍晚于地球的形成时间.最初，生命形式非常简单.不过历经几十亿年的进化，生命形式发生了巨变，形成了当今所见到的简单或是非常复杂的各种各样的生命体.生命体无论复杂抑或简单，均有相似的分子水平上的共性，都含有被称为蛋白质(protein)和核酸(nucleic acid)的分子.在生命体中，蛋白质决定了一个生物是什么和做什么，而核酸则负责编码产生蛋白质所必需的信息，并把这种信息传给后代.

传统的生物学是一门实验性很强的科学，生物学研究十分依赖于对实验数据的处理和分析.然而，随着分子生物学技术的发展，出现了一些高通量的实验方法，产生了海量生物学数据，导致计算机技术和生物学紧密结合，于是产生了新兴的学科，即生物信息学.

生物信息学是一门新兴的交叉学科，以核酸、蛋白质等生物大分子为主要研究对象，涵盖了针对基因组信息的多个研究过程；通过综合运用数学、物理、化学等自然科学和信息以及计算机工程技术等主要手段，来阐明和理解生物数据，使之成为具有明确生物意义的生物信息；以计算机软、硬件和计算机网络为主要工具，对生物大分子数据进行存储、管理、注释、加工，以阐明和理解大量数据所蕴含的生物学意义为目的；并通过对序列和结构数据及其相关文献的查询、搜索、比较、分析，从中获取基因编码、基因调控、代谢途径、核酸和蛋白质结构功能及其相互关系等理论知识.在大量信息和知识的基础上，探索生命起源、生物进化以及细胞、器官和个体的发生、发育、病变、衰亡等生命科学中的重大问题，发现它们的基本规律和时空联系.

1.1.2 两种基本的生物序列

根据上述定义得知，生物信息学研究的基本对象是：核酸和蛋白质序列．下面就对这两种序列进行简单的介绍．

1. 核酸序列

生物体中核酸分子有两类：脱氧核糖核酸（deoxyribonucleic acid），简记为DNA；核糖核酸（ribonucleic acid），简记为RNA．DNA主要分布在细胞核内，少量存在于线粒体中，是生物遗传信息的携带者．RNA大部分存在于细胞质内，小部分分布在细胞核内，与蛋白质的合成有密切关系．DNA分子中有四种碱基，表1.1列出了核酸序列链碱基缩略字符表示及含义．

表1.1 核酸序列链碱基缩略字符表示及含义

符　号	含　义	名　称	符　号	含　义	名　称
a	a	腺嘌呤	k	g或t/u	酮基
g	g	鸟嘌呤	b	g或c或t/u	非a
c	c	胞嘧啶	d	a或g或t/u	非c
t	t	胸腺嘧啶	h	a或c或t/u	非g
r	g或a	嘌呤	v	a或g或c	非t，非u
y	t/u或c	嘧啶	n	a或g或c或t/u，未知，或其他	任何
m	a或c	氨基	u	u	尿嘧啶

实验发现，在任何DNA的组成中，腺嘌呤A和胸腺嘧啶T的含量相同，鸟嘌呤G和胞嘧啶C的含量相同，嘌呤碱基的含量等于嘧啶碱基的含量．1953年，James Watson与Francis Crick，根据DNA分子的X射线衍射数据，提出了DNA结构的双螺旋模型：每个DNA分子包含两条链，每条链都是由A，C，G和T这四种核苷酸重复组成的线性多聚体．一条链的碱基与另一条链的碱基配对，A始终和T配对，G始终与C配对．这种配对称为互补（complement），即A与T互补，C与G互补．通常用碱基对（base pair）来表示DNA的长度．

2. 蛋白质序列

生命体的大部分物质是各种各样的蛋白质．蛋白质有很多种类，例如生化反应中的催化剂酶、构成组织的结构蛋白等．从结构上说，蛋白质是由氨基酸组成的线性多聚体，氨基酸之间由肽键相连．表1.2中列出了最常见的构成蛋白质的20种氨基酸的名称及其缩写. 每个氨基酸有一个中心碳原子 C_α，连接到 C_α 上的蛋白质中的肽键由氨基酸 A_i 的羧基碳原子与氨基酸 A_{i+1} 的氮原子连接而成，并且脱去一分子水，故蛋白质序列链中的氨基酸被称为残基(residue). 氨基酸之间的肽键构成了蛋白质的骨架，这个骨架由重复的单元— N — C_α—(CO)—构成，每个 C_α 有一个侧链，一端是一个氨基，另一端是一个羧基. 习惯上，蛋白质序列的书写顺序是从氨基(N 端)到羧基(C 端). 氨基酸序列又称为蛋白质的一级结构；多肽链中氨基酸间形成的氢键使线性链转变为二级结构. 二级结构包括规则的 α 螺旋、β 折叠和非螺旋非折叠的环.

表 1.2　蛋白质一级序列中的氨基酸缩略符

符　号	缩　写	含　义	符　号	缩　写	含　义
Ala	A	丙氨酸	Pro	P	脯氨酸
Cys	C	半胱氨酸	Gln	Q	谷氨酰胺
Asp	D	天冬氨酸	Arg	R	精氨酸
Glu	E	谷氨酸	Ser	S	丝氨酸
Phe	F	苯丙氨酸	Thr	T	苏氨酸
Gly	G	甘氨酸	Val	V	缬氨酸
His	H	组氨酸	Trp	W	色氨酸
Ile	I	异亮氨酸	Tyr	Y	酪氨酸
Lys	K	赖氨酸	Asx	B	天冬氨酸或天冬酰胺
Leu	L	亮氨酸	Glx	Z	谷氨酸或谷氨酰胺
Met	M	蛋氨酸	Xaa	X	未知或其他
Asn	N	天冬酰酸			

蛋白质是生命体赖以生存的营养要素，是细胞组织的重要组成部分，几乎所有的生物过程都与蛋白质发生某种联系. 根据蛋白质序列的排列顺序和序列信息确定蛋白质的功能是生物学研究的重点. 它的主要研究方法可分为两大类：① 利用实际实验的方法来预测，包括 X 光绕射和核磁共振；② 利用理论计算的方法，包括同源建模法、折叠识别法以及从头预测法三种. 虽然用实验的方法较为准确，但花费的时间长，而且很多蛋白质难以结晶，因而实验结果也受到技术和设备上的制约；相对而言，用理论计算的方法则可以避免这些缺点，所以发展基于蛋白质序列对结构和功能进行预测的模型很有必要.

1.2　生物序列比对概述

1. 生物序列比对的意义

各种不同类型的生物序列之间的比较是生物序列分析的核心问题之一，其最终目的是：寻找、确定不同生物序列的保守区域及变化规律，并由此发现它们的功能、结构特征以及区别所在．或者说，从核酸以及氨基酸的层次去分析不同生物序列的相同点和不同点，以期能够推测它们的结构、功能以及进化上的联系．最常用的比较方法是序列比对，它为两个或更多个序列的残基之间的相互关系提供了一个非常明确的图谱．

序列比对(sequence alignment)是通过在序列中搜索一系列单个性状或性状模式来比较两个(双序列比对)或更多个(多重序列比对)序列的方法．将两个序列写成两行来进行对准(align)．相似或同一性状的(残基或碱基)置于同一列，非同一性状要么放在同一列作为一个错配，要么在另一个序列上对应一个间隔．在一个最优排列中，非同一性状和间隔的放置，应尽可能地使同一或者相似的性状垂直对齐．

通过残基与残基之间的比对，可以发现：某些位置的氨基酸残基，相对于其他位置的残基具有较高的保守性，这个信息揭示了某些残基对于一个蛋白质的结构和功能是极为重要的．这些保守的残基，对于保持蛋白质的结构与功能至关重要．因此，序列比对是从已知获得未知的一个十分有用的方法，比如：将一个新的蛋白质同其他已被深入研究过的蛋白质加以比较，可以推断出此未知蛋白质的结构与功能的某些性质．不过，仅通过比较分析来推断还不够，结论还须经过实验加以验证．

另一方面，序列比对可用来判断两条序列间的相似性(similarity)，从而判定二者是否同源(homology)．相似性和同源性虽然在某种程度上具有一致性，但二者是完全不同的两个概念．相似性是指一种很直接的数量关系，比如：部分相同、相似的百分比或其他一些合适的度量；而同源性是指从一些数据中推断出的两个基因在进化上曾具有共同祖先的结论，它是质的判断．基因之间要么同源，要么不同源．

通常来说，若两条序列相似性很高，则二者往往具有同源关系．当然，也有可能两条序列的相似度虽很高，但它们并非同源序列．二者有可能是通过两条不同的进化路径独立获得相同的功能，这在进化中称为趋同(convergence)，这样的序列称为同功序列．

序列比对算法有两种：一是双重比对(pairwise alignment)，即只比较两条序列;二是多重序列比对(multiple sequence alignment,MSA),即两条以上的序列同时进行比较.两条序列比对的实现方法有:① 点阵分析;② 动态规划(dynamic programming,DP)算法;③ 词或K串方法(如程序BLAST:basic local alignment search tool).

2. 序列聚类

序列聚类旨在将序列数据集划分成若干个簇(cluster),使得每个簇中的序列之间尽可能相似,而不同簇中的序列之间尽可能不相似.以蛋白质为例,随着蛋白质序列数据的增长,通过实验来确定蛋白质性质的速度,远远赶不上蛋白质序列测序的速度,日益积累的海量蛋白质序列亟待确定其功能.为了预测一个未知性质的蛋白质的功能,可将其与已知生化性质的蛋白质加以比较,根据序列的相似性将其分配到不同蛋白质家族中.为进一步分析相似蛋白质在功能上的差异,通过聚类分析,可将每个家族的蛋白质聚成不同的子家族(subfamily),各个子家族内的蛋白质彼此间具有功能上的相关性,容易用实验进行分析.假若一个未知功能的蛋白质属于某个子家族,并且子家族内的蛋白质功能已知,则有很大把握推断出此蛋白质也具有这种功能.相反,倘若一个蛋白质新近被发现具有某种生物功能,则此功能也可推广到所有的子家族中的其他序列上.另一方面,隶属于同一家族的蛋白质,通常彼此起源于某个共同的祖先.把蛋白质序列聚成相关的类,将有助于进一步地分析蛋白质的进化关系.

另外,在序列数据库中,数据冗余是个非常普遍的问题,这些冗余的数据通常难以提供额外的信息.对于诸多应用来说,只需考虑它们的代表序列即可.例如,国家生物技术信息中心(national center for biotechnology information,NCBI)使用BLAST将数据库中的相同序列加以合并,构建出一个非冗蛋白质数据库(non-redundant protein database,NR).通过对蛋白质数据库进行聚类,将大于某个相似度(比如90%)的序列聚成一个类,然后选出其中的一个蛋白质作为代表序列,将会大大地减小数据库的规模.使用这种约减后的数据库进行搜索会节省时间,且不会降低识别敏感性,甚至有可能提高对远亲蛋白质的识别.

1.3　基于序列比对的系统发育树构建方法

1.3.1　分子进化研究的基本方法

对于进化研究,主要通过构建系统发育过程有助于通过物种间隐含的种系关系揭示进化动力的实质.

表型的(phenetic)和遗传的(cladistic)数据有着明显差异.早在1973年,Sneath和Sokal就已将表型性关系定义为根据物体一组表型性状所获得的相似性,而遗传性关系含有祖先的信息,因而可用于研究进化的途径.这两种关系可用系统进化树(phylogenetic tree)或树状图(dendrogram)来表示.表型分枝图(phenogram)和进化分枝图(cladogram)两个术语已分别用于表示根据表型性的和遗传性的关系所建立的关系树.进化分枝图可以显示事件或类群间的进化时间,而表型分枝图则不需要时间概念.文献中,更多的是使用"系统进化树"一词来表示进化的途径,另外还有系统发育树(phylogenetic tree)、物种树(species tree)、基因树(gene tree)等一些相同或含义略有差异的名称.

系统进化树分有根(rooted)树和无根(unrooted)树.有根树反映了树上物种或基因的时间顺序,而无根树只反映分类单元之间的距离而不涉及谁是谁的祖先问题.用于构建系统进化树的数据有两种类型:一是特征数据(character data),它提供了基因、个体、群体或物种的信息;二是距离数据(distance data)或相似性数据(similarity data),它涉及的则是成对基因、个体、群体或物种的信息.距离数据可由特征数据计算获得,但反过来则不行.这些数据可由矩阵的形式来加以表达.距离矩阵(distance matrix)是在计算得到的距离数据基础上获得的,距离的计算总体上是要依据一定的遗传模型,并能够表示出两个分类单位间的变化量.系统进化树的构建质量依赖于距离估算的准确性.

以Bioedit-Mega建树法为例,其主要步骤简单介绍如下:

(1) 将所测得的序列在NCBI上进行比对,此处不再赘述;

(2) 选取序列保存为text格式;

(3) 运行Bioedit,使用其中的Clustal W进行比对;

(4) 运用Mega 4建树,首先将前面的文件转化为mega格式,然后进行激活,最后进行N-J建树.

1.3.2 构建系统进化树的详细步骤

1.3.2.1 建树前的准备工作

1. 利用BLAST获取序列

BLAST是目前常用的数据库搜索程序,意思是"基本局部相似性比对搜索工具”.国际著名生物信息中心均提供了基于 Web 的 BLAST 服务器.BLAST 算法的基本思路:首先,找出被检测的序列与目标序列之间相似性程度最高的片段;然后,作为内核向两端延伸,以便找出尽可能长得相似的序列片段.

首先,登录到提供 BLAST 服务的常用网站,比如:国内的 CBI、美国的 NCBI、欧洲的 EBI 和日本的 DDBJ 等.这些网站提供的 BLAST 服务在界面上相差无几,但所使用的算法、程序有所差异.它们都有一个大的文本框,用于粘贴需要搜索的被检测序列.将序列依照 FASTA 格式(即:第一行为说明行,是以“>”符号开始的,后面接着是序列的名称、说明等;其中,“>”是格式规定必需的,名称以及说明等均可以是任意形式,换行之后便是序列)粘贴到那个大的文本框处,选择完合适的 BLAST 程序和数据库,便可以开始搜索了.若是 DNA 序列,通常多数选择以 BLASTN 来搜索 DNA 数据库.

以 NCBI 为例,先登录 NCBI 主页,依次通过:点击 BLAST→点击 Nucleotide →nucleotide BLAST(blastn)→在 Search 文本框中粘贴被检测的序列→点击 BLAST! →点击 Format 等步骤的操作,最后得到 BLAST 的结果.

关于 BLASTN 的结果(参数意义)分析如下:

> gi | 28171832 | gb | AY155203.1 | Nocardia sp. ATCC 49872 16S ribosomal RNA gene,complete sequence

Score = 2020 bits (1019),Expect = 0.0

Identities = 1382/1497 (92%),Gaps = 8/1497(0%),Strand = Plus/Plus

其中,主要指标的含义如下.

Score:是提交的被检测序列和搜索出的目标序列之间的匹配结果的分值,该值越高说明二者越相似.

Expect:是比对的期望值.比对效果越好,则期望值越小;一般地,在核酸层次上的比对,当期望值小于 10^{-10} 时,便可认为此时的比对效果很好了,多数情况下为 0.

Identities:是提交的序列和参比序列的相似性,上述示例指的是 1 497 个核苷酸中,两条序列之间有 1 382 个相同.

Gaps:一般翻译成空位,指的是未能匹配成功的碱基数目.

Strand:指序列链的方向.Plus/Minus 意味着提交的序列和参比序列是反向互补的,而 Plus/Plus 则表明二者皆为正向.

2. FASTA——序列的格式

缘于 EMBL 和 GenBank 的序列数据格式较为复杂,所以为了分析的方便,出现了十分简单的 FASTA 数据格式.FASTA 格式又称为 Pearson 格式,该种序列格式约定：序列的标题行须以大于号“>”开头，而下一行开始为具体的序列．一般地，每行的字符数不宜超过 60 或 80 个，以便于程序的处理．各条核酸和蛋白质序列只需按照该格式连续列出即可．其中，“>”为 Clustal X 默认的序列输入格式，必不可少．随后可以是种属名称，亦可是序列在 Genbank 中的登录号（Accession No.），允许自定义编号也可以，不过需要注意的是名字不能太长，通常是由英文字母和数字组成的，一开始的几个字母最好不能相同，因为有时 Clustal X 程序只将前几位字符默认为该序列的名称；回车换行后的内容便是序列．将被检测的序列和搜索到的同源序列（目标结果），以 FASTA 格式编辑成为一个文本文件（例如：C:\temp\test. txt），即可导入 Clustal X 等程序进行后续的比对建树．

1.3.2.2 构建系统树的相关软件和操作步骤

进化树构建的主要步骤是：序列比对→建立位点取代模型→建立进化树→进化树的评估．鉴于以上对于构建系统树的评价，以下主要介绍针对 N-J 算法的系统树构建的相关软件及其相应的操作步骤．

1. 利用 Clustal X 构建 N-J 系统树的过程

（1）打开 Clustal X 程序，载入源文件．

（2）进行序列比对．

（3）掐头去尾：将开始区域和末尾处长短不同的序列剪切整齐．此处，由于测序引物不尽相同，所以比对之后序列参差不齐．一般来说，要“掐头去尾”，以避免因序列前后参差不齐而错误地增加了序列间的差异．剪切后的文件存为 ALN 格式．

（4）重新载入剪切后的序列．

（5）输出树的参数选项．

（6）绘制 N-J 树．

（7）树形视图．

通常需要对进化树进行适当地编辑，这时首先要编辑-复制至 PowerPoint 上，然后再复制至 Word 上，以便进行图片编辑．如果直接复制至 Word 上则会显示乱码，而且进化树不能被正确地显示出来．

2. 利用 Mega 建树的过程

Clustal X 虽然可以构建系统树，但其输出的结果比较粗放，故现在一般很少用它构树，而 Mega 因为操作简单，输出结果比较美观，故而被很多研究者用以作为构建系统树的首选．主要步骤如下：

(1) 首先用 Clustal X 软件作序列比对,剪切后生成 C:\temp\test. aln 文件(同上);

(2) 再打开编辑程序 BioEdit,将目标文件格式转化(另存)为 FASTA 格式;

(3) 再打开 Mega 程序,转化为 mega 格式并激活目标文件,经过计算,最终得到结果;

(4) Image-Copy to Clipboard→粘贴至 Word 文档进行编辑.

另外,Subtree 按钮中还提供了多个命令,可以用来对生成的进化树进行编辑,Mega 窗口左侧提供了很多快捷键方便使用;View 中则给出了多个树型的模式.下面只介绍几种最常用的.

Subtree-Swap:任意两个相邻的分支互换位置;

Flip:所选分支翻转 180 度;

Compress/Expand:合并/展开多个分支;

Root:定义外群;

View Topology:只显示树的拓扑结构;

Tree/Branch Style:多种树型间的转换;

Options:关于树的诸多方面的改动选项.

3. 利用 Treecon 建树的过程

首先,打开 Clustal X→File-Load→File→Save Sequence as …(Format→Phylip;Save from residue→1 to 末尾;Save sequence as).

其次,打开 Treecon 程序:

(1) 进行估计(Distance estimation);

(2) 树拓扑的推断(Infer tree topology):

点击 Infer tree topology→Start inferring tree topology→Method→Neighbor→joining,Bootstrap analysis→Yes,OK;

(3) 确定无根树的根节点(Root unrooted trees):

点击 Root unrooted trees→Start rooting unrooted trees,Outgroup opition→single sequence(forced),Bootstrap analysis→Yes,OK;

(4) 绘制系统树(Draw phylogenetic tree):

点击 Draw phylogenetic tree,File→Open→(new) tree,Show→Bootstrap values/Distance scale.

最后,File→Copy,粘贴至 Word 文档,编辑.

注意 Treecon 的操作过程似乎看起来比 Mega 的过程要烦琐些,且运算速度明显不及 Mega.但是如果参数选择一样,则用它构建出来的系统树和 Mega 构建出来的系统树几乎完全一样，只在细节上略有差异，比如 Bootstrap 值，二者在某些分支稍有不同．此外，在参数的选择方面，Treecon 和 Mega 也有些不尽相同之处，但总体上相差不大．

4．利用 Phylip 软件建树的方法

Phylip 是由多个软件综合在一起的压缩包，下载后双击则自动解压．解压后易见 Phylip 软件的功能极其强大，主要包括五个方面的模块功能软件：

(1) DNA 和蛋白质序列数据的分析软件；

(2) 将序列数据转变成为成对距离数据后，对两两成对距离数据进行分析的软件；

(3) 对基因频率和连续的元素进行分析的软件；

(4) 把序列的每个碱基/氨基酸独立看待(将碱基/氨基酸二值化，即只有 0 和 1 的两种对立状态)时，对序列进行分析的软件；

(5) 按照 DOLLO 简约性算法对序列进行分析的软件；

(6) 绘制和修改进化树的软件．

此处，着重对 DNA 序列分析和系统树构建的功能软件进行必要的说明．

(1) 生成 phy 格式文件：

首先用 Clustal X 等软件打开剪切后的序列文件 C:\temp\test.aln，另存为 C:\temp\test.phy(使用 File→文件另存命令 Save Sequences As，Format 输出格式项选“phy”)．用 BioEdit 或记事本打开．

(2) 打开 Phylip 软件包里的 SEQBOOT．

(3) 运行距离计算软件 dnadist.exe．

其中，距离选项有四种模式可供选择，分别是：Kimura 2-parameter，Jin/Nei，Maximum-likelihood 和 Jukes-Cantor．

(4) 再依次运行邻接算法模块 neighbor.exe．

(5) 运行一致树 consense.exe．

(6) 运行输出树的察看模块 Tree View．

1.3.3 构建系统发育树需要注意的几个问题

(1) 相似与同源的区别：只有当序列是从一个祖先进化分歧而来时，它们才是同源的．

(2) 序列和片段可能会彼此相似，但是有些相似却不是因为进化关系或者生物学功能相近的缘故，序列组成特异或者含有片段重复也许是最明显的例子；再就是非特异性序列相似．

(3) 系统发育树法:物种间的相似性和差异性可以被用来推断进化关系.

(4)自然界中的分类系统是武断的,也就是说,没有一个标准的差异衡量方法来定义种、属、科或者目.

(5) 枝长可以用来表示类间的真实进化距离.

(6) 重要的是理解系统发育分析中的计算能力的限制.构树的实验目的基本上就是从许多不正确的树中挑选正确的树.

(7) 没有一种方法能够保证一颗系统发育树一定代表了真实进化途径.然而,有些方法可以检测系统发育树的可靠性.首先,如果用不同方法构建树能得到同样的结果,这可以很好地证明该树是可信的;其次,数据可以被重新取样(bootstrap),来检测他们统计上的重要性.

1.4　生物序列数值化表征模型的矩阵分解方法的研究背景

核苷酸分子是用来探寻生命起源,以及组织新陈代谢的基本数据材料,而序列比较的方法是一项非常重要的研究序列的策略.DNA 序列通常表示为由 A,G,C,T 四个字母组成的字符串,四个字母分别代表着腺嘌呤(adenine)、鸟嘌呤(guanine)、胞嘧啶(cytosine)、胸腺嘧啶(thymine)四种碱基.序列之间的异同程度取决于这些字母如何进行编码或组合.

传统的序列间比较是基于较为成熟的序列比对框架下的,这样易于引起复杂的计算,尤其是在多重序列的情形下[1].源于计算时间以及内在的模型假设,基因组序列的多重比对一直以来成为序列比较的瓶颈[2].为了解决这些问题,尤其是全基因组序列比较的计算瓶颈,迫切需要开发新的序列比较的方法.

近来,基于序列的数值描述的诸多非比对的序列比较方法相继提出,弥补了传统的比对方法效果欠佳的不足之处.自 20 世纪 90 年代以来,DNA/蛋白质一级序列的图形化表征,为他们之间的定性比较提供了可能,有助于人们直观地研究 DNA/蛋白质序列[3-21].对序列的本质属性加以定量化数值描述决定了序列比较的有效性和比较的质量.

若以 S 代表生物序列,如核酸或蛋白质序列,R^n 表示代数、几何、概率统计或拓扑描述符的集合,而 O 为对所得描述符的某种操作运算.从而,序列特征信息的提取可按图 1.1 所示的流程实现.

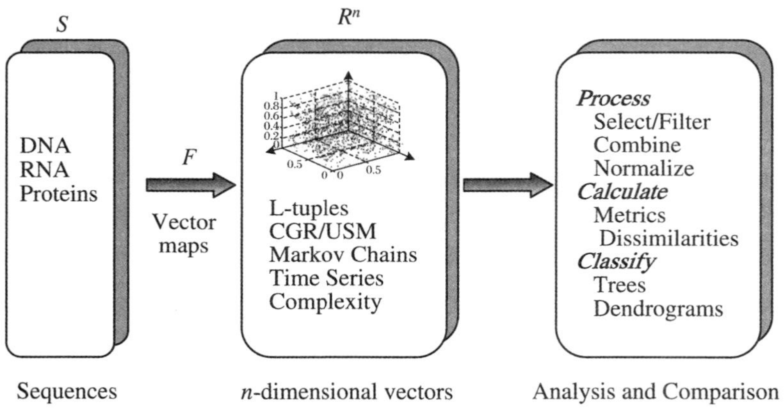

图 1.1　生物序列特征信息提取与应用框架图

1.4.1　序列图形化表征

生物序列的图形化表示法，为我们直观地研究序列提供了极大的方便. 文献[22]中，作者分析了某些传统的序列比对方法存在难以奏效的、共性的不足之处：复杂对象的相似性度量空间是多维的，复杂对象之间某一方面相似，但是另一方面可能迥异. 近来，DNA/蛋白质序列的诸多种数值描述子(descriptor)相继提出，这些描述子多数是从字符串表示法以及图形化表示法中抽取的. 从字符串表示法抽取的简单而且重要的特征，最初用于基因组序列的比较[23]，而后用来作基于非比对(alignment-free)的调控序列之间的比较[1]. 文献[24-25]中提出新的基于频率(frequency-based)的算法，用于序列之间的比较. 除了单核苷酸表示法以外，不少研究者探索二核苷酸(dinucleotide)的方法：Randić[26]提出了基于双核苷酸的压缩的(condensed)表示法；Wu 等人[27]提出了基于 DNA 近邻核苷酸的分析法，揭示了双核苷酸背后隐匿的生物学信息.

在文献[28-29]中，作者引入了基于邻接双核苷酸的 DNA 图形化表示法，属于另外一种变换方式. 依据双核苷酸的化学性质，可将它们划分为若干组别[22].

通过不同类型的变换可将 DNA 序列转化为数值信号. 一般地，我们可以采用二进制序列来描述每个符号的位置. 当然，二进制表示法是最早、最流行的 DNA 转换方法之一. 同时，另外一些诸如文献[4,6,30-35]中提到了各种转换方法，对于这些 DNA 序列的转换方法，有的无法作出简单的数值解释，有的尚未从生物学角度出发去研究，还有的转换法不可逆或者忽视了序列的结构. 至今，尚无普遍适用于分析 DNA 序列之间各种不同类型关联性的理想的转换方法.

1.4.2 基因组序列数值化表征及应用

能定量地刻画序列内在本质属性的数值表征，决定了序列比较的效度和质量. 诸多研究者所提出的用来表征 DNA 或蛋白质序列的数值描述符中，多数是从字符串表示法中或图形化表示法中抽取出来的.

通常，用二值矩阵来描述每个符号的具体类型及其所在的位置. 与此同时，奇异值分解(singular value decomposition, SVD)及主成分分析法(principal component analysis, PCA)各自在基因组序列聚类中有较好的效果，启发我们将这二者结合起来，以便提高其分析效果[21,36-39].

过去的几十年间，诸多研究者相继提出各种不同方法，来对 DNA/蛋白质一级序列进行数值描述. Wu 等人进一步地将 k-字长的"词频"计数器获取的数值转换为一条频率向量，作为对 DNA 序列的数值描述，由此提出诸多基于频率的序列比较算法[40-42]. 还有一些类似的算法见文献[24-25,43]. 然而，其中的参数 k 对序列比较的结果影响较为显著，故如何选择适宜的字长 k 变得尤为关键. 一些研究者曾先后探寻过字长 k 的选择问题，诸如：Wu 等人[42]就曾提出过最佳字长用于序列相异度的度量，发现最优字长 k 值依赖于所比较序列的长度，也即随着序列长度的增加而变长，该文的作者详细列出了残基在 5 000 bps 以内的最佳字长 k 值，但未能给出长度超过 5 000 bps 的序列的最优 k 值. Sims 等人[24,43]发布了另外一种解决方案，认为最优字长落在上、下限之间，下限约等于 $\log_4 n$，其中 n 为序列的长度，上限取决于字长 k 所得系统树的拓扑结构与字长 $k+1$ 情形对比的准则. 因此，在上、下限之间尚有诸多可供自由选择的数字作为最优字长.

除了基于单核苷酸的表征方法以外，另一些研究还提出基于双核苷酸的分析法. Randić[26] 提出了一种基于双核苷酸对的 DNA 压缩表征方法，此法能够对 DNA 序列提供快速、定性的比较，而且还能够对不同来源的 DNA 序列作定量的比较.

基于 DNA 序列链上各核苷酸的近邻，Wu 等人[27]提出了能够揭示隐藏于双核苷酸(DNs)背后的生物学信息的分析方法. 诸如文献[44-46]的研究工作中，作者提出了他们各自的双核苷酸分析法，研究了不同序列之间的相似度/相异度. 这几位研究者所提出的 DNA 序列数值描述法，其目标在于设计出可以描述内在结构信息的数值符号.

然而，相对于 DNA 序列的图形化表征，图形曲线的数值化描述更利于序列之间的定量比较. 有一种达到这一目标的可能，就是利用数值不变量来描述序列对应的曲线图.

通常的做法是将曲线图转换为矩阵，一旦获得序列的矩阵描述后，我们便可采用一些矩阵不变量作为DNA/蛋白质序列的描述符.不过，也有一些对序列曲线图形的数值表示法，无需从矩阵导出描述符[22,47-51].还有一些通过联系DNA序列的图形表征法，便可获取对不同序列的相似度/相异度的数值描述法[8-13]，然而，这些方法涉及一些计算复杂度较高的矩阵不变量，增添了计算的难度.为了克服此困难，提高多重基因组序列相似度分析的准确度，需要捕捉到序列的本质特征，设计出易于实现的、更加有效的数值描述符.

1.4.3 蛋白质序列数值化表征及应用

蛋白质序列相似度分析，是分子生物学以及生物信息学最基本的工作之一.其中，最为著名的有Smith-Waterman字符串匹配算法，该算法采用距离函数或计分函数来代表被分析的序列进行插入、删除、替换等操作.

传统的序列比较是在成熟的序列比对架构下作评判的[1]，不过时常易于造成复杂的计算，尤其是在多重序列比较时表现会更突出.影响到比对效率的不利因素主要有两点，即计算复杂性及比对代价函数判别准则.为避免比对所需的高昂的计算成本，诸多研究者们研制出非比对方法来高效地分析序列[52].

利用沿坐标轴每一步游走来代表氨基酸的策略，Nandy等人[53]提出用基于20维向量来表示每条序列的数值描述方法，利用20维向量导出序列之间的成对距离矩阵，矩阵中数值体现对应的不同序列之间的相似度/相异度.Feng[54]提出单位长度的20维向量方法来表示蛋白质序列，提高了对原核生物蛋白质序列亚细胞定位预测的准确率.类似地，Novič等人[55]提出了更加通用的不变量表示蛋白质序列，导出了一种更简单明了的表征蛋白质序列的方法.此外，Yu等人[56]利用二值矩阵描述出蛋白质序列，结合奇异值分解抽取序列的特征信息映射成20维单位向量，对9条ND5蛋白质序列作相似度分析.

后来，Randić[57]提出了一种相对简单直接的2D表示法，该法已经超出了在其之前的2D图形化表示法的范畴.其意义在于不仅直观地展示了蛋白质序列，还运用于DNA的2D图形化表示以及蛋白质组的图谱.这使得蛋白质和一组不变量关联起来成为了可能，这些不变量可充当蛋白质的分子描述符.

近来，Zhu等人[58]提出了一种简单的图形表示法来代替复杂的分子结构，该方法能直观查看序列数据，帮助识别不同的RNA结构之间主要的相似之处，创建数值描述符号.同时，基于氨基酸的多种理化属性，相继涌现出一些相似度分析方法[16,18-19,59-64]，用以分析9条ND5蛋白质序列之间的相似度/相异度.然而，在考虑氨基酸的这些理化属性时容易产生主观性的观点.当研究者在选择DNA或氨基酸的理化属性时难免带有一定程度上的主观性和随意性.

在文献[16]中,Randić等对蛋白质的图形化表示法的方案以及非图形化的数值描述方法等,作了一番较为全面的综述.另外,值得注意的是,相邻氨基酸的相互作用对蛋白质成形起主要作用,故文献[18]中,考虑到相邻氨基酸的相互作用,作者提出了一种基于 Jeffrey 方法[4]的蛋白质的 3D 图形化表示法.然后,导出新的描述符来刻画蛋白质的 3D 图形化表示,两条 3D 图形之间的距离用以比较相应的每两条蛋白质之间的相似度.文献[65]中,作者提出了一种名为 HCS(harmonic common substring)的新的非比对方法,并用该方法分别重构了 24 条转铁蛋白序列、26 条 spike 冠状病毒蛋白序列的系统树.文献[66]研究了 Human,Mouse 以及 Escherichia coli 的蛋白质编码基因的关联与排斥,该研究表明:序列上所有氨基酸均对其近邻表现出一定的偏好.

1.4.4 有关 *K*-mer 的算法概述

作为一种非比对类型的序列比较方法,*K*-mer 已广泛用于序列分析,是将 DNA 序列规整成为由所有 *K*-mer 计数结果组成的 l 元组的向量,其中:通常 $K=2,3,\cdots,9$[67].由此,长度参差不齐的序列,便可转换为等长的数值向量.

与经典的通过多重序列比对(MSA)来构造进化树的方法相比,*K*-mer 分析法的优点是这种基于词频的方法速度快,故可用于全基因组的序列比较.不过,由于要将数量庞大的 DNA 序列数据浓缩到 *K*-mer 计数向量,不足之处是会造成信息的丢失.此外,还暴露出另一个问题:或多或少忽略了被比较序列 *K*-mer 的阶数.

对两条基因组序列,既有全局相似性,更有局部相似性.分析序列的相似性时,仅仅关注全局相似性还不够.Yu[68]利用优化的思想,提出 *s*-*K*-mer 方法:先将每条基因组序列分成若干段,对应转换成若干个 *K*-mer;再串联在一起构成扩展向量;最后,通过构建系统树状图来分析序列的相似性.

在文献[69]中,作者曾对基于 web 的序列比对(MSA)服务作过介绍.通常,MSA 总是离不开适当的碱基替代模型,用以计算相似度的分值.然而,随着时间的推移,由于物种分化愈加广泛,无论是基因组的重排,还是碱基的插入/删除均使得 MSA 在基因组比较时,略显相形见绌.

事实上,目前看来,基因组学也的确需要引入解决基因组序列的非编码区的分析方法.显然,这对全基因组的比较(包括编码区与非编码区)无疑是非常有益的.急需研究出既能够独立于具体基因集,又能够分析非基因区的方法.

为实现这一目标,相继涌现出一些非比对的方法[1,24-25,43,52,64,70-78].其中,较为典型的是称为特征频率谱(feature frequency profiles,FFP)的一些方法[24-25,43,73],

可用于比较全基因组或基因组区域，因为这些区域关联不太紧密且经历了显著的重排，或者尚无共享同一组基因集合，比如：内含子（intronic）、调控因子（regulatory）或非基因区域（nongenic regions）.

作为文本比较方法的变体，Sims 等人认为[24]：上述 FFP 方法中，对于每两个不同文本，二者词频谱之间的"距离"，可以视为相应的两个文本间的相异度的一种测度.不过，在由构成基因组序列的碱基对所组成的长字符串中，几乎无明显的"words"可言，K-mer 相对频率间的差异可用来计算对应的两条基因组序列之间的距离值.对于给定长度的序列，对所有可能的特征（K-mers），将其各自频率信息装配到 FFP 谱向量中，其长度以及分辨率均为最重要的参数.

文献[24]中，作者探讨了 FFP 谱向量中"特征"的长度最优取值范围如何选取，以便用于基因组的比较.此外，作为对一般 FFP 的改进，为了便于分析长度迥异的基因组序列，作者还提出了 block-FFP 思想，将较大的基因组序列分成若干个等长的子块，每个子块可被看成一个较小的基因组.为了进行"块"的比较，须提出合理的判别准则，用以评估何时效果最佳.文献[24]指出：对于给定适当的分块数目，在比较不同长度的基因组序列时，block-FFP 分析的效果优于其他一些方法，比如，ACS 以及 Gen-compress 等等.此外，在分析每两条基因组序列间的相似度时，局部相似性与全局相似性二者必须兼顾.有关 K-mer 方法在序列比较领域成功的应用参见文献[24－25，43，64，68，73，76－77，79－82].

1.5　本书的内容安排

本书主要围绕生物序列数值化表征模型的矩阵分解这一核心，以序列的特征信息提取为主要目标，在非序列比对的框架下，分别提出了针对 DNA/蛋白质序列、基因组序列等若干个不同的特征信息抽取模型，并将所抽取的特征信息应用于序列的相似度分析.本书主要由八个部分组成（框架结构如图 1.2 所示），全书的内容安排如下：

第 1 章"绪论".介绍了生物信息学海量数据的产生背景以及 DNA 序列和蛋白质序列的一些基础知识；简要介绍了序列比对的基础知识，同时详细介绍了生物序列特征信息抽取的方法及其应用.最后概述了本书所做的主要研究工作.

第 2 章"AJD-NNM 模型".先将每条 DNA 序列用近邻核苷酸矩阵（NNM）来表示.然后，基于近似联合对角化（AJD），从每条 DNA 原始序列变换所得 NNM 矩阵中抽取特征值组成的表征向量（EVV），视为各自所对应序列的数值描述子.同时，基于表征向量 EVV 可得 DNA 序列的二维表征图形. 此外，利用 K-均值法将这些表征各条序列的曲线图聚为若干个合理的子类. 与此同时，利用所得表征序列的向量组（EVV），来计算向量间成对距离，以分析原始序列之间的相似度.

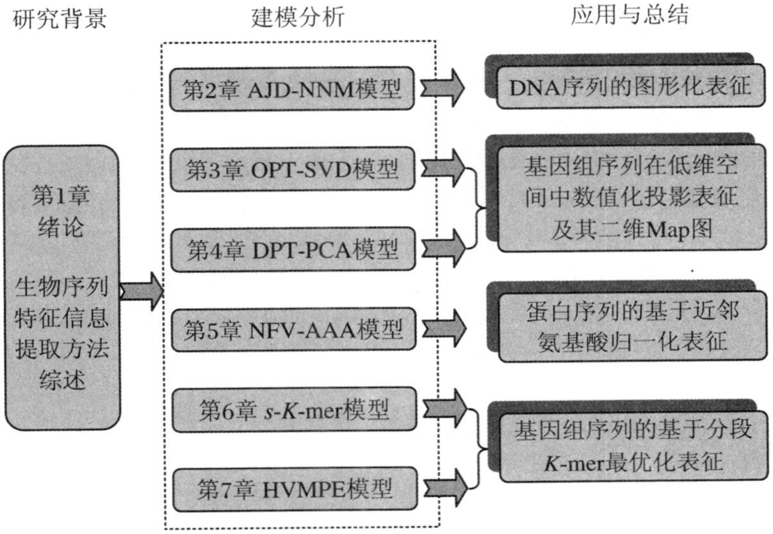

图 1.2　本书的框架结构

第 3 章“OPT-SVD 模型”. 鉴于序列具有“序”这一本质属性，定义一种具有“保序”的特性的复合变换（OPT），能将每条基因组序列转换成 $16\times(L-1)$ 的矩阵 $\boldsymbol{M}$. 根据矩阵分析的理论，对每个特征矩阵 $\boldsymbol{M}$ 施行奇异值分解，导出 16 维的向量用以描述每条对应的基因组序列. 运用此算法对 20 条真哺乳亚纲线粒体基因组序列做相似度分析实验.

第 4 章“DPT-PCA 模型”. 先将基因组序列“保距”地变换（DPT）为低维向量空间中的数值向量. 再通过主成分分析（PCA），将所得的前几个主元用于序列之间的比较. 利用“特征值”向量构建了两组哺乳动物基因组序列数据集，此外，由主成分分析所得的前两个主元绘制物种的二维 Map 图，用以直观地表征所涉物种间的亲缘关系.

第 5 章“NFV-AAA 模型”. 基于所有各种近邻氨基酸（AAA）的分布情况，可将每条蛋白质序列映射成 $400\times(L-1)$ 的矩阵 $\boldsymbol{M}$. 对 $\boldsymbol{M}$ 施行奇异值分解，从而可得从原始蛋白质序列抽取出归一化的数学描述符 D，其维数为 400. 所得的这 400 维归一化“特征”向量（NFV）便于对蛋白质序列作定量分析. 运用蛋白质序列的归一化表示形式，遴选两个典型数据集作相似度分析. 同时，与相关研究工作所得结果作了对比分析.

第 6 章“s-K-mer 模型”.本章提出改进的 K-mer 法:将序列分成若干段,并同时将每一段转换成相应的 K-mer.该算法的关键在于确定出距离测度 d,K 值以及段数 s 的最优组合(d^*,s^*,K^*).基于从寻优分成的 s^* 个片段的序列转化而来的串联在一起的“特征”向量,运用本章所提出的分段 K-mer 方法(即 s-K-mer),获得 34 条哺乳动物线粒体基因组序列的系统树状图.

第 7 章“HVMPE 模型”.考虑多重基因组序列的全局相似性,兼顾局部相似性.本章提出用于基因组序列比较的新算法:将 K-mer 视为多重基因组信号经过虚拟传感器(virtual mixer,VM)混合后的数值输出,实现了将长度迥异的原始序列转换为等长的向量.随后,利用 ICA-based 变换,可将上述混合输出的向量组向独立主成分投影,由此经过投影抽取器(projection extractor,PE)捕获得到其投影“特征”向量.从理论上严格证明了此复合变换具有保距性质.作为改进,进一步地引入双层 VM-PE 模型,提高相似度分析的性能,且大大降低了数据的维度.HVMPE 模型应用于两个真实的线粒体基因组序列数据集,作相似度分析,并验证了模型的有效性.

第 8 章“总结与展望”.对本书所涉及的主要研究工作的内容进行了全面的总结,在此基础上,展望下一步工作的重点和研究方向.

第2章　基于矩阵束联合对角化的DNA序列图形化表征及其应用

生物序列的图形化表示，为我们提供了一个研究序列的可视化工具．为了直观地比较不同的DNA序列，本章提出一种变换将每条DNA序列用近邻核苷酸矩阵(NNM)来表示．然后，基于近似联合对角化(approximate joint diagonalization, AJD)，从每条DNA原始序列变换所得的NNM矩阵中，抽取特征值组成的表征向量(EVV)．

2.1　DNA序列的图形化表征方法概述

在文献[22]中，作者分析了某些传统的序列比对方法难以奏效的、共性的不足之处：复杂对象的相似性度量空间是多维的，复杂对象之间某一方面相似，但是另一方面可能迥异．然而，作为非比对方法之一，生物序列的图形化表示法，为我们直观地研究序列提供了极大的方便．随着DNA/蛋白质序列的诸多数值描述符相继提出，这些描述子多数是从字符串表示法以及图形化表示法中抽取的．从字符串表示法抽取的简单而且重要的特征，最初用于基因组序列的比较[23]，而后用作基于非比对的调控序列之间的比较[1]．正如文献[24-25]所指明：后来相继涌现出各种frequency-based的算法，用于序列之间的比较．

在文献[28-29]中，作者引入的基于邻接双核苷酸的DNA图形化表示法，属于另外一种变换方式．依据双核苷酸的化学性质，可将它们划分为若干组别[22]．

通过不同类型的变换可将DNA序列转化为数值信号，通常可采用二进制序列来描述每个符号的位置．当然，二进制表示法是最早、最流行的DNA转换方法之一．另外一些工作中相继提到其他各种转换方法[4,6,30-35]．这些DNA序列的转换方法中，有的无法作简单的数值解释，有的尚未从生物学角度出发，还有的转换法不可逆或者忽视了序列的结构．至今，尚无普遍适用于分析DNA序列之间各种不同类型关联性的、理想的转换方法．

针对 DNA 序列，在此提出一种新的图形化表示法，并用来作序列相似度分析. 与现有诸多方法所得的结果进行对比分析，结果表明此方法具有有效性.

2.2 DNA 序列的描述符

2.2.1 相关的一些工作

图形化表征的数值描述，可直接来源于图形的坐标系统，或者无需将图转换为矩阵而直接取自于图的一些性质. 本节我们提出一种新的方法将每条 DNA 序列转换成对称的稀疏矩阵，从中可最终提取其"特征"向量.

将图转换为矩阵，从中抽取描述符的这些 DNA 序列的 2D 或 3D 图形化表示法，已广为研究. 这些用来刻画序列特征的描述符，可作为多重序列之间相似性度量的要件[22]. 此类方法的 DNA 序列相似度分析实例可参阅文献[10-11,31,70,83-88].

2.2.2 构建序列的邻接矩阵

线性代数中，矩阵和行列式是两个完全不同的概念，行列式代表着一个数，而矩阵是作为整体进行处理的数表. 利用矩阵这个工具，可以把线性方程组中的系数组成向量空间中的向量；这样对于一个多元线性方程组的解的情况，以及不同解之间的关系等一系列理论上的问题，就都可以得到彻底的解决. 矩阵的应用是多方面的，不仅在数学领域里，而且在信息技术等方面都具有十分广泛的应用. 接下来将建立矩阵模型来对字符型的原始序列加以数值化，以便于进一步定量分析.

考察某长度为 L 的 DNA 序列 $S=S_1S_2\cdots S_L$，其中 $S_i\in\{A,T,G,C\}(i=1,2,\cdots,L)$. 共有 16 种双核苷酸(表 2.1).

表 2.1　16 种虚拟传感器

$S_j\backslash S_{j+1}$	A	T	G	C
A	AA	AT	AG	AC
T	TA	TT	TG	TC
G	GA	GT	GG	GC
C	CA	CT	CG	CC

连续地往序列的下游寻读每两个相邻位点，如位点对(S_1,S_2)，(S_2,S_3)，…，(S_{L-1},S_L)，则得到一个从原始序列，经毗连的双核苷酸关联关系转换而来的 $16\times(L-1)$邻接矩阵(adjacency matrix)，记为 $\boldsymbol{m}$：

$$\boldsymbol{m} = (a_{ij})_{16\times(L-1)},$$

其中

$$a_{ij} = \begin{cases} 1, & \text{if } S_jS_{j+1} = \text{the } i\text{th kind of dinucleotides}, \\ 0, & \text{otherwise}, \end{cases}$$

$$i = 1,2,\cdots,16;\quad j = 1,2,\cdots,L-1.$$

显然，可将生物序列视为符号型信号，其富含序列的统计结构信息，也是信号处理算法关注的焦点.譬如，符号型随机信号就属于带有未知振幅分布(概率群分布函数)及其关联结构的离散型随机过程[89].对于将线性的、双螺旋状的核苷酸，转换成实数型或复数型基因组信号，其中最佳的符号-数值转换方法(symbolic-to-digital)起初在核苷酸、密码子、氨基酸等层面上有所应用.将核苷酸和多肽转换为数字型的基因组信号，为运用大量信号处理方法来解决序列分析提供了可能性[90].从信号处理的角度来看，矩阵 $\boldsymbol{m}$ 可解释为 16 种“传感器”获取的观测值，即对应的 16 种双核苷酸(表 2.1).由此，信号处理领域的矩阵分析法可运用于序列的相似度分析.

鉴于对称矩阵具有很多优点[91]，利用前述从序列转换所得的稀疏矩阵 $\boldsymbol{m}_{16\times(L-1)}$，易得对称的近邻矩阵 $\boldsymbol{M}_{L-1} = \boldsymbol{m}^{\mathrm{T}} * \boldsymbol{m}$ 用来表征每条序列.

2.2.3　矩阵分解理论简介

矩阵是数学研究中一类重要的工具，有着非常广泛的应用，矩阵分解对矩阵理论及近代计算数学的发展起到了关键作用.矩阵的三角分解、正交三角分解、满秩分解等，将矩阵分解为形式比较简单或性质比较熟悉的一些矩阵的乘积，这些分解式能够明显反映出原矩阵的许多数值特征，如矩阵的秩、行列式、特征值及奇异值等.另一方面，构造分解式的方法和过程也能够为某些数值计算方法的建立提供理论依据，从而为诸如信号处理、生物信息学等领域的具体应用提供有力的支撑[92-95].接下来将从矩阵的 LU 分解、矩阵的 QR 分解、矩阵的满秩分解等几个方面介绍矩阵分解的方法.

2.2.3.1　矩阵的三角分解

1. 矩阵的三角分解基本概念与定理[96]

定义 2.1　设 $\boldsymbol{A}\in\mathbf{C}^{m\times n}$，若存在下三角矩阵 $\boldsymbol{L}\in\mathbf{C}^{m\times n}$ 和上三角矩阵 $\boldsymbol{U}\in$

$\mathbf{C}^{n\times m}$,使得 $\boldsymbol{A}=\boldsymbol{L}\boldsymbol{U}$ 成立,则称矩阵 $\boldsymbol{A}$ 可作三角分解或 LU 分解.

定义 2.2 设 $\boldsymbol{A}$ 为对称正定矩阵,而 $\boldsymbol{D}$ 为行列式不为零的任意对角矩阵,则 $\boldsymbol{A}=\boldsymbol{A}^{\mathrm{T}}$,$\boldsymbol{U}$ 为一个单位上三角矩阵,并且有 $\boldsymbol{A}=\boldsymbol{LDU}$ 成立:

(1) 如果 $\boldsymbol{L}$ 是单位下三角矩阵,$\boldsymbol{D}$ 是对角矩阵,$\boldsymbol{U}$ 是单位上三角矩阵,则称分解 $\boldsymbol{A}=\boldsymbol{LDU}$ 为矩阵 $\boldsymbol{A}$ 的 LDU 分解;

(2) 如果 $\widetilde{\boldsymbol{L}}=\boldsymbol{LD}$ 是下三角矩阵,而 $\boldsymbol{U}$ 是单位上三角矩阵,则称三角分解 $\boldsymbol{A}=\widetilde{\boldsymbol{L}}\boldsymbol{U}$ 为矩阵 $\boldsymbol{A}$ 的克劳特(Crout)分解;

(3) 如果 $\widetilde{\boldsymbol{U}}=\boldsymbol{DU}$ 是单位下三角矩阵,$\widetilde{\boldsymbol{U}}$ 为上三角矩阵,则称三角分解 $\boldsymbol{A}=\boldsymbol{L}\widetilde{\boldsymbol{U}}$为矩阵 $\boldsymbol{A}$ 的杜利特(Doolittle)分解;

(4) 如果 $\boldsymbol{A}=\boldsymbol{LDU}=\boldsymbol{LDD}^{-1}\boldsymbol{DU}=\widetilde{\boldsymbol{L}}\boldsymbol{D}^{-1}\widetilde{\boldsymbol{U}}$,则称为矩阵 $\boldsymbol{A}$ 的不带平方根的乔累斯基(Cholesky)分解;

(5) 如果 $\boldsymbol{L}\boldsymbol{D}^{\frac{1}{2}}=\widetilde{\boldsymbol{L}}$,$\boldsymbol{D}^{\frac{1}{2}}\boldsymbol{U}=\widetilde{\boldsymbol{U}}$,则 $\boldsymbol{A}=\boldsymbol{LDU}=\boldsymbol{L}\boldsymbol{D}^{\frac{1}{2}}\boldsymbol{D}^{\frac{1}{2}}\boldsymbol{U}=\widetilde{\boldsymbol{L}}\widetilde{\boldsymbol{U}}$,由于 $\widetilde{\boldsymbol{U}}=\widetilde{\boldsymbol{L}}^{\mathrm{T}}$,则 $\boldsymbol{A}=\widetilde{\boldsymbol{L}}\widetilde{\boldsymbol{L}}^{\mathrm{T}}$,称为矩阵 $\boldsymbol{A}$ 的带平方根的乔累斯基(Cholesky)分解.

定理 2.1 设 $\boldsymbol{A}$ 为 n 阶非奇异矩阵,则矩阵 $\boldsymbol{A}$ 可作三角分解的充要条件是 $|\boldsymbol{A}_k|\neq 0(k=1,2,\cdots,n-1)$,这里 $\boldsymbol{A}_k$ 为 $\boldsymbol{A}$ 的 k 阶顺序主子阵,以下同.

定理 2.1 给出了非奇异矩阵 $\boldsymbol{A}$ 可作三角分解的一个充要条件,由于 $\boldsymbol{A}=\begin{pmatrix}0&1\\1&0\end{pmatrix}$不满足定理 2.1 的条件,所以它不能作三角分解,但

$$\boldsymbol{A}=\begin{pmatrix}0&0\\1&2\end{pmatrix}=\begin{pmatrix}0&0\\1&1\end{pmatrix}\begin{pmatrix}1&1\\0&1\end{pmatrix}=\begin{pmatrix}0&0\\1&2\end{pmatrix}\begin{pmatrix}1&1\\0&\dfrac{1}{2}\end{pmatrix}.$$

上例表明对于奇异矩阵,它还可能作三角分解,但未必一定需要满足定理 2.1 的条件.

此处还需要指出的是,一个方阵的三角分解形式并非是唯一的,从上述定义易见,杜利特分解与克劳特分解,其实就是两种不同的三角分解式.事实上,方阵的三角分解式有无穷多个,这是因为如果 $\boldsymbol{D}$ 是行列式不为零的任意对角矩阵,均有

$$\boldsymbol{A}=\boldsymbol{LU}(\boldsymbol{CD})(\boldsymbol{D}^{-1}\boldsymbol{U})=\widetilde{\boldsymbol{L}}\widetilde{\boldsymbol{U}},$$

其中,此处的 $\widetilde{\boldsymbol{L}}$ 和 $\widetilde{\boldsymbol{U}}$ 也分别是下三角和上三角矩阵,从而 $\boldsymbol{A}=\widetilde{\boldsymbol{L}}\widetilde{\boldsymbol{U}}$ 也是 $\boldsymbol{A}$ 的一个三角分解.由于 $\boldsymbol{D}$ 的任意性,所以三角分解式不唯一.这就是 $\boldsymbol{A}$ 的分解式不唯一性问题,需规范化三角分解,于是便有下述定理 2.2 的结论.

定理 2.2(LDU 基本定理) 设 $\boldsymbol{A}$ 为 n 阶方阵,则 $\boldsymbol{A}$ 可以唯一地分解为

$$A = LDU \tag{2.1}$$

的充分必要条件是 A 的前 $n-1$ 个顺序主子式 $|A_k| \neq 0 (k=1,2,\cdots,n-1)$. 其中 L 和 U 分别是单位下三角和上三角矩阵，D 是对角矩阵 $D = \mathrm{diag}(d_1, d_2, \cdots, d_n)$，且

$$d_k = \frac{A_k}{A_{k-1}}, \quad k = 1,2,\cdots,n,$$

$$A_0 = 1.$$

推论 1　设 A 是 n 阶方阵，则 A 可唯一地进行杜利特分解的充分必要条件是矩阵 A 的前 $n-1$ 个顺序主子式[97]

$$|A_k| = \begin{vmatrix} a_{11} & \cdots & a_{1k} \\ \vdots & & \vdots \\ a_{k1} & \cdots & a_{kk} \end{vmatrix} \neq 0, \quad k = 1,2,\cdots,n-1,$$

其中，L 为单位上三角矩阵，即有

$$A = \begin{pmatrix} 1 & & & & \\ l_{21} & 1 & & & \\ l_{31} & l_{32} & \ddots & & \\ \vdots & \vdots & \ddots & 1 & \\ l_{n1} & l_{n2} & \cdots & l_{n,n-1} & 1 \end{pmatrix} \begin{pmatrix} u_{11} & u_{12} & \cdots & u_{1n} \\ & u_{22} & \cdots & u_{2n} \\ & & \ddots & \vdots \\ & & & u_{nn} \end{pmatrix}.$$

并且若 A 为非奇异矩阵，则充要条件可换为：A 的各阶顺序主子式全不为零，即

$$|A_k| \neq 0, \quad k = 1,2,\cdots,n.$$

推论 2　n 阶方阵 A 可唯一地进行克劳特分解

$$A = \tilde{L}U = \begin{pmatrix} l_{11} & & & \\ l_{21} & l_{22} & & \\ \vdots & \vdots & \ddots & \\ l_{n1} & l_{n2} & \cdots & l_{nn} \end{pmatrix} \begin{pmatrix} 1 & u_{12} & \cdots & u_{1n} \\ & 1 & \cdots & u_{2n} \\ & & \ddots & \vdots \\ & & & 1 \end{pmatrix}$$

的充要条件为[97]

$$|A_k| = \begin{vmatrix} a_{11} & \cdots & a_{1k} \\ \vdots & & \vdots \\ a_{k1} & \cdots & a_{kk} \end{vmatrix} \neq 0, \quad k = 1,2,\cdots,n-1.$$

注　若 A 为奇异矩阵，则 $l_{nn} = 0$；若 A 为非奇异矩阵，则充要条件也可替换为

$$|A_k| \neq 0, \quad k = 1,2,\cdots,n.$$

定理 2.3　设 A 为对称正定矩阵，则 A 可唯一地分解为 $A = LDL^{\mathrm{T}}$，其中 L 为下三角矩阵，D 为对角矩阵，且对角元素是 L 对角线元素的倒数. 即[97]

$$L = \begin{pmatrix} l_{11} & & & \\ l_{21} & l_{22} & & \\ \vdots & \vdots & \ddots & \\ l_{n1} & l_{n2} & \cdots & l_{nn} \end{pmatrix}, \quad D = \begin{pmatrix} \frac{1}{l_{11}} & & & \\ & \frac{1}{l_{22}} & & \\ & & \ddots & \\ & & & \frac{1}{l_{nn}} \end{pmatrix}.$$

其中，$l_{ij} = a_{ij} - \sum_{k=1}^{j-1} l_{ik} l_{jk} / l_{kk} (i = 1,2,\cdots,n; j = 1,2,\cdots,i)$.

2. 常用的三角分解公式

(1) 杜利特分解

设 $\boldsymbol{A}$ 为 n 阶方阵，如何确定 $\boldsymbol{L}$ 和 $\boldsymbol{U}$ 这两个三角矩阵呢？设 $\boldsymbol{A} = \boldsymbol{LU}$，其中

$$L = \begin{pmatrix} l_{11} & & & \\ l_{21} & l_{22} & & \\ \vdots & \vdots & \ddots & \\ l_{n1} & l_{n2} & \cdots & l_{nn} \end{pmatrix}, \quad U = \begin{pmatrix} u_{11} & u_{12} & \cdots & u_{1n} \\ & u_{22} & \cdots & u_{2n} \\ & & \ddots & \vdots \\ & & & u_{nn} \end{pmatrix}.$$

按矩阵的乘法，有

$$a_{ij} = \sum_{s=1}^{\min(i,j)} l_{is} u_{sj}, \quad i,j = 1,2,\cdots,n.$$

由于 $l_{kk} = 1$，所以有

$$a_{kj} = u_{kj} + \sum_{s=1}^{k-1} l_{ks} u_{sj}, \quad j = k, k+1, \cdots, n.$$

故得

$$u_{kj} = a_{kj} - \sum_{s=1}^{k-1} l_{ks} u_{sj}, \quad j = k, k+1, \cdots, n.$$

同理

$$l_{ik} = \frac{a_{ik} - \sum_{s=1}^{k-1} l_{is} u_{sk}}{u_{kk}}, \quad i = k+1, k+2, \cdots, n.$$

即得到三角矩阵 $\boldsymbol{L}$ 和 $\boldsymbol{U}$.

(2) 克劳特分解

设 $\boldsymbol{A}$ 为 n 阶方阵(不一定对称)，有分解式 $\boldsymbol{A} = \boldsymbol{LU}$，即

$$\begin{pmatrix} a_{11} & \cdots & a_{1j} & \cdots & a_{1n} \\ \vdots & & \vdots & & \vdots \\ a_{i1} & \cdots & a_{ij} & \cdots & a_{in} \\ \vdots & & \vdots & & \vdots \\ a_{n1} & \cdots & a_{nj} & \cdots & a_{nn} \end{pmatrix} = \begin{pmatrix} l_{11} & & & & \\ \vdots & \ddots & & & \\ l_{i1} & \cdots & l_{ii} & & \\ \vdots & & & \ddots & \\ l_{n1} & \cdots & \cdots & \cdots & l_{nn} \end{pmatrix} = \begin{pmatrix} 1 & u_{12} & \cdots & u_{1j} & \cdots & u_{1n} \\ & \ddots & & \vdots & & \vdots \\ & & 1 & u_{j-1,j} & \cdots & u_{j-1,n} \\ & & & \ddots & & \vdots \\ & & & & 1 & 1 \end{pmatrix}.$$

当 $i \geqslant j$ 时(下三角位置),有

$$a_{ij} = \sum_{k=1}^{j} l_{ik} u_{kj} = \sum_{k=1}^{i-1} l_{ik} u_{kj} + l_{ij},$$

得

$$l_{ij} = a_{ij} - \sum_{k=1}^{j-1} l_{ik} u_{kj}, \quad i = 1,2,\cdots,n; j = 1,2,\cdots,i.$$

当 $i < j$ 时(上三角位置),有

$$a_{ij} = \sum_{k=1}^{j} l_{ik} u_{kj} = \sum_{k=1}^{i-1} l_{ik} u_{kj} + l_{ii} u_{ij}, \quad i = 1,2,\cdots,n; j = 1,2,\cdots,i,$$

得

$$u_{ij} = \frac{a_{ij} - \sum_{k=1}^{i} l_{ik} u_{kj}}{l_{ii}}, \quad i = 1,2,\cdots,n-1; j = i+1, i+2,\cdots,n.$$

这样即可得到三角矩阵 $\boldsymbol{L}$ 和 $\boldsymbol{U}$.

(3) 乔累斯基分解

设 $\boldsymbol{A}$ 为对称正定矩阵,存在一个实的非奇异下三角矩阵 $\boldsymbol{L}$,且 $\boldsymbol{L}$ 的对角元素为正时,则有唯一的分解式

$$\boldsymbol{A} = \boldsymbol{L}\boldsymbol{L}^{\mathrm{T}}.$$

即

$$\begin{pmatrix} a_{11} & & & & \\ \vdots & \ddots & & & \\ a_{i1} & \cdots & a_{ii} & & \\ \vdots & & \vdots & \ddots & \\ a_{n1} & \cdots & a_{ni} & \cdots & a_{nn} \end{pmatrix} = \begin{pmatrix} l_{11} & & & & \\ \vdots & \ddots & & & \\ l_{i1} & \cdots & l_{ii} & & \\ \vdots & & \vdots & \ddots & \\ l_{n1} & \cdots & l_{ni} & \cdots & l_{nn} \end{pmatrix} \begin{pmatrix} l_{11} & \cdots & l_{j1} & \cdots & l_{n1} \\ & \ddots & \vdots & & \vdots \\ & & l_{jj} & \cdots & l_{nj} \\ & & & \ddots & \vdots \\ & & & & l_{nn} \end{pmatrix}.$$

当 $i \geqslant j$ 时,有

$$a_{ij} = \sum_{k=1}^{j} l_{ik} l_{jk} = \sum_{k=1}^{j-1} l_{ik} l_{jk} + l_{ij} l_{jj}, \quad 即 \quad l_{ij} = \frac{a_{ij} - \sum_{k=1}^{j-1} l_{ik} l_{jk}}{l_{jj}}, \quad i \geqslant j.$$

特别地,当 $i = j$ 时,有

$$l_{ij} = \sqrt{a_{ii} - \sum_{k=1}^{i-1} l_{ik}^2}, \quad i = 1,2,\cdots,n.$$

2.2.3.2 矩阵的满秩分解基本概念与基本结论

定义 2.3 若矩阵 $\boldsymbol{A}$ 的行(列)向量线性无关,则称 $\boldsymbol{A}$ 为行(列)满秩矩阵[98].

定义 2.4 设 $\boldsymbol{A}$ 是秩为 $r(r>0)$ 的 $m\times n$ 矩阵,若存在 $m\times r$ 列满秩矩阵 $\boldsymbol{F}$ 和 $r\times n$ 行满秩矩阵 $\boldsymbol{G}$,使得

$$\boldsymbol{A} = \boldsymbol{FG}, \tag{2.2}$$

则称式(2.2)为矩阵 $\boldsymbol{A}$ 的满秩分解[99].

定义 2.5 设 $\boldsymbol{H}$ 是 $m\times n$ 的矩阵,$\mathrm{rank}(\boldsymbol{H})=r$,满足:

(1) $\boldsymbol{H}$ 的前 r 行中每一行至少含有一个非零元素,且每行第一个非零元素是 1,而随后的 $m-r$ 行元素均为 0;

(2) 设 $\boldsymbol{H}$ 中第 i 行的第一个非零元素 h_{i1} 位于第 $j_i\,(i=1,2,\cdots,r)$ 列,有 $j_1<j_2<\cdots<j_r$;

(3) $\boldsymbol{H}$ 的第 $j_1,j_2,\cdots,j_r$ 列构成 m 阶单位矩阵 $\boldsymbol{I}$ 的前 r 列,则称 $\boldsymbol{H}$ 为 $\boldsymbol{A}$ 的 Hermite 标准型[99].

定理 2.4 设 $\boldsymbol{A}$ 为任一秩为 r 的 $m\times n$ 矩阵,则 $\boldsymbol{A}$ 必有满秩分解式 $\boldsymbol{A}=\boldsymbol{FG}$,其中 $\boldsymbol{F}$ 为列满秩的,$\boldsymbol{G}$ 为行满秩的.

定理 2.5 任何一个 $m\times n$ 的非零矩阵 $\boldsymbol{A}$ 都存在满秩分解.

由于初等行变换有三种变换:① 对换(两行);② 倍乘(某一行乘以一个非零常数);③ 倍加(某一行乘以一个非零常数加到另一行).实际上只用第三种初等变换方法就可以将其化为阶梯形.

需要指出的是,$\boldsymbol{A}$ 的满秩分解式式(2.1)与式(2.2)并不是唯一的.事实上,对于任一个 r 阶可逆方阵 $\boldsymbol{H}$,总有

$$\boldsymbol{A} = \boldsymbol{FG} = (\boldsymbol{FH})(\boldsymbol{H}^{-1}\boldsymbol{G}) = \widetilde{\boldsymbol{F}}\widetilde{\boldsymbol{G}} \tag{2.3}$$

成立,且 $\widetilde{\boldsymbol{F}}$ 和 $\widetilde{\boldsymbol{G}}$ 分别为 $m\times r$ 列满秩矩阵和 $r\times n$ 行满秩矩阵.因而式(2.3)也是 $\boldsymbol{A}$ 的一个满秩分解式.

定理 2.6 设 $\boldsymbol{A}\in \mathbf{C}_r^{r\times r}$,且

$$\boldsymbol{A} = \boldsymbol{BC} = \widetilde{\boldsymbol{B}}\widetilde{\boldsymbol{C}}$$

均为 $\boldsymbol{A}$ 的满秩分解式,则[97]:

(1) 存在矩阵 $\boldsymbol{Q}\in \mathbf{C}_r^{r\times r}$,使得

$$\boldsymbol{B} = \widetilde{\boldsymbol{B}}\boldsymbol{Q}, \quad \boldsymbol{C} = \boldsymbol{Q}^{-1}\widetilde{\boldsymbol{C}}.$$

(2) $\boldsymbol{C}^{\mathrm{H}}(\boldsymbol{CC}^{\mathrm{H}})^{-1}(\boldsymbol{B}^{\mathrm{H}}\boldsymbol{B})^{-1}\boldsymbol{B}^{\mathrm{H}} = \widetilde{\boldsymbol{C}}^{\mathrm{H}}(\widetilde{\boldsymbol{C}}\widetilde{\boldsymbol{C}}^{\mathrm{H}})^{-1}(\widetilde{\boldsymbol{B}}^{\mathrm{H}}\widetilde{\boldsymbol{B}})^{-1}\widetilde{\boldsymbol{B}}^{\mathrm{H}}$.

定理 2.7　设 $\boldsymbol{A}$ 是 $m\times n$ 的矩阵，rank($\boldsymbol{H}$) = $r>0$，其 Hermite 标准型为 $\boldsymbol{H}$，则在 $\boldsymbol{A}$ 的满秩分解中，可取 $\boldsymbol{F}$ 为由 $\boldsymbol{A}$ 的 $j_1, j_2, \cdots, j_r$ 列构成的 $m\times r$ 的矩阵，$\boldsymbol{G}$ 为 $\boldsymbol{H}$ 的前 r 行构成的 $r\times n$ 的矩阵[99].

定理 2.8　矩阵满秩分解的存在性定理[100]：

(1) 设 $\boldsymbol{A}\in \mathbf{C}_r^{m\times n}(r>0)$，则使用初等行变换可将 $\boldsymbol{A}$ 化为 Hermite 标准型；

(2) 设 $\boldsymbol{A}\in \mathbf{C}_r^{m\times n}(r>0)$，则存在 $\boldsymbol{F}\in \mathbf{C}_r^{m\times r}$ 和 $\boldsymbol{G}\in \mathbf{C}_r^{r\times n}$，使得 $\boldsymbol{A}=\boldsymbol{FG}$.

2.2.3.3　矩阵的 QR 分解

1. 矩阵 QR 分解的基本概念与基本理论

定义 2.6　设 $\boldsymbol{u}\in \mathbf{R}^n$ 是单位列向量，即 $\boldsymbol{u}^{\mathrm{T}}\boldsymbol{u}=1$，则称矩阵

$$\boldsymbol{H} = \boldsymbol{I} - 2\boldsymbol{uu}^{\mathrm{H}}$$

为 Householder 矩阵. 而由 Householder 矩阵确定的 $\mathbf{R}^n$ 上的线性变换 $y=\boldsymbol{H}x$ 称为 Householder 变换. 若 u 不是单位向量，则定义 $\boldsymbol{H}=\boldsymbol{I}-\dfrac{2}{\|\boldsymbol{u}\|_2^2}\boldsymbol{uu}^{\mathrm{T}}$ 为 Householder 矩阵，对应的变换称为 Householder 变换[96].

Householder 矩阵具有如下性质：

(1) $\boldsymbol{H}^{\mathrm{T}}=\boldsymbol{H}$（$\boldsymbol{H}$ 为对称矩阵）；

(2) $\boldsymbol{H}^{\mathrm{T}}\boldsymbol{H}=\boldsymbol{E}$（$\boldsymbol{H}$ 为正交矩阵）；

(3) $\boldsymbol{H}^2=\boldsymbol{E}$（$\boldsymbol{H}$ 为对合矩阵）；

(4) $\boldsymbol{H}^{-1}=\boldsymbol{H}$（$\boldsymbol{H}$ 为自逆矩阵）；

(5) $\begin{pmatrix}\boldsymbol{E}_r & \boldsymbol{0}\\ \boldsymbol{0} & \boldsymbol{H}\end{pmatrix}$ 是 $n+1$ 阶 Householder 矩阵；

(6) $|\boldsymbol{H}|=-1$.

定义 2.7　如果实（复）非奇异矩阵 $\boldsymbol{A}$ 能够转化为正交（酉）矩阵 $\boldsymbol{Q}$ 与实（复）非奇异上三角矩阵 $\boldsymbol{R}$ 之积，即有

$$\boldsymbol{A} = \boldsymbol{QR},$$

则称上式为 $\boldsymbol{A}$ 的 QR 分解[96].

定理 2.9　任何实的非奇异 n 阶矩阵 $\boldsymbol{A}$ 可分解为正交矩阵 $\boldsymbol{Q}$ 和上三角矩阵 $\boldsymbol{R}$ 之积，且除去相差一个对角线元素之绝对值全等于 1 的对角矩阵因子 $\boldsymbol{D}$ 外，分解式 $\boldsymbol{A}=\boldsymbol{QR}$ 是唯一的[96].

定理 2.10　设 $\boldsymbol{A}$ 为 $m\times n$ 阶的复矩阵，且 n 个列向量彼此线性无关，则 $\boldsymbol{A}$ 有分解式

$$\boldsymbol{A} = \boldsymbol{UR},$$

其中，$\boldsymbol{U}$ 是 $m\times n$ 复矩阵，且满足 $\boldsymbol{U}^{\mathrm{H}}\boldsymbol{U}=\boldsymbol{I}$，$\boldsymbol{R}$ 是 n 阶复的非奇异上三角矩阵，且

除去相差一个对角线元素的矩阵行列式全为1的对角矩阵因子外，分解式 $\boldsymbol{A}=\boldsymbol{UR}$ 是唯一的[100]．

推论　设 $\boldsymbol{A}$ 为 $m\times n$ 实(复)矩阵，且其 n 个列向量线性无关，则存在 m 阶正交(酉)矩阵 $\boldsymbol{Q}$ 和 n 阶非奇异实(复)上三角矩阵 $\boldsymbol{R}$，使得下式成立[97]：

$$\boldsymbol{QA}=\begin{pmatrix}\boldsymbol{R}\\ \boldsymbol{0}\end{pmatrix}.$$

定理 2.11　如果在非奇异矩阵 $\boldsymbol{A}$ 的QR分解中规定上三角阵 $\boldsymbol{R}$ 的各个对角元素的符号，则 $\boldsymbol{A}$ 的QR分解式是唯一的[101]．

定理 2.12　设 $\boldsymbol{A}$ 为任意的 $m\times n$ 矩阵，且 $\operatorname{rank}(\boldsymbol{A})=r$，则存在 m 阶正交矩阵 $\boldsymbol{H}^{\mathrm{T}}$ 与 n 阶正交矩阵 $\boldsymbol{K}$，使得 $\boldsymbol{H}^{\mathrm{T}}\boldsymbol{AK}=\boldsymbol{R}$ 或 $\boldsymbol{A}=\boldsymbol{HRK}^{\mathrm{T}}$，这里 $\boldsymbol{R}$ 为 $m\times n$ 矩阵，它可以表示为一个准对角矩阵形式：

$$\boldsymbol{R}=\begin{pmatrix}\boldsymbol{R}_{11} & \boldsymbol{0}\\ \boldsymbol{0} & \boldsymbol{0}\end{pmatrix},$$

其中，$\boldsymbol{R}_{11}$ 是 r 阶的下三角非奇异方阵，$\boldsymbol{H}^{\mathrm{T}}\boldsymbol{AK}=\boldsymbol{R}$ 或 $\boldsymbol{A}=\boldsymbol{HRK}^{\mathrm{T}}$ 又称为 $\boldsymbol{A}$ 的正交三角分解．

定理 2.13　设 $\boldsymbol{A}\in\mathbf{C}^{m\times n}$，则存在酉矩阵 $\boldsymbol{Q}\in\mathbf{C}^{m\times m}$，使得 $\boldsymbol{A}=\boldsymbol{QR}$，其中 $\boldsymbol{R}\in\mathbf{C}^{m\times n}$ 是阶梯形矩阵．

2. 矩阵QR分解的常用方法

(1) 利用Householder矩阵变换

将矩阵 $\boldsymbol{A}$ 的列向量一次实施Householder矩阵变换，简记 $\boldsymbol{H}$，使之分别化为：以具有1个非零元，2个非零元……n 个非零元作为列向量的上三角矩阵 $\boldsymbol{R}$，即：若有 $\boldsymbol{H}_{n-1}\cdots\boldsymbol{H}_2\boldsymbol{H}_1\boldsymbol{A}=\boldsymbol{R}$，则 $\boldsymbol{Q}=\boldsymbol{H}_1\boldsymbol{H}_2\cdots\boldsymbol{H}_{n-1}$．

(2) 利用QR分解公式

设 $\boldsymbol{A}=(\alpha_1,\alpha_2,\cdots,\alpha_n)$，$\boldsymbol{Q}=(q_1,q_2,\cdots,q_n)^{\mathrm{T}}$，$\boldsymbol{Q}$ 为(列)正交矩阵，$\boldsymbol{R}$ 为上三角矩阵，即

$$\boldsymbol{R}=\begin{pmatrix}d_{11} & d_{12} & \cdots & d_{1r}\\ 0 & d_{22} & \cdots & d_{2r}\\ \vdots & \vdots & & \vdots\\ 0 & 0 & \cdots & d_{rr}\end{pmatrix}.$$

若 $\boldsymbol{A}$ 有QR分解，则由 $\boldsymbol{A}=\boldsymbol{QR}$，有 $\alpha_1=d_{11}q_1$，$\|q_1\|=\dfrac{\|\alpha_1\|}{d_{11}}=1$，即

$$d_{11}=\|\alpha_1\|,\quad q_1=\frac{\alpha_1}{\|\alpha_1\|},\quad \cdots,$$

从而，得 $\boldsymbol{A}$ 的QR分解公式：

$$d_{11} = \|\alpha_1\|,\quad q_1 = \frac{\alpha_1}{\|\alpha_1\|},$$
$$d_{kj} = q_k^{\mathrm{T}}\alpha_i,\quad k = 1,2,\cdots,i-1,$$
$$d_{ii} = \left\|\alpha_i - \sum d_{ji}q_i\right\|,$$
$$q_i = \frac{\alpha_i - \sum d_{ji}q_i}{d_{ii}},\quad i = 1,2,\cdots,r.$$

利用对矩阵 $\boldsymbol{A}$ 的列向量进行标准正交化得到 $\boldsymbol{Q}$，且 $\boldsymbol{R} = \boldsymbol{Q}^{\mathrm{T}}\boldsymbol{A}$.

(3) 列初等变换法

步骤如下：

① 构造矩阵 $\boldsymbol{P} = \begin{pmatrix} \boldsymbol{A}^{\mathrm{T}}\boldsymbol{A} \\ \boldsymbol{A} \end{pmatrix}$；

② 对 $\boldsymbol{P}$ 施行初等列变换将 $\boldsymbol{A}^{\mathrm{T}}\boldsymbol{A}$ 化为下三角矩阵 $\boldsymbol{R}_1$，同时 $\boldsymbol{A}$ 化为列正交矩阵 $\boldsymbol{Q}_1$；

③ 对上述得到的矩阵 $\begin{pmatrix} \boldsymbol{R}_1 \\ \boldsymbol{Q}_1 \end{pmatrix}$，再利用初等列变换化 $\boldsymbol{Q}_1$ 的各列向量为单位向量，则 $\boldsymbol{Q}_1$ 化为列正交矩阵，同时 $\boldsymbol{R}_1 = \boldsymbol{R}^{\mathrm{T}}$，即 $\boldsymbol{R} = \boldsymbol{R}_1^{\mathrm{T}}$.

2.2.4　有关矩阵对角化的理论

作为一种特殊的矩阵，对角矩阵在理论研究和矩阵性质推广方面有着重大的意义. 接下来，通过介绍对角矩阵的性质及其应用，体现出对角矩阵作为一个有效的工具在矩阵理论研究中的重要地位. 通过列举矩阵对角化的一些常用方法，进一步地介绍矩阵对角化方法在其他领域中一些可能的应用.

依据矩阵的相似理论，一类矩阵彼此相似意味着这些矩阵之间有着相同或者相近的一些性质；又由于矩阵的对角化是矩阵论中的一个重点内容，使得其成为解决涉及矩阵各种问题的一种极为有效的方法和工具. 尤其是在其他学科，比如：生物信息学、电子信息工程、量子力学等领域有着重要的应用，为其相关问题的研究提供了理论依据及有效的方法.

对角矩阵作为一种极为特殊的矩阵，有着很多性质，如：

(1) 对角矩阵都是对称矩阵；

(2) 对角矩阵是上三角矩阵及下三角矩阵.

故可通过矩阵相似的理论研究对角矩阵的性质，来研究一类矩阵的性质，这对矩阵性质的推广有着重要的意义.

2.2.4.1　对角矩阵的地位及矩阵对角化的意义

从理论上看，研究对角矩阵及矩阵对角化方法的意义是明显的. 对角矩阵是最简单的一类矩阵，非常便于研究. 通过相似这种等价关系，对角矩阵便相当于对一类矩阵在相似意义下给出的一种简单的等价形式，这对理论分析是方便的. 相似的矩阵拥有诸多相同的性质，比如：特征多项式、特征根、行列式等. 如果只关心这类性质，那么相似的矩阵可以看作是没有区别的. 这时研究一个一般的可对角化的矩阵，只需研究其标准形式(即对角化后的矩阵). 而这个过程，恰好相当于从其等价类中选取一组最简洁的元素加以研究.

另外，对角化突出强调了矩阵的特征值以及特征向量等体现矩阵本质特征的信息. 再结合正交矩阵的概念，可以得到一些至关重要的结论，例如：实对称矩阵总可以对角化等.

同时，在实际应用中，矩阵对角化的作用也很大. 由于计算机的广泛应用，基于矩阵理论的算法在各个领域的研究中日益发挥着巨大的作用，对角矩阵作为一个实用性极强的工具，在各研究领域中的地位越来越突出，诸如：量子力学、无线电、电子信息工程等. 其中，尤其是矩阵对角化分解算法及其应用，已渗透到生物信息学等诸多新兴的领域中.

1. 对角矩阵

对角矩阵属于矩阵中最简单的一类情形. 下面将叙述对角矩阵的定义及其特性，并加以说明.

(1) 对角矩阵及运算性质

对角矩阵是一个主对角线之外的元素皆为 0 的矩阵. 对角线上的元素可以为 0 或其他值. 因此若 n 行、n 列的矩阵 $\boldsymbol{A}=(a_{ij})_{n\times n}$ 符合以下性质：

$$a_{ij}=0,\quad i\neq j;\quad \forall\, i,j\in\{1,2,\cdots,n\},$$

则矩阵 $\boldsymbol{A}$ 为对角矩阵.

对角矩阵的性质决定了其在矩阵论中的基础性地位与重要性，下面将从对角矩阵的运算与特性两方面来描述对角矩阵.

(2) 对角矩阵的特性

① 对角矩阵都是对称矩阵；

② 对角矩阵是上三角矩阵及下三角矩阵；

③ 单位矩阵 $\boldsymbol{E}_n$ 及零矩阵恒为对角矩阵，一维矩阵也恒为对角矩阵；

④ 一个对角线上元素皆相等的对角矩阵是数乘矩阵，可表示为单位矩阵及一个系数 λ 的乘积：$\lambda\boldsymbol{E}$；

⑤ 对角矩阵 $\mathrm{diag}(a_1,a_2,\cdots,a_n)$ 的特征值为 $a_1,a_2,\cdots,a_n$，而其特征向量为

单位向量 $\boldsymbol{e}_1,\boldsymbol{e}_2,\cdots,\boldsymbol{e}_n$；

⑥ 对角矩阵 $\mathrm{diag}(a_1,a_2,\cdots,a_n)$的行列式为$a_1,a_2,\cdots,a_n$ 的乘积.

(3) 方阵与对角矩阵相似的充要条件

n 阶方阵可进行对角化　$\Leftrightarrow$　n 阶方阵存在n 个线性无关的特征向量.

推论：

① 如果 n 阶方阵有n 个互不相同的特征值,那么矩阵必然存在相似矩阵；

② 如果 n 阶方阵存在相等的特征值,那么每个特征值的线性无关的特征向量的个数恰好等于该特征值的重复次数.

2. 矩阵可对角化的条件

矩阵对角化内容是高等代数中非常重要的一个版块,同时矩阵对角化方法也是工程实际应用领域中最为广泛使用的工具.除了一些线性变换的矩阵在其某组适当的基下可以是对角矩阵外,还有很多具有某种特性的矩阵在一些充分(或充要)条件下,可以使矩阵变换为对角矩阵.下面介绍一些常用的矩阵可对角化的条件和对角化的方法.

矩阵可对角化问题的研究由来已久,其中有一些属于常见的充要条件,现将常用的充要条件列举如下[102]：

① $\boldsymbol{A}$ 可对角化当且仅当$\boldsymbol{A}$ 有n 个线性无关的特征向量；

② $\boldsymbol{A}$ 可对角化当且仅当特征子空间维数之和为n；

③ $\boldsymbol{A}$ 可对角化当且仅当$\boldsymbol{A}$ 的初等因子是一次的；

④ $\boldsymbol{A}$ 可对角化当且仅当$\boldsymbol{A}$ 的最小多项式$m_{\boldsymbol{A}}(\lambda)$无重根.

3. 几种特殊矩阵的对角化方法

(1) 幂等矩阵对角化方法

设 $\boldsymbol{A}$ 是数域F 上的n 阶方阵,若 $\boldsymbol{A}^2=\boldsymbol{A}$,则称 $\boldsymbol{A}$ 为幂等矩阵.

设 $\boldsymbol{A},\boldsymbol{B}$ 分别是$s\times n,n\times m$ 矩阵,若 $\boldsymbol{AB}=0$,则 $\mathrm{rank}(\boldsymbol{A})+\mathrm{rank}(\boldsymbol{B})\leqslant n$.

由此可以得到如下结论：

① 如果 n 阶矩阵$\boldsymbol{A}$ 是幂等矩阵,则 $\mathrm{rank}(\boldsymbol{A})+\mathrm{rank}(\boldsymbol{E}-\boldsymbol{A})=n$；

② 幂等矩阵的特征值为 0 或 1；

③ n 阶幂等矩阵$\boldsymbol{A}$ 一定可以对角化,并且 $\boldsymbol{A}$ 的相似标准型是$\begin{pmatrix}\boldsymbol{E}_r & \boldsymbol{0}\\ \boldsymbol{0} & \boldsymbol{0}\end{pmatrix}$,其中 $r=\mathrm{rank}(\boldsymbol{A})$,$\boldsymbol{E}_r$ 是r 阶单位矩阵,并约定 $\boldsymbol{E}_0=\boldsymbol{0}$.

(2) 对合矩阵的对角化方法

如果 $\boldsymbol{A}^2=\boldsymbol{E}$($\boldsymbol{E}$ 表示单位矩阵),则称 $\boldsymbol{A}$ 为对合矩阵.

对 n 阶对合矩阵$\boldsymbol{A}$,有如下结论：

① 如果 n 阶矩阵$\boldsymbol{A}$ 是对合矩阵,则 $\mathrm{rank}(\boldsymbol{E}-\boldsymbol{A})+\mathrm{rank}(\boldsymbol{E}+\boldsymbol{A})=n$；

② 对合矩阵的特征值为 1 或 -1；

③ n 阶对合矩阵 $\boldsymbol{A}$ 一定可以对角化，并且 $\boldsymbol{A}$ 的相似形为 $\begin{pmatrix} \boldsymbol{E}_r & \boldsymbol{0} \\ \boldsymbol{0} & -\boldsymbol{E}_{n-r} \end{pmatrix}$，其中 $r=\operatorname{rank}(\boldsymbol{E}+\boldsymbol{A})$.

(3) 行和相等情形下的矩阵对角化方法

下面给出各行的行和均相等情形的实对称矩阵 $\boldsymbol{A}$ 对角化的一种简便方法. 首先给出三条引理：

引理 2.1　$\boldsymbol{AI}=\boldsymbol{IA}=t\boldsymbol{I}$ 的充要条件是 n 阶实对称矩阵 $\boldsymbol{A}$ 的每一行的行和与每一列的列和均为 t，其中 $\boldsymbol{I}$ 为 n 阶全 1 矩阵.

引理 2.2　设 $\boldsymbol{B}_1,\boldsymbol{B}_2$ 是两个 n 阶实对称矩阵，且 $\boldsymbol{B}_1\boldsymbol{B}_2=\boldsymbol{B}_2\boldsymbol{B}_1$，则存在正交矩阵 $\boldsymbol{Q}$，使得 $\boldsymbol{Q}^{\mathrm{T}}\boldsymbol{B}_1\boldsymbol{Q}=\operatorname{diag}(\lambda_1,\lambda_2,\cdots,\lambda_n)$，$\boldsymbol{Q}^{\mathrm{T}}\boldsymbol{B}_2\boldsymbol{Q}=\operatorname{diag}(\mu_1,\mu_2,\cdots,\mu_n)$.

引理 2.3　若 $\boldsymbol{AI}=t\boldsymbol{I}$，则 $\boldsymbol{A}$ 必有一特征值为 t，且矩阵 $\boldsymbol{A}$ 的对应于该特征值的特征向量为 $\boldsymbol{I}$ 的对应于非零特征值的特征向量.

那么，我们可以得到如下的对角化方法：

设 $\boldsymbol{A}$ 为各行的行和均为 t 的 n 阶实对称矩阵，$\boldsymbol{I}$ 为 n 阶全 1 矩阵，由引理 2.1，$\boldsymbol{AI}=t\boldsymbol{I}$. 容易求出 $\boldsymbol{I}$ 的特征值为 n 和 0，其中 0 为 $n-1$ 重，$\boldsymbol{I}$ 的特征向量构成的列正交矩阵为

$$\boldsymbol{P}=\begin{pmatrix} 1 & 1 & \frac{1}{2} & \cdots & \frac{1}{n-2} & \frac{1}{n-1} \\ 1 & -1 & \frac{1}{2} & \cdots & \frac{1}{n-2} & \frac{1}{n-1} \\ 1 & 0 & -1 & \cdots & \frac{1}{n-2} & \frac{1}{n-1} \\ \vdots & \vdots & \vdots & & \vdots & \vdots \\ 1 & 0 & 0 & \cdots & -1 & \frac{1}{n-1} \\ 1 & 0 & 0 & \cdots & 0 & -1 \end{pmatrix}. \tag{2.4}$$

将 $\boldsymbol{P}$ 每一列单位化，得正交矩阵 $\boldsymbol{Q}$，使 $\boldsymbol{Q}^{\mathrm{T}}\boldsymbol{IQ}=\operatorname{diag}(n,\underbrace{0,0,\cdots,0}_{(n-1)\text{个}})$，由引理 2.3，有

$$\boldsymbol{Q}^{\mathrm{T}}\boldsymbol{AQ}=\begin{pmatrix} t & \\ & \boldsymbol{A}_1 \end{pmatrix}, \tag{2.5}$$

其中，$\boldsymbol{A}_1$ 为 $n-1$ 阶实对称阵，对应于 t 的单位特征向量为 $\boldsymbol{I}$ 的对应于非零特征值 n 的单位特征向量

$$\left(\frac{1}{\sqrt{n}},\frac{1}{\sqrt{n}},\cdots,\frac{1}{\sqrt{n}}\right)^{\mathrm{T}}. \tag{2.6}$$

从而得到 $\boldsymbol{A}$ 的对角化步骤如下：

① 根据 $\boldsymbol{A}$ 的阶数，写出 $\boldsymbol{P}$，再将其正交化得 $\boldsymbol{Q}$；

② 求出 $\boldsymbol{Q}^{\mathrm{T}}\boldsymbol{A}\boldsymbol{Q}$；

由引理 2.2，若 $\boldsymbol{Q}^{\mathrm{T}}\boldsymbol{A}\boldsymbol{Q}$ 是对角阵，则 $\boldsymbol{Q}$ 就是将 $\boldsymbol{A}$ 对角化的正交矩阵.

(4) 实对称矩阵对角化的一种简化方法

设 $\boldsymbol{A}$ 是实对称矩阵，求正交矩阵 $\boldsymbol{T}$ 使其对角化为 $\boldsymbol{T}^{-1}\boldsymbol{A}\boldsymbol{T}=\mathrm{diag}(\lambda_1,\lambda_2,\cdots,\lambda_n)$的问题，通常可归结为四大步骤：

① 求特征值；

② 求对应的特征向量；

③ 将特征向量正交标准化；

④ 写出 $\boldsymbol{T}$ 及 $\boldsymbol{T}^{-1}\boldsymbol{A}\boldsymbol{T}=\mathrm{diag}(\lambda_1,\lambda_2,\cdots,\lambda_n)$.

但是倘若特征值出现重根的情形，需用 Schmidt 正交方法求出正交特征向量，计算较为复杂.现利用向量内积构造齐次线性方程组，求出每个特征值对应的特征向量，从而求出正交矩阵 $\boldsymbol{T}$.

首先列举四条引理：

引理 2.4　设 $\boldsymbol{A}$ 是实对称矩阵，则 $\boldsymbol{A}$ 的特征值均为实数，且 $\boldsymbol{A}$ 的不同特征值的特征向量相互正交.

引理 2.5　设 $\boldsymbol{A}$ 是实对称矩阵，则 $\boldsymbol{A}$ 必可以相似于对角矩阵，且存在正交矩阵 $\boldsymbol{T}$ 使得 $\boldsymbol{T}^{-1}\boldsymbol{A}\boldsymbol{T}=\boldsymbol{T}^{\mathrm{T}}\boldsymbol{A}\boldsymbol{T}=\mathrm{diag}(\lambda_1,\lambda_2,\cdots,\lambda_n)$成立.

引理 2.6　设 $\boldsymbol{A}$ 是实对称矩阵，λ 为 $\boldsymbol{A}$ 的 k 重特征值，则对应于特征值 λ，矩阵 $\boldsymbol{A}$ 有 k 个线性无关的特征向量.

引理 2.7　设矩阵 $\boldsymbol{A}\in\mathbf{C}^{n\times n}$，$\lambda_1,\lambda_2,\cdots,\lambda_k$ 为 $\boldsymbol{A}$ 的所有互不相同的特征值，若矩阵 $\boldsymbol{A}$ 可对角化，则 $\prod\limits_{i=1,j\neq i}^{k}(\lambda_i\boldsymbol{E}-\boldsymbol{A})$ 的列向量为矩阵 $\boldsymbol{A}$ 对应于特征值 λ_i 的特征向量，且列向量组的极大无关组是特征向量空间的一个基.

于是便有下列结论成立：

定理 2.14　关于实对称矩阵 $\boldsymbol{A}$，有特征值 $\lambda_1,\lambda_2(n-1$ 重$)$；$\boldsymbol{\beta}_1,\boldsymbol{\alpha}_2,\boldsymbol{\alpha}_3,\cdots,\boldsymbol{\alpha}_n$ 是对应于特征值 λ_1,λ_2 的特征向量，记 $\boldsymbol{L}(\boldsymbol{\beta}_1)$是由 $\boldsymbol{\beta}_1$ 生成的向量空间，$\boldsymbol{L}(\boldsymbol{\alpha}_2,\boldsymbol{\alpha}_3,\cdots,\boldsymbol{\alpha}_n)$是由$\boldsymbol{\alpha}_2,\boldsymbol{\alpha}_3,\cdots,\boldsymbol{\alpha}_n$ 生成的向量空间.

① $\boldsymbol{L}(\boldsymbol{\beta}_1)+\boldsymbol{L}(\boldsymbol{\alpha}_2,\boldsymbol{\alpha}_3,\cdots,\boldsymbol{\alpha}_n)=\boldsymbol{L}(\boldsymbol{\beta}_1,\boldsymbol{\alpha}_2,\boldsymbol{\alpha}_3,\cdots,\boldsymbol{\alpha}_n)$；

② 设

$$\boldsymbol{X}=(x_1,x_2,\cdots,x_n)^{\mathrm{T}},\quad \boldsymbol{\beta}_l=(\beta_1^l,\beta_2^l,\cdots,\beta_n^l)^{\mathrm{T}},$$

令 $\boldsymbol{\beta}_2=\boldsymbol{\alpha}_2=(\beta_1^2,\beta_2^2,\cdots,\beta_n^2)^{\mathrm{T}}$,则满足$(\boldsymbol{\beta}_1,\boldsymbol{X})=0,(\boldsymbol{\beta}_2,\boldsymbol{X})=0,\cdots,(\boldsymbol{\beta}_{l-1},\boldsymbol{X})=0$,$(l=3,4,\cdots,n)$的$\boldsymbol{\beta}_l$,即线性方程组$\begin{cases}\beta_1^1x_1+\beta_2^1x_2+\cdots+\beta_n^1x_n=0\\ \beta_1^2x_1+\beta_2^2x_2+\cdots+\beta_n^2x_n=0\\ \vdots\\ \beta_1^{l-1}x_1+\beta_2^{l-1}x_2+\cdots+\beta_n^{l-1}x_n=0\end{cases}$的解,其中$\boldsymbol{\beta}_l\in \boldsymbol{L}(\alpha_2,\alpha_3,\cdots,\alpha_n)$,且 $\boldsymbol{\beta}_l=(\beta_1^l,\beta_2^l,\cdots,\beta_n^l)^{\mathrm{T}}$ 是对应于特征值 λ_2 的特征向量.这样 $\beta_3,\beta_4,\cdots,\beta_n$ 与β_2 是 $\boldsymbol{L}(\alpha_2,\alpha_3,\cdots,\alpha_n)$的一组正交基.

该定理可由上述引理 2.4～引理 2.7 予以证明.

2.2.4.2　两个矩阵同时对角化的条件

下面将介绍两个矩阵同时对角化的几个充要条件[103].

定义 2.8　设 $\boldsymbol{A},\boldsymbol{B}$ 是数域$\boldsymbol{F}$上的两个 n 阶矩阵,若存在 n 阶可逆矩阵$\boldsymbol{P}$,使$\boldsymbol{P}^{-1}\boldsymbol{AP},\boldsymbol{P}^{-1}\boldsymbol{BP}$ 同时为对角矩阵,则称 $\boldsymbol{A},\boldsymbol{B}$ 可同时相似对角化.若存在 n 阶可逆矩阵$\boldsymbol{P}$,使得 $\widetilde{\boldsymbol{P}}\boldsymbol{AP},\widetilde{\boldsymbol{P}}\boldsymbol{BP}$ 同时为对角矩阵,则称 $\boldsymbol{A},\boldsymbol{B}$ 可同时合同对角化,其中 $\widetilde{\boldsymbol{P}}$ 为 $\boldsymbol{P}$ 的共轭转置.

定理 2.15　设两个 n 阶矩阵$\boldsymbol{A},\boldsymbol{B}$ 均可相似对角化,那么 $\boldsymbol{A},\boldsymbol{B}$ 同时相似对角化的充要条件是$\boldsymbol{A},\boldsymbol{B}$ 可交换.

若 n 阶矩阵$\boldsymbol{A}$ 可对角化,则 $\boldsymbol{A}$ 的伴随矩阵与$\boldsymbol{A}$ 可同时相似对角化.

定理 2.16　对一般的正规矩阵,则有:

(1) 若 $\boldsymbol{A},\boldsymbol{B}$ 是两个n 阶正规矩阵,则存在酉矩阵 $\boldsymbol{U}$,使得 $\widetilde{\boldsymbol{U}}\boldsymbol{AU}$ 与$\widetilde{\boldsymbol{U}}\boldsymbol{BU}$ 同时为对角矩阵的充要条件是$\boldsymbol{AB}=\boldsymbol{BA}$.

(2) 若 $\boldsymbol{A},\boldsymbol{B}$ 为同阶 Hermite 阵,则存在酉阵 $\boldsymbol{U}$,使得 $\boldsymbol{U}^*\boldsymbol{AU}$ 与$\boldsymbol{U}^*\boldsymbol{BU}$ 为对角阵,当且仅当 $\boldsymbol{AB}=\boldsymbol{BA}$.

(3) 若 $\boldsymbol{A},\boldsymbol{B}$ 为同阶实对称阵,则存在正交阵 $\boldsymbol{P}$,使得 $\boldsymbol{P}^{\mathrm{T}}\boldsymbol{AP}$ 与$\boldsymbol{P}^{\mathrm{T}}\boldsymbol{BP}$ 同为对角阵,当且仅当 $\boldsymbol{AB}=\boldsymbol{BA}$.

定理 2.17　对于两个 Hermite 矩阵可同时对角化还有下列判别条件:设$\boldsymbol{A},\boldsymbol{B}$为两个 n 阶 Hermite 矩阵,且 $\boldsymbol{B}>\boldsymbol{0}$,则存在可逆矩阵 $\boldsymbol{P}$ 使得$\boldsymbol{A}=\widetilde{\boldsymbol{P}}\boldsymbol{DP},\boldsymbol{B}=\widetilde{\boldsymbol{P}}\boldsymbol{P}$.即 $\boldsymbol{A},\boldsymbol{B}$ 可同时合同对角化,其中 $\boldsymbol{D}=\mathrm{diag}(\lambda_1,\cdots,\lambda_n)$,$\lambda_i(i=1,2,\cdots,n)$为$\boldsymbol{AB}^{-1}$的特征值.

定理 2.18　设 $\boldsymbol{A},\boldsymbol{B}$ 为两个n 阶 Hermite 阵,且 $\boldsymbol{A}$ 可逆,则存在可逆阵 $\boldsymbol{P}$ 使得$\widetilde{\boldsymbol{P}}\boldsymbol{AP}$ 与$\widetilde{\boldsymbol{P}}\boldsymbol{BP}$ 同时化为对角阵的充要条件是$\boldsymbol{A}^{-1}\boldsymbol{B}$ 相似于对角阵,且它的特征值均为实数.

定理 2.19　设 $\boldsymbol{A},\boldsymbol{B}$ 为两个n 阶复方阵,且不存在非零向量 $\boldsymbol{X}$,使得 $\widetilde{\boldsymbol{X}}\boldsymbol{AX}=$

$\widetilde{X}BX=0$,则存在可逆阵 P,使得 $\widetilde{P}AP$ 与 $\widetilde{P}BP$ 为上三角矩阵.

若 A,B 为 n 阶 Hermite 阵,且不存在非零向量 X,使得 $X^*AX=X^*BX=0$,则存在可逆矩阵 P,使得 $\widetilde{P}AP$ 与 $\widetilde{P}BP$ 均可化为对角阵.

定理 2.20　设 A,B 为 n 阶半正定 Hermite 阵,则存在可逆复方阵 P,使得 $\widetilde{P}AP$ 与 $\widetilde{P}BP$ 都能够化为对角阵.

若 A,B 为 n 阶半正定实对称阵,则存在实可逆矩阵 P,使得 $\widetilde{P}AP$ 与 $\widetilde{P}BP$ 都能够化为对角阵.

对称矩阵的对角化是广泛应用于各学科高效的计算证明工具.此外,对角化矩阵在某些领域的应用,诸如:利用特征值求解矩阵、探究矩阵性质、解特殊矩阵以及在向量空间和线性变换中应用等.这些常见的应用与解法在某些实际问题求解的时候,均可以提供良好的解法和处理方式.

对于矩阵对角化条件,除了常用的充要条件,还有诸如最小多项式法等,读者可参阅其他的相关文献作更进一步的了解.针对几种特殊矩阵,此处给出了它们的可对角化的条件;最后简述了两个矩阵同时对角化的一系列定理.

在矩阵对角化方法的应用中,有关三对角矩阵的特征值及应用、求解一类三对角线行列式等,在微积分与信号处理等问题中也大量出现,如:对角化方法在向量非线性积分微分方程 Robin 边值问题中的应用、基于协方差矩阵对角化的盲信号分离、基于矩阵对角化的盲源分离算法研究等.

2.2.5　近似联合对角化(AJD)

给定矩阵束,即若干个矩阵的集合$\{M^{(1)},M^{(2)},\cdots,M^{(N)}\}$,联合对角化(JD)通常描述为:寻找矩阵 U,使得 $U^{\mathrm{H}}M^{(n)}U$ 对所有这 n 个矩阵尽可能地能够对角化,其中 U 为酉矩阵.工程领域中,联合对角化有着广阔的应用前景[104-105],能将两个以上的矩阵同时实现对角化.一般来说,联合对角化问题的简单途径是考虑矩阵束$\{M^{(1)},M^{(2)},\cdots,M^{(N)}\}$由统计信息的观测值按照矩阵 $U^{H}M^{(n)}U$ 的构造形式估计而得到的.当多于两个的矩阵需要对角化时,若这些矩阵拥有某种共同的结构,实现精确的对角化仍有可能.否则称为近似联合对角化(AJD).

AJD 的研究热潮,是伴随着产生了独立分量分析[104]及盲源分离[105-106]解法之后而随之兴起的.一组矩阵(即矩阵束)的联合特征值对角化问题,是一个有挑战性的代数学问题,它需要从一组有误差的特征矩阵中找到共有的特征向量矩阵,并通过联合对角化提高特征向量矩阵的估计精度.它在阵列信号处理和信号盲分离中有广泛应用.在信号盲分离中,Cardoso 等提出了一种非常有效的被称为近似联合对角化的两步处理方法,这是一个相当有效的方法,这个算法的主要问题是要求噪声为空时白噪声.

信号处理领域研究热点之一的信号盲分离问题一般归结为一组特征矩阵的联合对角化.在阵列信号处理中,利用均匀线阵的多旋转不变性,可以有效提高方向估计的精度.多旋转不变阵列处理也可归结为一般性的一组矩阵的联合对角化.利用子空间处理技术,这些一组特征矩阵的联合对角化问题可以转化为求解目标函数的优化问题,也称为求解代价函数的极小化问题.

同时,从数值分析角度来看,n 阶方阵 $\boldsymbol{M}$ 的"off"函数可以利用方阵 $\boldsymbol{M}$ 的元素来加以定义:

$$\mathrm{off}(\boldsymbol{M}) \triangleq \sum_{1\leqslant i\neq j\leqslant n} |m_{ij}|^2. \tag{2.7}$$

对 $\boldsymbol{M}$ 彻底地对角化,等价于:利用酉矩阵 $\boldsymbol{V}$ 将 n 阶方阵 $\boldsymbol{M}$ 的"off"函数归零.

迄今为止,已开发出诸多迭代算法用于求解 AJD 问题.一般地,对 n 阶方阵 $\boldsymbol{V}$,AJD 判别准则可定义为 $\boldsymbol{V}$ 的如下非负函数:

$$\boldsymbol{J}(\boldsymbol{V},\boldsymbol{\Lambda}^{(1)},\boldsymbol{\Lambda}^{(2)},\cdots,\boldsymbol{\Lambda}^{(N)}) \triangleq \sum_{i=1,\cdots,N} \|\boldsymbol{\Lambda}^{(i)} - \boldsymbol{V}^{\mathrm{H}}\boldsymbol{M}^{(i)}\boldsymbol{V}\|^2, \tag{2.8}$$

即

$$\boldsymbol{J}(\boldsymbol{V}) \triangleq \sum_{i=1,\cdots,N} \mathrm{off}(\boldsymbol{V}^{\mathrm{H}}\boldsymbol{M}^{(i)}\boldsymbol{V}). \tag{2.9}$$

若酉矩阵 $\boldsymbol{V}$ 能将式(2.8)最小化,称 $\boldsymbol{V}$ 为矩阵束 $\boldsymbol{M}:\{\boldsymbol{M}^{(1)},\boldsymbol{M}^{(2)},\cdots,\boldsymbol{M}^{(N)}\}$ 的联合对角化器.首先,来考虑矩阵束里的每个矩阵具有形式 $\boldsymbol{M}^{(i)}=\boldsymbol{U}\boldsymbol{\Lambda}^{(i)}\boldsymbol{U}^{\mathrm{H}}$,其中 $\boldsymbol{\Lambda}^{(i)}$ 为对角阵.显然,若式子 $\boldsymbol{J}(\boldsymbol{V},\boldsymbol{\Lambda}^{(1)},\boldsymbol{\Lambda}^{(2)},\cdots,\boldsymbol{\Lambda}^{(N)})=0$ 成立的话,则必然也是 AJD 判据(即式(2.8))的全局最优解.若矩阵束里的每个矩阵均能被矩阵 $\boldsymbol{U}$ 酉对角化,矩阵 $\boldsymbol{U}$ 显然是 $\boldsymbol{M}$ 的一个联合对角化器.

通常,AJD 无需让矩阵束里所含的矩阵被某一酉矩阵同时精确对角化.事实上,甚至对矩阵束并不要求其中的每个矩阵均可对角化.这是因为不需要所有 n 阶方阵 $\boldsymbol{M}$ 的"off"函数值非得经过酉变换而相互抵消,只需近似联合对角化器对 AJD 判据加以最小化.大多数情况下,AJD 判据无法归零,矩阵束只能近似联合对角化.近似联合对角化器定义了一种"平均本征结构"(average eigen-structure),故而便于对从样本统计量抽取出来的结构信息作统计推断.

由此,不必对单个矩阵精确对角化,AJD 可让矩阵束中各个矩阵所蕴含的信息整合到某单个的酉矩阵中去[105].此外,另一特点是(近似)联合对角化有着其计算的高效性[91].

2.2.6 算法的保距性

接下来推导 AJD-NNM 算法的有关性质,考察两步变换:

(1) τ_1: $\text{Sequence}^{(i)} \mapsto \boldsymbol{M}^{(i)}$

记 $\text{Sequence}^{(i)}$ 为第 i 条长度为 L 的序列，且 $i=1,2,\cdots,N$，$\boldsymbol{M}^{(i)} \in \mathbf{R}^{(L-1)\times(L-1)}$ 为相应的从原序列映射所得矩阵，$\boldsymbol{M}^{(i)}$ 属于 (0,1) 型稀疏对称矩阵，沿序列 $\text{Sequence}^{(i)}$ 从上游到下游，由邻接双核苷酸类型先得到 $\boldsymbol{m}$，再由 $\boldsymbol{M}_{L-1}=\boldsymbol{m}^{\mathrm{T}} * \boldsymbol{m}$ 而最终确定得到（参阅 2.2.2 节）.

(2) τ_2: $\boldsymbol{M}^{(i)} \mapsto (\lambda_1^{(i)}, \lambda_2^{(i)}, \cdots, \lambda_{L-1}^{(i)})$

对矩阵束施以 AJD 分解，得到由每个矩阵 $\boldsymbol{M}^{(i)}$ 的全部特征值所组成的 $L-1$ 维表征序列的向量 $\boldsymbol{F}_{L-1}^{(i)}=(\lambda_1^{(i)}, \lambda_2^{(i)}, \cdots, \lambda_{L-1}^{(i)})$. 综合可得复合变换如下：

$$\tau_2 \circ \tau_1: \text{Sequence}^{(i)} \mapsto (\lambda_1^{(i)}, \lambda_2^{(i)}, \cdots, \lambda_{L-1}^{(i)}), \tag{2.10}$$

从而可以方便地抽取 DNA 序列的特征信息.

从代数空间的角度来看，上述变换可表示为

$$\mathrm{Ker}f: S^{1\times L} \xrightarrow{\tau} F^{1\times(L-1)}, \tag{2.11}$$

其中，$S^{1\times L}$ 表示由长度为 L 的 DNA 序列组成的原始序列空间，而 $F^{1\times(L-1)}$ 为由原始序列空间映射所得到的目标特征空间；且 $\boldsymbol{\Lambda}$ 的对角线上的元素恰好是由 AJD 作用于 NNM 矩阵束所得到的. 此外，所得数据蕴含了原始序列的本质属性，下面将具体展开叙述. 为此，先引入基本概念如下：

定义 2.9　原始的序列空间中，两条序列 $s^{(i)}$ 和 $s^{(j)}$ 之间的距离 $D(s^{(i)}, s^{(j)})$[107] 可定义为

$$D(s^{(i)}, s^{(j)}) \triangleq \|\boldsymbol{M}^{(i)} - \boldsymbol{M}^{(j)}\|_{\mathrm{F}}, \tag{2.12}$$

其中，$\boldsymbol{M}^{(i)}$ 表示序列 $\text{Sequence}^{(i)}$ 的“特征”矩阵，$i, j=1,2,\cdots,N$. 这里，$\|\boldsymbol{A}\|_{\mathrm{F}}=\sqrt{\mathrm{tr}(\boldsymbol{A}^{\mathrm{H}}\boldsymbol{A})}$ 为矩阵 $\boldsymbol{A}$ 的 Frobenius 范数.

定义 2.10　记 $\mathbf{R}^{n\times n}$ 为 $n\times n$ 维的实赋范空间，f: $\mathbf{R}^{n\times n} \to \mathbf{R}^{1\times n}$ 为从 $\mathbf{R}^{n\times n}$ 到 $\mathbf{R}^{1\times n}$ 的函数. 若空间 $\mathbf{R}^{n\times n}$ 中的任意元素，比如：$\boldsymbol{M}^{(i)}$ 和 $\boldsymbol{M}^{(j)}$，由 $\|\boldsymbol{M}^{(i)} - \boldsymbol{M}^{(j)}\|_{\mathrm{F}}=\alpha$ 能推导出 $\|f(\boldsymbol{M}^{(i)}) - f(\boldsymbol{M}^{(j)})\|_{\mathrm{F}}=\alpha$，则称函数 f 保距.

定理 2.21　τ: $\text{Sequence}^{(i)} \mapsto (\lambda_1^{(i)}, \lambda_2^{(i)}, \cdots, \lambda_{L-1}^{(i)})$ 为保距变换.

证明　由于 $\boldsymbol{M}^{(i)}$ 和 $\boldsymbol{M}^{(j)}$ 分别是第 i 条和第 j 条序列的“特征”矩阵，$i, j=1, 2,\cdots,N$.

记 $\lambda(\boldsymbol{M}^{(i)})=\boldsymbol{V}^{\mathrm{H}}\boldsymbol{M}^{(i)}\boldsymbol{V}=\boldsymbol{\Lambda}^{(i)}$ 为 $\boldsymbol{M}^{(i)}$ 的函数（参阅 2.2.5 节），因此有

$$\lambda(\boldsymbol{M}^{(i)}) = \mathrm{diag}(\lambda_1^{(i)}, \lambda_2^{(i)}, \cdots, \lambda_{L-1}^{(i)}) \in \mathbf{R}^{(L-1)\times(L-1)}, \quad i=1,2,\cdots,N,$$

故

$$f(\boldsymbol{M}^{(i)}) = (\lambda_1^{(i)}, \lambda_2^{(i)}, \cdots, \lambda_{L-1}^{(i)}) \triangleq \boldsymbol{F}^{(i)} \in \mathbf{R}^{1\times(L-1)}, \quad i=1,2,\cdots,N.$$

由定义 2.9 有

$$\|\lambda(\boldsymbol{M}^{(i)}) - \lambda(\boldsymbol{M}^{(j)})\|_{\mathrm{F}} = \|\boldsymbol{V}^{\mathrm{H}}(\boldsymbol{M}^{(i)} - \boldsymbol{M}^{(j)})\boldsymbol{V}\|_{\mathrm{F}}$$

$$= \sqrt{\mathrm{tr}[(\boldsymbol{V}^{\mathrm{H}}(\boldsymbol{M}^{(i)} - \boldsymbol{M}^{(j)})\boldsymbol{V})^{\mathrm{H}} * (\boldsymbol{V}^{\mathrm{H}}(\boldsymbol{M}^{(i)} - \boldsymbol{M}^{(j)})\boldsymbol{V})]}$$
$$= \sqrt{\mathrm{tr}[\boldsymbol{V}^{\mathrm{H}}(\boldsymbol{M}^{(i)} - \boldsymbol{M}^{(j)})^{\mathrm{H}} * (\boldsymbol{M}^{(i)} - \boldsymbol{M}^{(j)})\boldsymbol{V}]}$$
$$= \sqrt{\mathrm{tr}[(\boldsymbol{M}^{(i)} - \boldsymbol{M}^{(j)})^{\mathrm{H}} * (\boldsymbol{M}^{(i)} - \boldsymbol{M}^{(j)})\boldsymbol{V}^{\mathrm{H}}\boldsymbol{V}]}$$
$$= \|\boldsymbol{M}^{(i)} - \boldsymbol{M}^{(j)}\|_{\mathrm{F}} = \alpha.$$

由定义 2.10,得到如下等式成立:

$$\|f(\boldsymbol{M}^{(i)}) - f(\boldsymbol{M}^{(j)})\|_{\mathrm{F}} = \|\lambda(\boldsymbol{M}^{(i)}) - \lambda(\boldsymbol{M}^{(j)})\|_{\mathrm{F}} = \alpha.$$

对给定序列 $s_L^{(i)}$,依据所提出的 AJD-NNM 算法,存在唯一的 $L-1$ 维特征值组成的表征向量 $(\lambda_1^{(i)}, \lambda_2^{(i)}, \cdots, \lambda_{L-1}^{(i)}) = \boldsymbol{F}_L^{(i)}$,即 $\boldsymbol{F}_L^{(i)}$ 仅仅依赖于原始序列及其长度,映射关系可写为

$$f(s_L^{(i)}) = \boldsymbol{F}_L^{(i)}, \quad i = 1,2,\cdots,N,$$

此处,上标 i 表示序列的标签,L 表示序列的长度.

由定义 2.10 知复合变换确为保距的. ■

利用定义 2.10 和定理 2.21,我们可以先计算出每个"特征"矩阵的所有的特征值,得到表征序列的向量,如:$\boldsymbol{F}_{L-1}^{(i)} = (\lambda_1^{(i)}, \lambda_2^{(i)}, \cdots, \lambda_{L-1}^{(i)})$ $(i=1,2,\cdots,N)$,其中 L 表示 N 条 DNA/蛋白质序列的最短公共长度.相应地,接下来可得 N 条 $L-1$ 维的从原始序列抽取出来的特征(采用向量形式表达),AJD-NNM 算法步骤概括如下:

Input: multiple biological sequences with truncated common length L: $S^{(1)}, S^{(2)}, \cdots, S^{(N)}$

Initialize: *Tol*-An imposed *tolerance* on the change in objective function for a stopping condition

begin

  for $n=1$ to N do

    Transform original sequences $S^{(n)}$ into $(L-1)$ by $(L-1)$ sparse symmetric matrix $M^{(n)}$

  end for

  Consider the obtained matrix set $M = \{\boldsymbol{M}^{(1)}, \boldsymbol{M}^{(2)}, \cdots, \boldsymbol{M}^{(N)}\}$ and objective function

$$\boldsymbol{J}(\boldsymbol{V}, \boldsymbol{\Lambda}^{(1)}, \boldsymbol{\Lambda}^{(2)}, \cdots, \boldsymbol{\Lambda}^{(N)}) = \sum_{i=1,\cdots,N} \|\boldsymbol{\Lambda}^{(i)} - \boldsymbol{V}^{\mathrm{H}}\boldsymbol{M}^{(i)}\boldsymbol{V}\|^2$$

  while $\boldsymbol{J}(\boldsymbol{V}, \boldsymbol{\Lambda}^{(1)}, \boldsymbol{\Lambda}^{(2)}, \cdots, \boldsymbol{\Lambda}^{(N)}) \geqslant$ *tolerance* do {Update $\boldsymbol{V}$ using AC-DC algorithm[108]}

  end while

  for $n=1$ to N do {$\boldsymbol{F}^{(n)} \leftarrow \mathrm{diag}(\boldsymbol{\Lambda}^{(n)})$; Plot and categorize the N feature curves with $\boldsymbol{F}^{(n)}$}

end for

  for $n=1$ to $N-1$ do

    for $m=n+1$ to N do

      Calculate pairwise distances using $\boldsymbol{F}^{(n)}$ by $D(s^{(i)}, s^{(j)}) = \|\boldsymbol{M}^{(i)} - \boldsymbol{M}^{(j)}\|_{\mathrm{F}} = \|\boldsymbol{F}^{(i)} - \boldsymbol{F}^{(j)}\|_{\mathrm{F}}$

    end for

  end for

Draw the dendrogram using the pairwise distances matrix
end

2.3　图形化表示法

序列的图形化表征，作为对传统、耗时的比对方法的一种替代选择，从另一个角度揭示了相似性，提供相似度的数值描述同时兼顾了可视化.然而，几乎所有这些方法仅能各自孤立地来表征每条序列，难以对所涉全部序列加以联动表征.本节我们给出一种新的 DNA 序列图形化的表示方法，同时可以考虑到所涉全部序列的互信息.表 2.2 给出了 11 条 β 球蛋白基因第一外显子序列.

表 2.2　11 条 β 球蛋白基因第一外显子序列简明信息

Species	Coding Sequences
Human (92 bases)	ATGGTGCATCTGACTCCTGAGGAGAAGTCTGCCGTTACTGCCCTGTGG GGCAAGGTGAACGTGGATGAAGTTGGTGGTGAGGCCCTGGGCAG
Goat (86 bases)	ATGCTGACTGCTGAGGAGAAGGCTGCCGTCACCGGCTTCTGGGGCAA GGTGAAAGTGGATGAAGTTGGTGCTGAGGCCCTGGGCAG
Opossum (92bases)	ATGGTGCACTTGACTTCTGAGGAGAAGAACTGCATCACTACCATCT GGTCTAAGGTGCAGGTTGACCAGACTGGTGGTGAGGCCCTTGGCAG
Gallus (92 bases)	ATGGTGCACTGGACTGCTGAGGAGAAGCAGCTCATCACCGGCCTCTG GGGCAAGGTCAATGTGGCCGAATGTGGGGCCGAAGCCCTGGCCAG
Lemur (92 bases)	ATGACTTTGCTGAGTGCTGAGGAGAATGCTCATGTCACCTCTCTGTGG GGCAAGGTGGATGTAGAGAAAGTTGGTGGCGAGGCCTTGGGCAG
Mouse (92 bases)	ATGGTGCACCTGACTGATGCTGAGAAGGCTGCTGTCTCTTGCCTGTGG GGAAAGGTGAACTCCGATGAAGTTGGTGGTGAGGCCCTGGGCAG
Rabbit (92 bases)	ATGGTGCATCTGTCCAGTGAGGAGAAGTCTGCGGTCACTGCCCTGTGG GGCAAGGTGAATGTGGAAGAAGTTGGTGGTGAGGCCCTGGGCAG
Rat (92 bases)	ATGGTGCACCTAACTGATGCTGAGAAGGCTACTGTTAGTGGCCTGT GGGGAAAGGTGAACCCTGATAATGTTGGCGCTGAGGCCCTGGGCAG
Gorilla (93 bases)	ATGGTGCACCTGACTCCTGAGGAGAAGTCTGCCGTTACTGCCCTGTGG GGCAAGGTGAACGTGGATGAAGTTGGTGGTGAGGCCCTGGGCAGG
Bovine (86 bases)	ATGCTGACTGCTGAGGAGAAGGCTGCCGTCACCGCCTTTTGGGGCAA GGTGAAAGTGGATGAAGTTGGTGGTGAGGCCCTGGGCAG
Chimpanzee (105 bases)	ATGGTGCACCTGACTCCTGAGGAGAAGTCTGCCGTTACTGCCCTGT GGGGCAAGGTGAACGTGGATGAAGTTGGTGGTGAGGCCCTGGGCA GGTTGGTATCAAGG

2.3.1 计算特征值组成的序列表征向量(EVV)

由于最短公共长度为86,为使表2.2中的多重序列具有可比性,截取每条序列从第1至第86位点.依据2.2.6节所列出的AJD-NNM算法过程描述,将AJD作用于11个转换所得的近邻核苷酸“特征”矩阵(NNM),计算可得相应的11条85维特征值组成的序列表征向量(EVV).在二维平面上,每条EVV的各个分量下标作为横坐标 x,对应的值作为纵坐标 y,将所对应的点 $P(x,y)$ 顺次连接起来,得到11条曲线(图2.1).

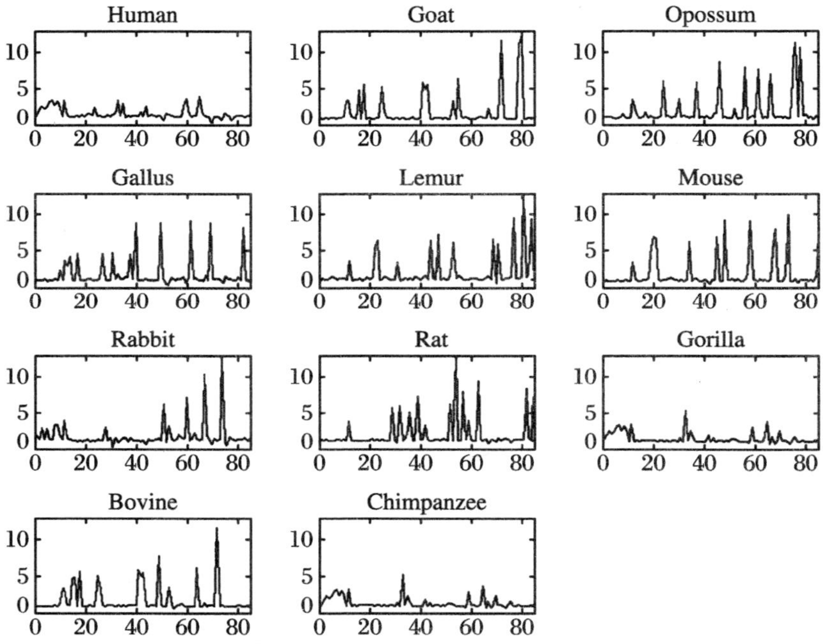

图2.1 11条β球蛋白基因第一外显子序列的特征值曲线

注:基于85维特征值所组成的表征序列的向量(AJD作用于11个“特征”矩阵所得)的图形化表示.其中 y 轴表示特征值所组成向量中各个相应元素的值

2.3.2 AJD算法收敛性分析

基于Frobenius范数,Ziehe等人[109]研究了快速联合对角化问题(FFDiag),并且与其他一些主流的对角化方法作比较,诸如:Cardoso and Souloumiac[104]的扩展Jacobi方法(正交Frobenius范数),Pham的正定矩阵算法[106],以及Yeredor

的 AC-DC 算法[108]（非正交子空间拟合规则）.

关于近似联合对角化 AJD 的收敛性分析有两个准则，即代价函数与收敛速度.基于代价函数准则，Yeredor[108]提出 AJD 的迭代算法（称为 AC-DC），该算法利用感知任意正的权重进行加权最小二乘，对矩阵束施加 AJD 对角化.最小二乘准则的平稳点弱条件下便可得以保证.研究者还从理论上证明了 AC-DC 算法的收敛性[108].

联合对角化器，即目标函数在最优解时刻所得的矩阵 $\boldsymbol{V}$，取决于最小误差.当然，最小误差事先并不知道.因 AC-DC 算法无需初始化，故这里选之作为优化方案.考察简化的最小误差表达式如下：

$$\operatorname{Err}(j) \triangleq \sum_{i=1,\cdots,N} \|\boldsymbol{\Lambda}_j^{(i)} - \boldsymbol{V}_j^{\mathrm{H}}\boldsymbol{M}^{(i)}\boldsymbol{V}_j\|_{\mathrm{F}}^2, \tag{2.13}$$

其中，j 的取值范围从 2 到最大迭代次数.

记 ε 为预设的误差阈值，若 $|\operatorname{Err}(j+1)-\operatorname{Err}(j)|<\varepsilon$，即当迭代次数从第 j 步到第 $j+1$ 步时，误差不再显著变化，认定第 j 步所获得的：对角化器 $\boldsymbol{V}$ 与已被对角化的 $\boldsymbol{\Lambda}^{(i)}$ 达到最优，这种基于梯度的优化算法策略便于我们确定算法的收敛性.数值结果表明大约经历五次迭代以后便可收敛（图 2.2）.

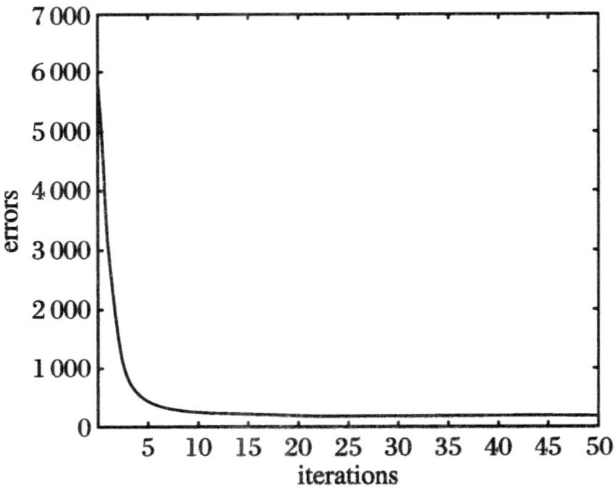

图 2.2　AJD 算法误差曲线图（误差 vs 迭代次数）

2.3.3　基于特征值组成的表征向量（EVV）的序列图形聚类

众所周知，层次聚类法有单连接、完全连接；K 均值法是最简单而又常用的、基于划分的聚类算法.纵然，算法的最初提出至今已逾 50 年，但仍然是广为使用的聚类算法之一，简便、易用、高效以及成功的应用是其深受欢迎的主要原因.

K 均值法始于先对 K 个类作初始化，再分配模式到相应的类中以减少均方误差.由于随着聚类数 K 的增加，均方误差总是会减少，所以必须对固定类别数以后的均方误差进行最小化.

K 均值算法通常需要三个用户指定的参数：类别数 K、初始化的各类以及距离测度，其中，类别数 K 的选取至关重要.目前，尚无非常好的数学准则来确定类别数 K，但已有不少启发式方法用来寻找最优类别数 K.通常，K 均值法的运行并不依赖于各异的类别数 K 以及类的初始化，后面两者受专家偏好的影响.由于 K 均值算法的目标函数仅能收敛到局部最小值，不同的初始化导致最终聚类结果的各异.克服局部最优的办法：对于给定的类别数 K，进行多次不同的初始化划分，从中选取均方误差达到最小的那一次.

表 2.2 中数据集的表征序列的向量（EVV）维数较高，达到 85，故采用“Correlation”距离测度来计算类中各点与该类类心之间的距离.图 2.3 给出了代价函数值随着类别数 K 的变化情况.当类别数 K 由 3 增加到 5 时，代价函数值在 $K=4$ 点处由显著下降转而略有回升，故得最优类别数 $K=4$ 较为合理.由此，可将上述 11 条表征序列的曲线聚成 4 个子类.图 2.4 表明：

（1）人、大猩猩和黑猩猩三者聚在一起；

（2）11 物种中，羊和牛亲缘关系较为接近，表征曲线多数片段几乎重合；

（3）Opossum，Gallus 以及 Lemur 三者相互关系较近，所在组与其他物种关系最远，因为三者的表征曲线与其余 8 个物种相差甚远；

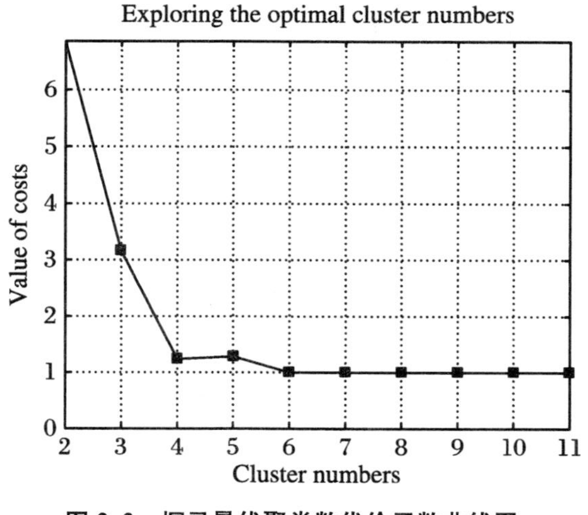

图 2.3　探寻最优聚类数代价函数曲线图

注：其中，x 轴为预设的类别数，y 轴为相应的代价函数值.$K=4$ 为极小值点，意味着最佳子类数以 4 为宜

(4) Mouse, Rabbit 以及 Rat 聚在另外单独一类.

总之,从生物体的进化关系角度来看,上述结论均和进化事实趋于一致.

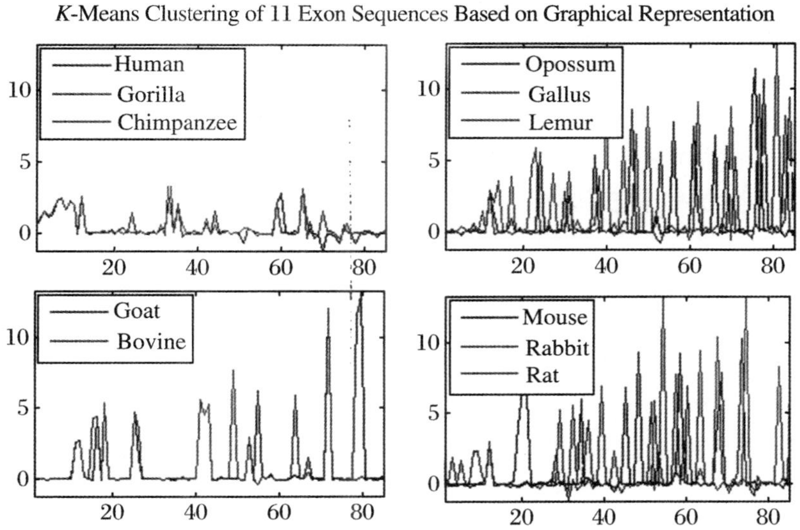

图 2.4　图 2.1 的 11 条表征曲线经 *K* 均值法聚成 4 个子类

注:其中,最佳子类数为 4,是由图 2.3 中代价函数指标寻优所获取的

2.4　相似度分析

另一种序列比较方法是基于描述符的,通常也用来作序列分析.下面,利用上述 11 条由每条序列的各自全部特征值所组成的表征序列(EVV)的曲线,来定量地比较 DNA 序列.接下来先就与相似度分析相关的聚类基本知识作一介绍.

2.4.1　聚类分析基本原理

2.4.1.1　聚类分析基本概念

聚类分析又称群分析,它是研究(指标或样品)分类问题的一种多元统计方法.所谓类,通俗地说,就是指相似元素的集合.目前,难以对其加以非常严格的数学定义,在不同问题中类的定义是不同的,读者可以参考相关的文献资料.

聚类分析起源于分类学，在考古的分类学中，人们主要依靠经验和专业知识来实现分类的目标.然而，随着生产技术和科学的发展，人类的认识不断加深，分类越来越细，要求也越来越高，有时光凭经验和专业知识是不能进行确切分类的，往往需要将定性和定量分析方法加以结合来实现分类的意图，于是数学工具逐渐被引进分类学当中，由此便形成了数值分类学.后来随着多元分析的引进，聚类分析又逐渐从数值分类学中分离出来而形成一个相对来说较为独立的分支.

在社会经济领域中存在着大量分类问题，比如对我国30个省市自治区独立核算工业企业经济效益进行分析，一般不是逐个省市自治区去分析，而较好的做法是选取能反映企业经济效益的代表性指标，诸如：百元固定资产实现利税、资金利税率、产值利税率、百元销售收入实现利润、全员劳动生产率等等，根据这些指标对30个省市自治区进行分类，然后根据分类结果对企业经济效益进行综合评价，就易于得出科学的分析结果.又如：若对某些大城市的物价指数进行考察，而物价指数很多，有农用生产物价指数、服务项目价指数、食品消费物价指数、建材零售价格指数等等.由于要考察的物价指数很多，通常先对这些物价指数进行分类.总之，需要分类的问题很多，因此聚类分析这个有用的数学工具越来越受到人们的重视，它在许多领域中都得到了广泛的应用.

值得提出的是将聚类分析和其他方法联合起来使用，如判别分析、主成分分析、回归分析等往往效果更好.

聚类分析内容非常丰富，有系统聚类法、有序样品聚类法、动态聚类法、模糊聚类法、图论聚类法、聚类预报法等.鉴于篇幅所限，在此主要介绍常用的系统聚类法.

2.4.1.2 相似系数及距离测度

为了将样品(或指标)进行分类，就需要研究样品之间的关系.目前用得最多的方法有两种：其一，是用相似系数，性质越接近的样品，它们的相似系数的绝对值就越接近于1，而彼此无关的样品，它们的相似系数的绝对值越接近于零；比较相似的样品归为一类，相似程度低的样品归为不同的类.其二，是将一个样品看作 P 维空间的一个点，并在空间定义距离，距离较近的点归为一类，距离较远的点归为不同的类.但是距离以及相似系数有各种各样不同的定义，而这些定义与变量的类型关系极大，因此需要先对变量的类型作些必要的介绍.

由于实际问题中遇到的指标有的是定量的(如长度、重量等)，有的是定性的(如性别、职业等)，因此将变量(指标)的类型按以下三种尺度划分.

(1) 间隔尺度

首先，变量可以用连续的量来加以表示，如：长度、重量、压力、速度等等.在间隔尺度中，如果存在绝对零点，又称为比例尺度. 此处，对比例尺度和间隔尺度并不严格地加以区分.

(2) 有序尺度

其次，某些变量在度量时，没有明确的数量表示，而是仅划分一些等级，等级之间有次序关系，如某产品分上、中、下三等，此三等有次序关系，但没有数量表示.

(3) 名义尺度

此外，还有些变量在度量时，既没有数量表示，也没有次序关系，如：某物体有红、黄、白三种颜色，又如：医学化验中的阴性与阳性，市场供求中的“产”和“销”等.

不同类型的变量，在定义相似系数和距离测度时，其方法往往有很大差异，使用时必须加以注意. 研究比较多的是间隔尺度，因此本节主要给出间隔尺度的距离测度和相似系数的定义.

设有 n 个样品，每个样品测得 p 项指标(变量)，原始资料阵为

$$\boldsymbol{X} = \begin{matrix} & \begin{matrix} x_1 & x_2 & \cdots & x_p \end{matrix} \\ \begin{matrix} \boldsymbol{X}_1 \\ \boldsymbol{X}_2 \\ \vdots \\ \boldsymbol{X}_n \end{matrix} & \begin{pmatrix} x_{11} & x_{12} & \cdots & x_{1p} \\ x_{21} & x_{22} & \cdots & x_{2p} \\ \vdots & \vdots & & \vdots \\ x_{n1} & x_{n2} & \cdots & x_{np} \end{pmatrix} \end{matrix},$$

其中，$x_{ij}(i=1,\cdots,n;j=1,\cdots,p)$为第 i 个样品的第j 个指标的观测数据. 第 i 个样品$\boldsymbol{X}_i$为矩阵$\boldsymbol{X}$ 的第i 行所描述，所以任何两个样品 $\boldsymbol{X}_k$与$\boldsymbol{X}_l$之间的相似性，可以通过矩阵 $\boldsymbol{X}$ 中的第k 行与第l 行的相似程度来刻画；任何两个变量 x_k 与 x_l 之间的相似性，可以通过第 k 列与第l 列的相似程度来刻画.

1. 对样品分类(称为 Q 型聚类分析)常用的距离和相似系数定义

(1) 相似系数

研究样品之间的关系时，相似系数是描写样品之间相似程度的一个指标量，常用的相似系数有以下两类：

(ⅰ) 夹角余弦

顾名思义，这是受相似形的启发而来的，如图 2.5 所示的曲线 AB 和 CD 尽管长度不一，但形状相似.

当长度不是主要矛盾时，要定义一种相似系数，使 AB 和 CD 呈现出比较密切的关系，则夹角余弦就适合这个要求. 它的定义是：

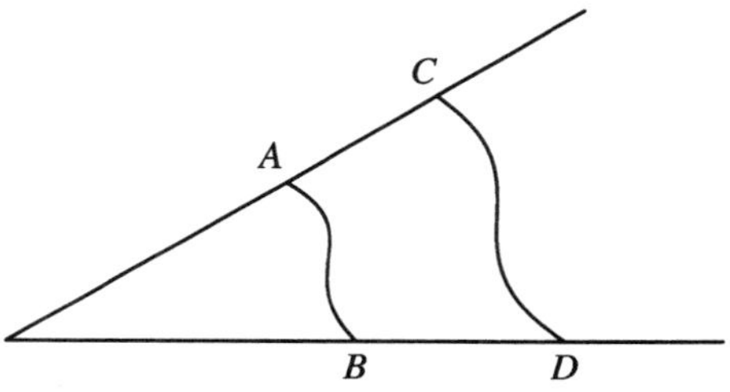

图 2.5　夹角余弦示意图

将任何两个样品 $\boldsymbol{X}_i$ 与 $\boldsymbol{X}_j$ 看成 p

维空间的两个向量,这两个向量的夹角余弦用 $\cos\theta_{ij}$ 表示,则

$$\cos\theta_{ij} = \frac{\sum_{k=1}^{p} x_{ik}x_{jk}}{\sqrt{\sum_{k=1}^{p} x_{ik}^2 \cdot \sum_{k=1}^{p} x_{jk}^2}}, \quad 1 \leqslant \cos\theta_{ij} \leqslant 1.$$

当 $\cos\theta_{ij}=1$ 时,说明两个样品 $\boldsymbol{X}_i$ 与 $\boldsymbol{X}_j$ 完全相似;$\cos\theta_{ij}$ 接近于 1,说明 $\boldsymbol{X}_i$ 与 $\boldsymbol{X}_j$ 相似关系密切;$\cos\theta_{ij}=0$,说明 $\boldsymbol{X}_i$ 与 $\boldsymbol{X}_j$ 完全不一样;$\cos\theta_{ij}$ 接近于 0,说明 $\boldsymbol{X}_i$ 与 $\boldsymbol{X}_j$ 差别大.把所有两两样品的相似系数都算出,可排成相似系数矩阵:

$$\boldsymbol{\Theta} = \begin{pmatrix} \cos\theta_{11} & \cos\theta_{12} & \cdots & \cos\theta_{1n} \\ \cos\theta_{21} & \cos\theta_{22} & \cdots & \cos\theta_{2n} \\ \vdots & \vdots & & \vdots \\ \cos\theta_{n1} & \cos\theta_{n2} & \cdots & \cos\theta_{nn} \end{pmatrix},$$

其中,$\cos\theta_{11}=\cos\theta_{22}=\cdots=\cos\theta_{nn}=1$. $\boldsymbol{\Theta}$ 是一个实对称阵,所以只需计算上三角形部分或下三角形部分,根据 $\boldsymbol{\Theta}$ 可对 n 个样品进行分类,把比较相似的样品归为一类,相似程度不高的样品归为不同的类.

(ⅱ)相关系数

通常所说的相关系数,一般是指变量间的相关系数,对于刻画样品间的相似关系也可类似给出定义,即第 i 个样品与第 j 个样品之间的相关系数定义为

$$r_{ij} = \frac{\sum_{k=1}^{p}(x_{ik}-\bar{x}_i)(x_{jk}-\bar{x}_j)}{\sqrt{\sum_{k=1}^{p}(x_{ik}-\bar{x}_i)^2 \cdot \sum_{k=1}^{p}(x_{jk}-\bar{x}_j)^2}}, \quad -1 \leqslant r_{ij} \leqslant 1,$$

其中

$$\bar{x}_i = \frac{1}{p}\sum_{k=1}^{p} x_{ik}, \quad \bar{x}_j = \frac{1}{p}\sum_{k=1}^{p} x_{jk}.$$

实际上,r_{ij} 就是两个向量 $\boldsymbol{X}_i-\bar{\boldsymbol{X}}_i$ 与 $\boldsymbol{X}_j-\bar{\boldsymbol{X}}_j$ 的夹角余弦,其中 $\bar{\boldsymbol{X}}_i=(\bar{x}_i,\cdots,\bar{x}_i)'$,$\bar{\boldsymbol{X}}_j=(\bar{x}_j,\cdots,\bar{x}_j)'$.若将原始数据标准化,则 $\bar{\boldsymbol{X}}_i=\bar{\boldsymbol{X}}_j=0$,这时 $r_{ij}=\cos\theta_{ij}$.

$$\boldsymbol{R} = (r_{ij}) = \begin{pmatrix} r_{11} & r_{12} & \cdots & r_{1n} \\ r_{21} & r_{22} & \cdots & r_{2n} \\ \vdots & \vdots & & \vdots \\ r_{n1} & r_{n2} & \cdots & r_{nn} \end{pmatrix},$$

其中,$r_{11}=r_{22}=\cdots=r_{nn}=1$,可根据 $\boldsymbol{R}$ 对 n 个样品进行分类.

名义尺度也有一些相似系数的定义,读者可专门参考聚类分析方面的文献.

(2) 距离

除了用相似系数表示外，还有距离测度法，如果把 n 个样品（$\boldsymbol{X}$ 中的 n 个行）看成 p 维空间中 n 个点，则两个样品间相似程度可用 p 维空间中两点的距离来度量. 令 d_{ij} 表示样品 $\boldsymbol{X}_i$ 与 $\boldsymbol{X}_j$ 的距离. 常用的距离有以下几个.

（ⅰ）闵氏(Minkowski)距离

$$d_{ij}(q) = \left(\sum_{a=1}^{p} |x_{ia} - x_{ja}|^q\right)^{\frac{1}{q}}.$$

当 $q=1$ 时

$$d_{ij}(1) = \sum_{a=1}^{p} |x_{ia} - x_{ja}|,$$

即绝对距离；

当 $q=2$ 时

$$d_{ij}(2) = \left(\sum_{a=1}^{p} (x_{ia} - x_{ja})^2\right)^{\frac{1}{2}},$$

即欧氏距离；

当 $q=\infty$ 时

$$d_{ij}(\infty) = \max_{1\leqslant a\leqslant p} |x_{ia} - x_{ja}|,$$

即切比雪夫距离.

当各变量的测量值相差悬殊程度很大时，用闵氏距离并不太合理，常需要先对数据作标准化预处理，然后再用标准化后的数据来计算距离.

闵氏距离，特别是其中的欧氏距离情形，是人们最为熟悉的也是最常使用的距离测度. 但闵氏距离也存在不足之处，主要表面在两个方面：

首先，它与各指标的量纲有关；

其次，它没有考虑指标之间的相关性，欧氏距离也不例外.

除此之外，从统计的角度上看，使用欧氏距离要求一个向量的 n 个分量是不相关的且具有相同的方差，或者说各坐标对欧氏距离的贡献是同等的且变差大小也是相同的，这时使用欧氏距离才合适，效果也较好，否则就有可能不能如实反映情况，甚至导致错误结论. 因此一个合理的做法，就是对坐标加权，这就产生了“统计距离”. 比如设 $P=(x_1,x_2,\cdots,x_p)'$，$Q=(y_1,y_2,\cdots,y_p)'$，且 Q 的坐标是固定的，点 P 的坐标相互独立地变化. 用 $s_{11},s_{12},\cdots,s_{pp}$ 表示 p 个变量 $x_1,x_2,\cdots,x_p$ 的 n 次观测的样本方差，则可以定义 P 到 Q 的统计距离为

$$d(P,Q) = \sqrt{\frac{(x_1-y_1)^2}{s_{11}} + \frac{(x_2-y_2)^2}{s_{22}} + \cdots + \frac{(x_p-y_p)^2}{s_{pp}}}.$$

所加的权是 $k_1=\dfrac{1}{s_{11}}$，$k_2=\dfrac{1}{s_{22}}$，$\cdots$，$k_p=\dfrac{1}{s_{pp}}$，即用样本方差除相应坐标. 当取 $y_1=$

$y_2=\cdots=y_p=0$ 时，就是点 P 到原点 O 的距离. 当取 $s_{11}=s_{22}=\cdots=s_{pp}$ 时，就是欧氏距离.

（ⅱ）马氏（Mahalanobis）距离

马氏距离是由印度统计学家马哈拉诺比斯于 1936 年引入的，故称为马氏距离. 这一距离在多元统计分析中起着十分重要的作用，下面给出定义.

设 $\boldsymbol{\Sigma}$ 表示指标的协差阵，即

$$\boldsymbol{\Sigma}=(\sigma_{ij})_{p\times p},$$

其中，$\sigma_{ij}=\dfrac{1}{n-1}\displaystyle\sum_{a=1}^{n}(x_{ai}-\bar{x}_i)(x_{aj}-\bar{x}_j)\ (i,j=1,\cdots,p)$.

$$\bar{x}_i=\frac{1}{n}\sum_{a=1}^{n}x_{ai},\quad \bar{x}_j=\frac{1}{n}\sum_{a=1}^{n}x_{aj}.$$

如果 $\boldsymbol{\Sigma}^{-1}$ 存在，则两个样品之间的马氏距离为

$$d_{ij}^2(M)=(\boldsymbol{X}_i-\boldsymbol{X}_j)'\boldsymbol{\Sigma}^{-1}(\boldsymbol{X}_i-\boldsymbol{X}_j),$$

这里 $\boldsymbol{X}_i$ 为样品 $\boldsymbol{X}_i$ 的 p 个指标组成的向量，即原始资料阵的第 i 行向量. 样品 $\boldsymbol{X}_j$ 类似.

此处，顺便给出样品 $\boldsymbol{X}$ 到总体 $\boldsymbol{G}$ 的马氏距离定义为

$$d^2(\boldsymbol{X},\boldsymbol{G})=(\boldsymbol{X}-\boldsymbol{\mu})'\boldsymbol{\Sigma}^{-1}(\boldsymbol{X}-\boldsymbol{\mu}),$$

其中，$\boldsymbol{\mu}$ 为总体的均值向量，$\boldsymbol{\Sigma}$ 为协方差阵.

马氏距离既排除了各指标之间相关性的干扰，而且还免受各指标量纲的影响. 除此之外，它还有另外一些优点，如可以证明：将原数据作线性变换后，马氏距离仍不变的，即称马氏距离对线性变换具有保距性.

（ⅲ）兰氏（Canberra）距离

它是由 Lance 和 Williams 最早提出的，故称兰氏距离.

$$d_{ij}(L)=\frac{1}{p}\sum_{a=1}^{p}\frac{|x_{ia}-x_{ja}|}{x_{ia}+x_{ja}},\quad i,j=1,\cdots,n.$$

此距离仅适用于一切 $x_{ij}>0$ 的情况，这个距离有助于克服各指标之间量纲的影响，但没有考虑指标之间的相关性.

计算任何两个样品 X_i 与 X_j 之间的距离 d_{ij}，其值越小表示两个样品接近程度越大；反之，d_{ij} 值越大表示两个样品接近程度越小. 假设把任何两个样品的距离都算出来后，可排成距离阵 $\boldsymbol{D}$：

$$\boldsymbol{D}=\begin{pmatrix} d_{11} & d_{12} & \cdots & d_{1n}\\ d_{21} & d_{22} & \cdots & d_{2n}\\ \vdots & \vdots & & \vdots\\ d_{n1} & d_{n2} & \cdots & d_{nn}\end{pmatrix},$$

其中，$d_{11}=d_{22}=\cdots=d_{nn}=0$. $\boldsymbol{D}$ 是一个实对称阵，所以只需计算上三角形部分或下三角形部分即可. 根据 $\boldsymbol{D}$ 可对 n 个点进行分类，距离近的点归为一类，距离远的点归为不同的类.

以上三种距离的定义是适用于间隔尺度变量的，如果变量是有序尺度或名义尺度时，也有一些定义距离的方法，感兴趣的读者可参考此方面的文献.

2. 对指标分类(称为 R 型聚类分析)常用的相似系数和距离测度定义

p 个指标(变量)之间相似性的定义与样品相似性的定义类似，但此时是在 n 维空间中来研究的，变量之间的相似性是通过原始资料矩阵 $\boldsymbol{X}$ 中 p 列间相似关系来研究的.

(1) 相似系数

(ⅰ) 夹角余弦

$$\cos\theta_{ij}=\frac{\sum_{a=1}^{n}x_{ai}x_{aj}}{\sqrt{\sum_{a=1}^{n}x_{ai}^{2}\cdot\sum_{a=1}^{n}x_{aj}^{2}}},\quad -1\leqslant\cos\theta_{ij}\leqslant 1.$$

把两两列间的相似系数算出后，排成矩阵为

$$\boldsymbol{\Theta}=\begin{pmatrix}\cos\theta_{11} & \cos\theta_{12} & \cdots & \cos\theta_{1p}\\ \cos\theta_{21} & \cos\theta_{22} & \cdots & \cos\theta_{2p}\\ \vdots & \vdots & & \vdots\\ \cos\theta_{p1} & \cos\theta_{p2} & \cdots & \cos\theta_{pp}\end{pmatrix},$$

其中，$\cos\theta_{11}=\cos\theta_{22}=\cdots=\cos\theta_{pp}=1$，根据 $\boldsymbol{\Theta}$ 对 p 个变量进行分类.

(ⅱ) 相关系数

$$r_{ij}=\frac{\sum_{a=i}^{n}(x_{ai}-\bar{x}_{i})(x_{aj}-\bar{x}_{j})}{\sqrt{\sum_{a=1}^{n}(x_{ai}-\bar{x}_{i})^{2}\cdot\sum_{a=1}^{n}(x_{aj}-\bar{x}_{j})^{2}}},\quad -1\leqslant r_{ij}\leqslant 1.$$

把两两变量的相关系数都算出后，排成矩阵为

$$\boldsymbol{R}=(r_{ij})=\begin{pmatrix}r_{11} & r_{12} & \cdots & r_{1p}\\ r_{21} & r_{22} & \cdots & r_{2p}\\ \vdots & \vdots & & \vdots\\ r_{p1} & r_{p2} & \cdots & r_{pp}\end{pmatrix},$$

其中，$r_{11}=r_{22}=\cdots=r_{pp}=1$，可根据 $\boldsymbol{R}$ 对 p 个变量进行分类.

(2) 距离

令 d_{ij} 表示变量 $\boldsymbol{X}_i=(x_{1i},\cdots,x_{ni})'$ 与变量 $\boldsymbol{X}_j=(x_{1j},\cdots,x_{nj})'$ 之间的距离.

（ⅰ）闵氏距离

$$d_{ij}(q)=\left(\sum_{a=1}^{n}|x_{ai}-x_{aj}|^{q}\right)^{\frac{1}{q}}.$$

（ⅱ）马氏距离

设 $\boldsymbol{\Sigma}$ 表示样品的协差阵，即

$$\boldsymbol{\Sigma}=(\sigma_{ij})_{n\times n}.$$

其中，$\sigma_{ij}=\dfrac{1}{p-1}\sum_{a=1}^{p}(x_{ia}-\bar{x}_i)(x_{ja}-\bar{x}_j)(i,j=1,\cdots,n)$.

$$\bar{x}_i=\frac{1}{p}\sum_{a=1}^{p}x_{ia},\quad \bar{x}_j=\frac{1}{p}\sum_{a=1}^{p}x_{ja}.$$

如果 $\boldsymbol{\Sigma}^{-1}$存在，则马氏距离为

$$d_{ij}^{2}(\mathrm{M})=(x_i-x_j)'\boldsymbol{\Sigma}^{-1}(x_i-x_j).$$

（ⅲ）兰氏距离

$$d_{ij}(\mathrm{L})=\sum_{a=1}^{n}\frac{|x_{ai}-x_{aj}|}{x_{ai}+x_{aj}}.$$

此处仅适用于一切 $x_{ij}\geqslant 0$ 的情况.

在实际问题中，对样品分类常用距离，对指标分类常用相似系数.

由于样品分类和指标分类从方法上看基本上是一样的，所以两者就不严格分开说明了.

2.4.1.3　八种系统聚类方法

正如样品之间的距离可以有不同的定义方法一样，类与类之间的距离（简称为：类间距离）也有各种定义.例如：可以将两类之间最近样品的距离，定义为类与类之间的距离；或者，将两类之间最远样品的距离，定义为类间距离；也可以两类重心之间的距离，定义为类间距离等等.对于类与类之间，若用不同的方法来定义其距离，则会产生不同的系统聚类方法.常用的八种系统聚类方法分别是：最长距离法、最短距离法、中间距离法、重心法、类平均法、可变类平均法、可变法、离差平方和法等.系统聚类分析尽管方法很多，但归类的步骤基本上是一样的，所不同的仅是类与类之间的距离有不同的定义方法，从而得到不同的计算距离的公式.这些公式在形式上不大一样，但最后可将它们统一为一个公式，为编程计算带来很大的方便，后面再专门地加以介绍.

以下用 d_{ij} 表示样品 X_i 与 X_j 之间的距离，用 D_{ij} 表示类 G_i 与 G_j 之间的距离.

1. 最长距离法

定义类 G_i 与类 G_j 之间距离为两类最远样品的距离，即

$$D_{pq} = \max_{X_i \in G_p, X_j \in G_q} d_{ij}.$$

最长距离法与最短距离法的并类步骤完全一样，也是将各样品先自成一类，然后将非对角线上最小元素对应的两类合并. 设某一步将类 G_p 与 G_q 合并为 G_r，则任一类 G_k 与 G_r 的距离用最长距离公式表示为

$$D_{kr} = \max_{X_i \in G_k, X_j \in G_r} d_{ij} = \max\{\max_{X_i \in G_k, X_j \in G_p} d_{ij}, \max_{X_i \in G_k, X_j \in G_q} d_{ij}\} = \max\{D_{kp}, D_{kq}\}.$$

再找非对角线最小元素的两类并类，直至所有的样品全归为一类为止.

2. 最短距离法

定义类 G_i 与类 G_j 的类间距离为两类最近样品的距离，即

$$D_{ij} = \min_{X_i \in G_i, X_j \in G_j} d_{ij}.$$

设类 G_p 与 G_q 合并成一个新类记为 G_r，则任一类 G_k 与 G_r 的距离是

$$D_{kr} = \min_{X_i \in G_i, X_j \in G_j} d_{ij} = \min\{\min_{X_i \in G_k, X_j \in G_p} d_{ij}, \min_{X_i \in G_k, X_j \in G_q} d_{ij}\} = \min\{D_{kp}, D_{kq}\}.$$

最短距离法聚类的步骤如下：

(1) 定义样品之间距离，计算样品两两距离，得一距离阵记为 $\boldsymbol{D}_{(0)}$，开始每个样品自成一类，显然这时 $D_{ij} = d_{ij}$.

(2) 找出 $\boldsymbol{D}_{(0)}$ 的非对角线最小元素，设为 D_{pq}，则将 G_p 和 G_q 合并成一个新类，记为 G_r，即 $G_r = \{G_p, G_q\}$.

(3) 给出计算新类与其他类的距离公式：

$$D_{kr} = \min\{D_{kp}, D_{kq}\}.$$

将 $\boldsymbol{D}_{(0)}$ 中第 p, q 行及第 p, q 列用上面公式并成一个新行新列，新行新列对应 G_r，所得到的矩阵记为 $\boldsymbol{D}_{(1)}$.

(4) 对 $\boldsymbol{D}_{(1)}$ 重复上述对 $\boldsymbol{D}_{(0)}$ 的(2)、(3)两步得 $\boldsymbol{D}_{(2)}$；如此下去，直到所有的元素并成一类为止.

如果某一步 $\boldsymbol{D}_{(k)}$ 中非对角线最小的元素不止一个，则对应这些最小元素的类可以同时合并. 关于最短距离法的计算步骤，可参考相关文献的具体例子.

对于最后所得到的聚类图，在实际问题中有时给出一个阈值 T，要求类与类之间的距离小于 T，因此有些样品可能归不了类.

最短距离法也可用于指标（变量）分类，分类时可以用距离，也可以用相似系数. 但用相似系数时应找最大的元素并类，也就是把公式 $D_{ik} = \min\{D_{ip}, D_{iq}\}$ 中的 min 换成 max.

易见最长距离法与最短距离法只有两点不同：一是类与类之间的距离定义不同；另一是计算新类与其他类的距离所用的公式不同. 下面将要介绍的其他系统聚类法之间的不同点也表现在这两个方面，而并类步骤完全一样，所以下面介绍其他系统聚类方法时，主要指出两个方面：定义和公式.

3. 中间距离法

定义类与类之间的距离既不采用两类之间最近的距离，也不采用两类之间最远的距离，而是采用介于两者之间的距离，故称为中间距离法.

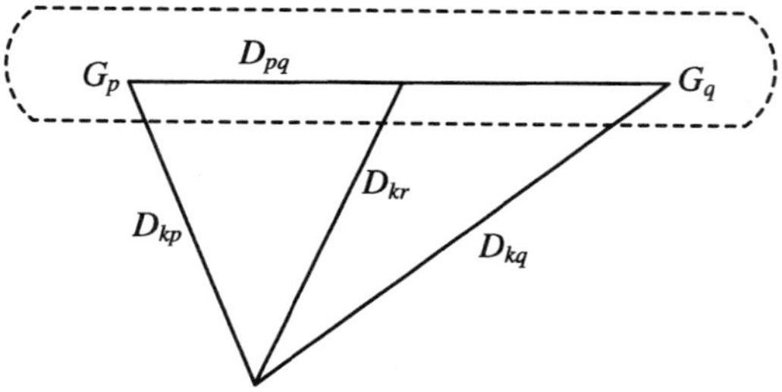

图 2.6　聚类分析的中间距离法示意图

如果在某一步将类 G_p 与类 G_q 合并为 G_r，任一类 G_k 和 G_r 的距离公式为

$$D_{kr}^2 = \frac{1}{2}D_{kp}^2 + \frac{1}{2}D_{kq}^2 + \beta D_{pq}^2, \quad -\frac{1}{4} \leqslant \beta \leqslant 0.$$

当 $\beta = -\frac{1}{4}$ 时，由初等几何知 D_{kr} 就是上面三角形的中线.

如果用最短距离法，则

$$D_{kr} = D_{kp};$$

如果用最长距离法，则

$$D_{kr} = D_{kp};$$

如果取夹在这两边的中线作为 D_{kr}，则

$$D_{kr} = \sqrt{\frac{1}{2}D_{kp}^2 + \frac{1}{2}D_{kq}^2 - \frac{1}{4}D_{pq}^2}.$$

由于距离公式中的量都是距离的平方，为了编程计算的方便，可将表 $\boldsymbol{D}_{(0)}$，$\boldsymbol{D}_{(1)}$，$\boldsymbol{D}_{(2)}$，…中的元素，都用相应元素的平方代替而代表 $\boldsymbol{D}_{(0)}^2$，$\boldsymbol{D}_{(1)}^2$，$\boldsymbol{D}_{(2)}^2$，….

如此所得聚类图的形状和之前的两种距离法聚类图一致，只是并类距离不同.而且可以发现中间距离法的并类距离大致处于前两种距离法计算所得距离的中间.

4. 重心法

定义类间距离时，为了体现出每类包含的样品个数而给出重心法.

重心法是将两类重心之间的距离作为两类之间的距离测度.设 G_p 和 G_q 的重心(即该类样品的均值)分别是 $\bar{X}_p$ 和 $\bar{X}_q$(注意一般它们是 p 维向量)，则 G_p 和 G_q 之间的距离是 $D_{pq} = d_{X_p X_q}$.

设聚类到某一步，G_p 和 G_q 分别有样品 n_p，n_q 个，将 G_p 和 G_q 合并为 G_r，则

G_r 内样品个数为 $n_r = n_p + n_q$，它的重心是 $\bar{X}_r = \frac{1}{n_r}(n_p\bar{X}_p + n_q\bar{X}_q)$，某一类 G_k 的重心是 $\bar{X}_k$，它与新类 G_r 的距离(若最初样品之间的距离测度采用的是欧氏距离)为

$$\begin{aligned} D_{kr}^2 &= d_{X_kX_r}^2 = (\bar{X}_k - \bar{X}_r)'(\bar{X}_k - \bar{X}_r) \\ &= \left[\bar{X}_k - \frac{1}{n_r}(n_p\bar{X}_p + n_q\bar{X}_q)\right]'\left[\bar{X}_k - \frac{1}{n_r}(n_p\bar{X}_p + n_q\bar{X}_q)\right] \\ &= \bar{X}'_k\bar{X}_k - 2\frac{n_p}{n_r}\bar{X}'_k\bar{X}_p - 2\frac{n_q}{n_r}\bar{X}'_k\bar{X}_q \\ &\quad + \frac{1}{n_r^2}(n_p^2\bar{X}'_k\bar{X}_k + 2n_pn_q\bar{X}'_p\bar{X}_q + n_p^2\bar{X}'_q\bar{X}_q). \end{aligned}$$

利用 $\bar{X}'_k\bar{X}_k = \frac{1}{n_r}(n_p\bar{X}'_k\bar{X}_k + n_q\bar{X}'_k\bar{X}_k)$代入上式得

$$\begin{aligned} D_{kr}^2 &= \frac{n_p}{n_r}(\bar{X}'_k\bar{X}_k - 2\bar{X}'_p\bar{X}_q + \overline{X_P}'\,\overline{X_q}) + \frac{n_q}{n_r}(\bar{X}'_k\bar{X}_k - 2\bar{X}'_k\bar{X}_q + \bar{X}'_q\bar{X}_q) \\ &\quad - \frac{n_pn_q}{n_r^2}(\bar{X}'_p\bar{X}_p - 2\bar{X}'_p\bar{X}_q + \bar{X}'_q\bar{X}_q) \\ &= \frac{n_p}{n_r}D_{kp}^2 + \frac{n_q}{n_r}D_{kq}^2 - \frac{n_p}{n_r}\frac{n_q}{n_r}D_{pq}^2. \end{aligned}$$

显然，当 $n_p = n_q$ 时，即为中间距离法的公式.

如果样品之间的距离测度不是欧氏距离，相应地，可根据不同情况给出不同的距离测度公式.

重心法的归类步骤与前面所述的三种方法基本上一样，所不同的是每合并一次类，须重新计算新类的重心以及各类与新类之间的距离.

5. 类平均法

重心法虽有很好的代表性，但并未能够充分利用到各样品的信息，因此给出下述类平均法，它定义两类之间的距离平方为这两类元素两两之间距离平方的平均值，即

$$D_{pq}^2 = \frac{1}{n_pn_q}\sum_{X_i\in G_p}\sum_{X_j\in G_j} d_{ij}^2.$$

设聚类到某一步将 G_p 和 G_q 合并为 G_r，则任一类 G_k 与 G_r 的距离为

$$\begin{aligned} D_{kr}^2 &= \frac{1}{n_kn_r}\sum_{X_i\in G_k}\sum_{X_j\in G_r} d_{ij}^2 = \frac{1}{n_kn_r}\left(\sum_{X_i\in G_k}\sum_{X_j\in G_p} d_{ij}^2 + \sum_{X_i\in G_k}\sum_{X_j\in G_q} d_{ij}^2\right) \\ &= \frac{n_p}{n_r}D_{kp}^2 + \frac{n_q}{n_r}D_{kq}^2. \end{aligned}$$

由于类平均法的聚类步骤与上述方法完全类似，此处不再赘述.

6. 可变类平均法

鉴于类平均法公式中未能反映出 G_p 与 G_q 之间距离 D_{pq} 的影响，所以给出可变类平均法，此法定义两类之间的距离同上，只是将任一类 G_k 与新类 G_r 的距离改为如下形式：

$$D_{kr}^2 = \frac{n_p}{n_r}(1-\beta)D_{kp}^2 + \frac{n_p}{n_r}(1-\beta)D_{kq}^2 + \beta D_{pq}^2,$$

其中，β 是可变的，且 $\beta>1$.

7. 可变法

此法定义两类之间的距离仍同上，而新类 G_r 与任一类的 G_k 的距离公式为

$$D_{kr}^2 = \frac{1-\beta}{2}(D_{kp}^2 + D_{kq}^2) + \beta D_{pq}^2,$$

其中，β 是可变的，且 $\beta>1$.

显然在可变类平均法中取 $\frac{n_p}{n_r}=\frac{n_q}{n_r}=\frac{1}{2}$，即为上式.

可变类平均法与可变法的分类效果与 β 的选择关系极大，β 如果接近于 1，一般分类效果不好，在实际应用中 β 常取负值，比如取 $\beta=-\frac{1}{4}$ 等.

8. 离差平方和法

此方法是由 Ward 提出来的，故又称其为 Ward 法. 该方法的基本思想如下：

设将 n 个样品分成 k 类：$G_1, G_2, \cdots, G_k$，用 $X_i^{(t)}$ 表示 G_t 中的第 i 个样品（注意 $X_i^{(t)}$ 是 p 维向量），n_t 表示 G_t 中的样品个数，$\bar{X}^{(t)}$ 是 G_t 的重心，则 G_t 中样品的离差平方和为

$$S_t = \sum_{i=1}^{n_t}(X_i^{(t)} - \bar{X}^{(t)})'(X_i^{(t)} - \bar{X}^{(t)}).$$

k 个类的类内离差平方和为

$$S = \sum_{t=1}^{k} S_t = \sum_{t=1}^{k}\sum_{i=1}^{n_t}(X_i^{(t)} - \bar{X}^{(t)})'(X_i^{(t)} - \bar{X}^{(t)}).$$

Ward 法的基本思想来自于方差分析，如果分类正确，同类样品的离差平方和应当较小，类与类的离差平方和应当较大. 具体做法是先将 n 个样品各自成一类，然后每次缩小一类，每缩小一类离差平方和就要增大，选择使 S 增加最小的两类合并（因为如果分类正确，同类样品的离差平方和应当较小），直到所有的样品归为一类为止.

粗看 Ward 法与前七种方法有较大的差异，但是如果将 G_p 与 G_q 的距离定

义为

$$D_{pq}^2 = S_r - S_p - S_q,$$

其中，$G_r = G_p \cup G_q$，就可使 Ward 法和前七种系统聚类方法统一起来，且可以证明 Ward 法合并类的距离公式为

$$D_{kr}^2 = \frac{n_k + n_p}{n_r + n_k} D_{kp}^2 + \frac{n_k + n_q}{n_r + n_k} D_{kq}^2 - \frac{n_k}{n_r + n_k} D_{pq}^2.$$

上面介绍了八种系统聚类方法，所有这些方法聚类的步骤是完全一样的，所不同的是类间距离有不同的定义法. 依法所给出的新类与任一类的距离公式不同. 但这些公式在 1967 年由 Lance 和 Williams 统一起来. 当采用欧氏距离时，八种方法有统一形式的递推公式：

$$D_{kr}^2 = \alpha_p D_{kp}^2 + \alpha_q D_{kq}^2 + \beta D_{pq}^2 + \gamma \left| D_{kp}^2 - D_{kq}^2 \right|.$$

如果不采用欧氏距离，除重心法、中间距离法、离差平方和法之外，统一形式的递推公式仍成立. 上式中参数 $\alpha_p, \alpha_q, \beta, \gamma$ 对不同的方法有不同的取值. 表 2.3 列出上述八种方法中参数的取值. 八种方法公式的统一，对于编制程序提供了很大的方便.

表 2.3　聚类分析八种距离法参数设置

方　　法	a_p	a_q	β	γ
最长距离法	1/2	1/2	0	1/2
最短距离法	1/2	1/2	0	$-1/2$
中间距离法	1/2	1/2	$-1/4 \leqslant \beta \leqslant 0$	0
重心法	n_p/n_r	n_p/n_r	$-\alpha_p\alpha_q$	0
类平均法	n_p/n_r	n_p/n_r	0	0
可变类平均法	$(1-\beta)n_p/n_r$	$(1-\beta)n_p/n_r$	<1	0
可变法	$(1-\beta)/2$	$(1-\beta)/2$	<1	0
离差平方和法	$(n_i+n_p)/(n_i+n_r)$	$(n_i+n_p)/(n_i+n_r)$	$-n_i/(n_i+n_r)$	0

对指标进行分类时，常用的是相似系数，统一记为 C_{ij}（如夹角余弦、相关系数等）. 若用相关系数应找最大的元素并类，也可将相关系数转化为距离，以便维护距离越小则关系越密切的含义，例如可取

$$d_{ij} = 1 - |C_{ij}| \quad \text{或} \quad d_{ij}^2 = 1 - C_{ij}^2.$$

有关数值实验结果也表明：用八种系统聚类法并类的结果都是一致的，只是并类的距离不同. 然而在一般情况下，用不同的方法聚类的结果是不完全一致的. 自然会问哪一种方法好呢？这就需要提出一个标准作为衡量的依据，但至今还没有

一个合适的标准.各种方法的比较目前仍是值得研究的一个课题,在实际应用中,一般采用以下两种处理方法:一种方法是根据分类问题本身的专业知识结合实际需要来选择分类方法,并确定分类个数;另一种方法是多用几种分类方法去做,把结果中的共性取出来,如果用几种方法的某些结果都一样,则说明这样的聚类确实反映了事物的本质,而将有争议的样品暂放一边或用其他办法如判别分析去归类.具体可查阅相关文献中的实例.

2.4.1.4 系统聚类法的基本性质

1. 单调性

设 D_k 是系统聚类法中第 k 次并类时的距离,如果 $D_1<D_2<\cdots$,则称并类距离具有单调性.可以证明最长距离法、最短距离法、类平均法、离差平方和法、可变法和可变类平均法等这些情形均具有单调性,只有重心法和中间距离法不具有单调性.

有单调性画出的聚类图符合系统聚类的思想,先结合的类关系较近,后结合的类关系较远.

2. 空间的浓缩或扩张

设两个同阶矩阵 $D(A)$和 $D(B)$,如果 $D(A)$的每一个元素不小于 $D(B)$相应的元素,则记为 $D(A)\geqslant D(B)$.特别地,如果矩阵 D 的元素是非负的,则有 $D\geqslant 0$.(提醒注意,此处 $D\geqslant 0$ 的含义与非负定阵的含义不同,这个记号仅在本书使用).

如果 $D(A)\geqslant 0$,$D(B)\geqslant 0$,$D^2(A)$表示将 $D(A)$的每个元素平方,则

$$D(A)\geqslant D(B)\Leftrightarrow D^2(B).$$

令 $D(A,B)=D^2(A)-D^2(B)$,则

$$D(A,B)\geqslant 0\Leftrightarrow D(A)\geqslant D(B).$$

若有两个系统聚类法 A,B,在第 k 步距离阵记为

$$D(A_k)D(B_k),\quad k=0,1,\cdots,n-1,$$

若 $D(A_k,B_k)\geqslant 0$,即

$$D(A_k)\geqslant D(B_k),\quad k=1,\cdots,n-1,$$

则称 A 比 B 使空间扩张或 B 比 A 使空间浓缩.用距离阵 $D_{(0)}$ 来说明最长距离法比最短距离法扩张(或者说最短距离法比最长距离法浓缩).

现用短、长、重、平、变平、可变、离分别表示八种方法,它们的平方距离记为 D^2(短),D^2(长),D^2(中),$\cdots$.然后以类平均法为基准,其他方法都与它来比较,则不难得出:

(1) D(短,平)$\leqslant 0$;

(2) D(长,平)$\geqslant 0$;

(3) D(重,平)$\leqslant 0$;

(4) D(变平,平)$\begin{cases} \geqslant 0, & \beta < 0, \\ \leqslant 0, & 1 > \beta > 0; \end{cases}$

(5) D(离,平)$\leqslant 0$;

(6) 中间距离法与类平均法的比较没有统一的结论,它可能$\geqslant 0$,也可能$\leqslant 0$.

一般作聚类图时,若横坐标(并类距离)的范围太小,则对区别类的灵敏度就差些,也就是说太浓缩的方法不够灵敏,但太扩张的方法对分类不利.与类平均法相比之下,最短距离法、重心法使空间浓缩,最长距离法、可变类平均法、最差平方和法使空间扩散,而类平均法比较适中,与其他方法相比,既不太浓缩也不太扩张.

此外,还有一些其他性质,诸如:类重复不变性、单调变换不变性等,此处不再赘述.

2.4.1.5　若干进一步的说明

1. 代表性指标的选取

用聚类方法分类完之后,如果各类中指标较多,又不想把类分得太细,这时要想从每类中选一个代表性指标该怎么办?一个简单的办法就是计算每类中相关指数的平均值 $\bar{R}^2$,取其中较大者对应的指数作为该类的代表性指标.

计算公式:

$$\bar{R}^2 = \frac{\sum\limits_{j \neq 1} r_{ij}^2}{k-1}, \quad i,j = 1,\cdots,k,$$

其中,k 为某一类中变量的个数,r_{ij}^2 为该类内变量 x_i 对类中其他变量的相关系数的平方.

例如:体重、胸围、大腿围是一类的三个指标,其相关系数如表 2.4 所示.

表 2.4　指标之间相关系数示例表

	体　重	胸　围	大 腿 围
体重	1		
胸围	0.822 3	1	
大腿围	0.740 3	0.641	1

计算体重对胸围及大腿围的 $\bar{R}_1^2$:

$$\bar{R}_1^2 = \frac{(0.8233)^2 + (0.7403)^2}{3-1} = 0.6121.$$

胸围对体重及大腿围的 $\bar{R}_2^2$:

$$\bar{R}_2^2 = \frac{(0.823\,3)^2 + (0.641\,3)^2}{3-1} = 0.544\,5.$$

大腿围对体重及胸围的 $\bar{R}_3^2$：

$$\bar{R}_3^2 = \frac{(0.740\,3)^2 + (0.641\,3)^2}{3-1} = 0.433\,1.$$

由于 $\bar{R}_1^2$ 值最大，所以这一类代表性指标取为体重．在身高一定的前提下，一般来说，体重重的人其胸围和大腿围的指标都较大些，这是符合常规的．

2．聚类方法的补充介绍

另外，如前所述聚类分析的内容是很丰富的，本小节只介绍国内外常用的八种系统聚类法，除此而外，还有有序样品聚类法、模糊聚类法、动态聚类法等等．为便于读者更加全面地了解这些方法，下面再简单介绍一下这些方法所能解决的是哪类问题．

系统聚类法被分类的样品是相互独立的，分类时彼此是平等的．而有序样品分类法要求样品按一定的顺序排列，分类时是不能打乱次序的，即同一类样品必须是互相邻接的．比如要将新中国成立以来国民收入的情况划分几个阶段，此阶段的划分必须以年份的顺序为依据；又如研究天气演变的历史时，样品是按从古到今的年代排列的，年代的次序也是不能打乱的，研究这类样品的分类问题就用有序样品聚类法．

有序样品聚类法：实质上是找一些分点，将有序样品划分为几个分段，每个分段看作一个类，所以分类也称为分割．显然分点取在不同的位置就可以得到不同的分割．通常寻找最好分割的一个依据就是使各段内部样品之间的差异最小，而各段样品之间的差异较大．有序样品聚类法就是研究这种分类的最优分割法．

模糊聚类法：是将模糊集的概念用到聚类分析中所产生的一种聚类方法，它根据研究对象本身的属性而构造一个模糊矩阵，在此基础上根据一定的隶属度来确定其分类关系．

动态聚类法：又称为逐步聚类法，它是先粗糙地进行预分类，然后再逐步调整，直到满意为止．整个聚类过程如图 2.7 所示．

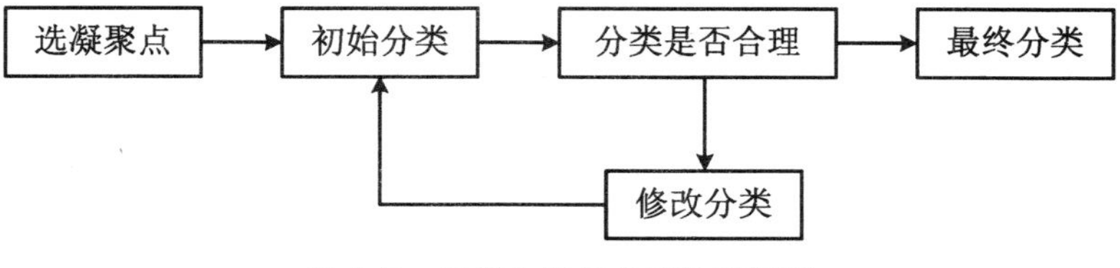

图 2.7　指标之间相关系数示例图

框图的每一部分，均有很多种处理方法，这些方法按框图组合，就得到各种动态聚类方法．

2.4.2　计算成对距离

另一方面，可利用数值描述来研究序列之间的相似性. 正如 2.2.6 节所述，通常，选择欧氏距离来计算基因之间的成对距离. 由定理 2.21 知，转化为计算对应的两条表征向量 $\boldsymbol{F}^{(i)}$ 与 $\boldsymbol{F}^{(j)}$ 之间的成对距离. 根据定义 2.9 与定义 2.10，表 2.1 中每两条序列之间的相异度可经下述欧氏距离来确定：

$$D(S^{(i)},S^{(j)}) \triangleq \|\boldsymbol{M}^{(i)}-\boldsymbol{M}^{(j)}\|_{\mathrm{F}}=\|\boldsymbol{F}^{(i)}-\boldsymbol{F}^{(j)}\|_{\mathrm{F}}, \tag{2.14}$$

其中，$\boldsymbol{F}^{(i)}=(\lambda_1^{(i)},\lambda_2^{(i)},\cdots,\lambda_{L-1}^{(i)})$表示由所截取等长的序列，经保距变换得到的表征向量，而$\|\cdot\|_{\mathrm{F}}$表示矩阵或向量的 Frobenius 范数. 显然，距离值越小意味着两序列越相似，这 11 条编码序列之间的相似度比较可由欧氏距离计算公式 $D(S^{(i)},S^{(j)})$算得.

2.4.3　11 条 β 球蛋白基因的系统谱系分析

字符表示的生物序列虽然易于计算机处理，但是难以凭肉眼来分辨序列之间的差异[110]. 系统发生树为我们提供了简便途径来查看不同序列，以直观的可视化方式使序列比较更加容易. 上述 AJD-NNM 算法，在系统发生分析上作进一步的测试. 生物序列间的亲缘关系通常可由以下主要步骤来确定：

(1) 首先，通过 AJD-NNM 计算每条序列的 $L-1$ 维表征向量；

(2) 其次，按照 2.4.1 节所述，得到相似性的欧氏距离及成对距离矩阵；

(3) 最后，由所构建的距离矩阵，利用 MATLAB 代码绘制系统树图.

实验结果见图 2.8 和表 2.5，图 2.8 表明 11 条序列能较为清晰地划分开来. 与前述图 2.4 所示结果基本一致.

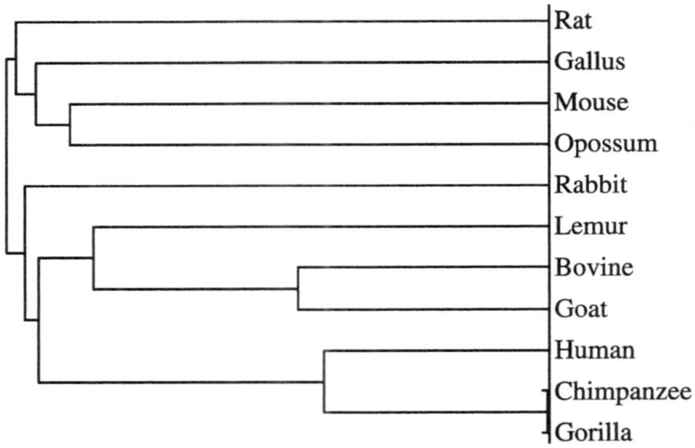

图 2.8　根据表 2.3 的成对距离构建 11 条序列之间的系统树图

表 2.5　11 条 β 球蛋白基因第一外显子序列之间的欧氏距离

Species $i\backslash j$	Goat	Opossum	Gallus	Lemur	Mouse	Rabbit	Rat	Gorilla	Bovine	Chimpanzee
Human	26.8209	25.9952	23.5869	25.2515	25.8007	20.5706	27.0102	5.3704	22.4257	5.3704
Goat		35.6829	33.5008	34.6771	34.7092	31.7451	36.2950	26.7804	21.4802	26.7804
Opossum			32.6023	34.8208	34.8006	32.4892	36.4528	26.3341	32.7734	26.3341
Gallus				32.1543	32.3047	29.7515	34.0423	22.3371	29.9851	22.3371
Lemur					34.3885	30.9739	35.8069	25.7036	31.4534	25.7036
Mouse						29.3939	33.3897	25.8560	31.5484	25.8560
Rabbit							32.4424	20.8903	28.4722	20.8903
Rat								27.2888	33.2117	27.2888
Gorilla									22.3227	0.0000
Bovine										22.3227

2.4.4　与相关工作的比较

为了验证新提出非序列比对算法的有效性，可通过与传统的序列比对算法相比较来实现. 利用 Mege 软件，计算出 11 条序列之间基于序列比对算法的成对距离，便于随后的对比分析. 选用邻接法(neighbor joining)来推断进化史[111]. 基于序列比对的成对距离结果如表 2.6 所示.

表 2.6　基于序列比对算法由 Mega 4 软件算得的 11 条外显子序列间 NJ 距离

Species $i\backslash j$	Goat	Opossum	Gallus	Lemur	Mouse	Rabbit	Rat	Gorilla	Bovine	Chimpanzee
Human	0.662 8	0.267 4	0.279 1	0.279 1	0.697 7	0.116 3	0.209 3	0.011 6	0.651 2	0.011 6
Goat		0.674 4	0.616 3	0.616 3	0.616 3	0.639 5	0.627 9	0.651 2	0.034 9	0.651 2
Opossum			0.302 3	0.407 0	0.732 6	0.314 0	0.383 7	0.267 4	0.674 4	0.267 4
Gallus				0.372 1	0.697 7	0.302 3	0.372 1	0.267 4	0.616 3	0.267 4
Lemur					0.709 3	0.290 7	0.372 1	0.279 1	0.627 9	0.279 1
Mouse						0.697 7	0.720 9	0.709 3	0.627 9	0.709 3
Rabbit							0.279 1	0.104 7	0.627 9	0.104 7

续表

Species i\j	Goat	Opossum	Gallus	Lemur	Mouse	Rabbit	Rat	Gorilla	Bovine	Chimpanzee
Rat								0.209 3	0.616 3	0.209 3
Gorilla									0.639 5	0.000 0
Bovine										0.639 5

关于 Human 与其他几个代表性物种之间的相似度，将近期发表出来的结果列于表 2.7 中，以便于将我们所得结果（表 2.5）与基于序列比对所得结果（表 2.6）作对比分析. 表 2.7 中数据取自于相应文献具体表格的第一行（或列）. 从表 2.7 可知所遴选出来的六个代表物种，依据该物种和 Human 之间的距离值，可将他们归为三个子类：

（1）第一组离 Human 最近：Chimpanzee 和 Gorilla（表 2.7 的第三、四两列）；

（2）其次一组是：Bovine 和 Goat（表 2.7 的第五、六两列）；

（3）最后一组离 Human 最远：Opossum 和 Gallus（表 2.7 的最后两列）.

与上述两个相关工作[112-113]对比起来，我们所得结果与进化事实较为接近.

表 2.7 针对 Human 和 7 个物种间相似度与相关代表性研究结果间对比

No.	Results from Ref.	Gorilla	Chimpanzee	Bovine	Goat	Gallus	Opossum
1	Table 3[11]	0.021	0.017	0.084	0.061	0.109	0.148
2	Table 7[88]	0.054 547	0.065 209	0.096 158	0.108 362	0.060 439	0.130 445
3	Table 4[114]	0.022 047	0.020 569	0.040 787	0.043 579	0.088 281	0.079 935
4	Table 6[115]	0.001 2	0.009 4	0.0580	0.016 2	0.013 3	0.060 1
5	Table 4[116]	0.044 067	0.040 705	0.081 376	0.086 956	0.176 581	0.159 761
6	Table 5[44]	0.007 9	0.014 5	0.075 0	0.107 8	0.241 7	0.281 5
7	Table 6[117]	0.013 3	0.009 3	0.045 5	0.041 3	0.059 5	0.045 5
8	Table 5[118]	0.001 62	0.001 43	0.003 19	0.005 56	0.007 21	0.005 47
9	Table 3[32]	0.014 6	0.013 1	0.025 9	0.032 6	0.087 0	0.081 3
10	Table 1[113]	263.3	957.2	360.6	476.9	1155.9	1186.3
11	Table 3[119]	0.044 1	0.039 9	0.079 9	0.086 9	0.176 6	0.159 8
12	Table Ⅲ[120]	0.013 6	0.015 2	0.037 2	0.045 1	0.096 9	0.096 2
13	Table Ⅳ[120]	0.011 5	0.012 9	0.055 5	0.097 0	0.146 6	0.105 0
14	Table 3[112]	0.042 4	0.006 2	0.073 5	0.078 9	1.147 5	0.646 8

续表

No.	Results from Ref.	Gorilla	Chimpanzee	Bovine	Goat	Gallus	Opossum
15	Table 7[121]	0.010	0.011	0.100	0.105	0.089	0.215
16	Table 4[22]	46.50	46.50	46.55	46.80	45.69	46.22
17	Table 2.5 in [This work]	5.370 4	5.370 4	22.425 7	26.820 9	23.586 9	25.995 2
	Table 2.6 in [This work]	0.011 6	0.011 6	0.651 2	0.662 8	0.279 1	0.267 4

为便于直观地查看分析，将基于序列比对所得结果（表 2.7 的最后一行）和另外 17 项工作所得结果（表 2.7 的余下各行），分别计算得到二者间的相关程度. 从图 2.8 可看出，我们算法所得结果（No. 17）与传统的基于序列比对算法所得结果最为接近，不过，其余 16 项代表性方法中有两个极端的情形，如：方法 10 和 14.

情形 1：对于方法 14，见文献[112]中的表 3，与传统的比对方法之间相关系数值为 − 0. 048，该结果中呈现异常情况，物种对 Human-Chimpanzee 的距离为 0. 042 4，而物种对 Human-Gorilla 的距离值为 0. 006 2，前者是后者 6. 838 7 倍，这与进化事实不尽一致. 因为多数研究工作的结果均认为：无论前者还是后者，其距离值均应明显地低于其他的物种对，事实上，Human，Chimpanzee 和 Gorilla 三者亲缘关系相互之间非常接近.

情形 2：对于方法 10，见文献[113]中的表 1，与比对方法之间的相关系数值为 − 0. 2933. 该结果中亦有异常现象，物种对 Human-Chimpanzee 的距离为 957. 2，而物种对 Human-Gorilla 的距离值为 263. 3，前者比后者大得多，甚至超过了另外几个物种对诸如 Human-Goat，Human-Mouse 以及 Human-Bovine 的距离.

2.5　本 章 结 论

本章算法的第一阶段 NNM 抓住生物序列具有“序”的特性，在将序列转换成对称矩阵的阶段予以充分考虑. 另外，与其他方法相比，我们的序列比较是基于信息无损技术的. 故对相似度分析的精度有较大提高，图 2.8 验证了这一点.

其次，本算法的独到之处尤其体现在第二阶段，AJD 能够从多重序列中挖掘出互信息，而不是从各个序列孤立地抽取其特征，如此能够发现生物群在分子水平上的共同结构. 此外，根据均方差随簇数的改变而变化的情况作为准则，研究了最佳类别数，故给聚类结果减少了主观性，而增强了客观说服力. 采用 K 均值法将这些表征序列的曲线聚成 4 个子类，聚类结果与进化事实相符，而且本算法涉及的变换具有保距的良好特性（见定理 2.21）. 由此，基于 AJD 作用于 NNM 的矩阵束，本算法为比较不同生物序列提供了另一新颖、合理的途径.

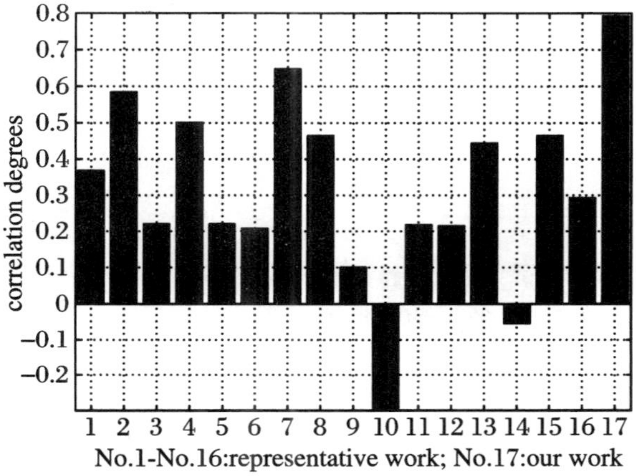

图 2.9　与基于序列比对以及其他几项工作所得结果的对比图

注：x 轴为 16 种相关的研究方法（No. 1～No. 16）以及本章的新方法（No. 17）. 而 y 轴则表示以 Human 与表 2.2 中所列部分几个典型物种之间距离为指标，17 项工作所得结果与基于比对所得结果之间的相关系数值

第3章　基于SVD的基因组序列保序变换及其应用

为比较多重基因组序列，考虑到序列具有“序”这一本质属性，提出“保序”变换、结合特征矩阵 $\boldsymbol{M}$ 的奇异值分解，来导出16维的向量用以描述每条基因组序列．最后，运用此算法对20条真哺乳亚纲线粒体基因组序列作相似度分析．

3.1　DNA序列数值描述符

DNA序列通常表示为由A，G，C，T四个字母组成的字符串，序列之间的异同程度取决于这些字母如何进行编码或组合．传统的序列之间比较是基于较为成熟的序列比对框架下评价的，这样易于引起复杂的计算，尤其是在多重序列的情形下[1]．

自20世纪90年代以来，DNA/蛋白质一级序列的图形化表征，为他们之间的定性比较提供了可能，有助于人们直观地研究DNA/蛋白质序列[3-21]．

对序列的本质属性加以定量化数值描述决定了序列比较的有效性和比较的质量．过去的几十年间，诸多研究者相继提出各种不同方法，来对DNA/蛋白质一级序列进行数值描述，其中多数是从序列的字符串描述或图形化表征中抽取出来的．早在1986年，Blaisdell[23]首次从序列的字符串描述中，提取最简单也是最重要的特征，用以比较基因组序列．后来，由Kantorovitz等人用于对调控序列作非比对的序列比较[1]．Wu等人进一步地将 k 字长的“词频”计数器获取的数值转换为一条频率向量，作为对DNA序列的数值描述，由此提出诸多基于频率的序列比较算法[40-42]．还有一些类似的算法见Sims等人[24,43]以及Jun等人[25]的相关文献．然而，其中的参数 k 对序列比较的结果影响较为显著，故如何选择适宜的字长 k 变得尤为关键．一些研究者曾先后探寻过字长 k 的选择问题，诸如：Wu等人[42]就曾提出过最佳字长用于序列相异度的度量，发现最优字长 k 值依赖于所比较序列的长度，也即随着序列长度的增加而变长，该文的作者详细列出了残基在5 000个

bps 以内的最佳字长 k 值. 但未能给出长度超过 5 000 个 bps 的序列的最优 k 值. Sims 等人[24,43]发布了另外一种解决方案:认为最优字长落在上、下限之间,下限约等于 $\log_4(n)$,其中 n 为序列的长度,上限取决于字长 k 所得系统树的拓扑结构与字长 $k+1$ 情形对比的准则. 因此,在上、下限之间尚有诸多可供自由选择的数字作为最优字长.

除了基于单核苷酸的表征方法以外,另一些研究还提出基于双核苷酸的分析法. Randić[26]提出了一种基于双核苷酸对的 DNA 压缩表征方法,此法能够对 DNA 序列提供快速、定性的比较,而且还能够对不同来源的 DNA 序列作定量的比较. 基于 DNA 序列链上各核苷酸的近邻,Wu 等人[27]提出了分析方法,能够揭示隐藏于双核苷酸(DNs)背后的生物学信息. 随后又有 Liu 等人[44],Qi[45]以及 Qi 等人[46]提出了他们各自的双核苷酸分析法,研究了不同序列之间的相似度/相异度. 这几位研究者所提出的 DNA 序列数值描述法,其目标在于设计出可以描述内在结构信息的数值符号.

然而,相对于 DNA 序列的图形化表征,图形曲线的数值化描述更利于序列之间的定量比较. 利用数值不变量来描述序列对应的曲线图,可达到此目的. 通常的做法是将曲线图转换为矩阵,一旦获得序列的矩阵描述后,我们便可采用一些矩阵不变量作为 DNA/蛋白质序列的描述符. 不过,也有一些对序列曲线图形的数值表示法,无需从矩阵导出描述符[22,47-51].

此外,还有通过借助 DNA 序列的图形表征,获取对不同序列的相似度/相异度的数值描述法[8-13],但是涉及一些计算复杂度较高的矩阵不变量,增添了计算的难度. 为了克服此困难,提高序列相似度分析的准确度,需要捕捉到序列的本质特征,设计出易于实现的、更加有效的数值描述符.

3.2　从基因组序列向数值向量的保序变换

3.2.1　基因组序列变换矩阵的构建

考察基因组序列 $s=N_1N_2\cdots N_L$,其中 $N_i\in\{A,T,C,G\}(i=1,2,\cdots,L)$,且 L 为序列的长度. 共有 16 种双核苷酸,为记号的方便,设计 4×4 的矩阵表,各行各列均分别放置一种双核苷酸. 矩阵表中每个双核苷酸的两个组分排序很关键,表中每条记录对应于某种具体的双核苷酸,第一行为 AA,AT,AC 和 AG,其余各行以此类推,这 16 条记录(对应的 16 种双核苷酸)列于表 3.1 中.

表 3.1　16 种最近邻的双核苷酸组合

$S_j \backslash S_{j+1}$	A	T	G	C
A	AA	AT	AG	AC
T	TA	TT	TG	TC
G	GA	GT	GG	GC
C	CA	CT	CG	CC

连续扫描序列的每两个相邻位点，如位点对(1,2)，(2,3)，…，$(L-1,L)$，可得一个从原始序列转换而来的 $16\times(L-1)$的邻接矩阵，记为 $\boldsymbol{M}$.

$$\boldsymbol{M} = (m_{ij})_{16*(L-1)},\quad m_{ij} = \begin{cases}1, & S_jS_{j+1} = \boldsymbol{T}(i)\\ 0, & \text{others}\end{cases},$$

$$i = 1,2,\cdots,16;\quad j = 1,2,\cdots,L-1,$$

其中，$\boldsymbol{T}(i)$=[AA AT AC AG TA TT TC TG CA CT CC CG GA GT GC GG]，所得矩阵 $\boldsymbol{M}_{16\times(L-1)}$是稀疏的. 同时，基于 $\boldsymbol{M}$ 中 0-1 型元素，按其值为 1 的元素所对应的行与列，在直角坐标系对应的点顺次连接得到曲线，称之为所给序列的(ATCG)-型特征曲线. 下面图示一下序列基于变换矩阵表征法，以人类线粒体基因组序列链上长为 100 bps 的片段为例，利用我们所提出的模型，图 3.1 描绘了该段序列对应的曲线段，其中 y 坐标包含 16 种双核苷酸在“词典”$\boldsymbol{T}(i)$中的类别编号，而 x 坐标为位点对 S_jS_{j+1}的下标，即 $j=1,2,\cdots,99$. 此段序列如下：

GATCA CAGGT CTATC ACCCT ATTAA CCACT CACGG GAGCT
CTCCA TGCAT TTGGT ATTTT CGTCT GGGGG GTATG CACGC
GATAG CATTG CGAGA CGCTG.

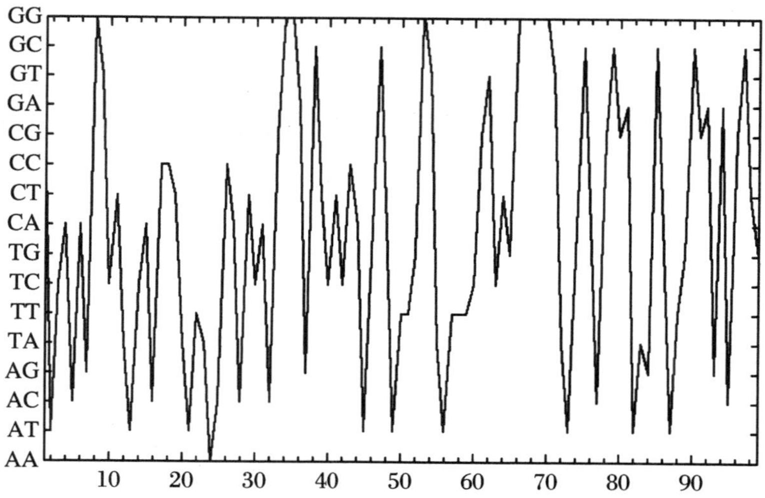

图 3.1　人类线粒体基因组长 100 bps 的序列片段映射成(ATCG)-型特征曲线

基于上述设计方案，参照文献[85,122]中的方法，可将基因组序列映射成笛卡尔坐标系第一象限里的曲线图．此法的优点在于完全能够凭借从序列转换而来的矩阵，反推出原始序列，充分考虑到序列所具有"序"的特性．事实上，特征曲线上第 i 点的坐标为(j,i)，$j=1,2,\cdots,L-1$，而 $i=1,2,\cdots,16$，我们便可确定位点对 S_jS_{j+1} 恰好是(ATCG)-型表征系统里的第 i 种近邻双核苷酸，其中(ATCG)可称为某一组元胞[85]．

对于给定的一条序列，虽然有 $4!=24$ 种互异的双核苷酸系统，事实上，只需将A,T,C,G 按照 4!种不同的排列方式重新组合即可．譬如，按照另外一种 GCTA 方式重排四种核苷酸便得(GCTA)-型表征系统．亦可将 4 种核苷酸 A,T,C,G 作其他的诸如此类方式加以重排．不难看出这 24 种组合方式所对应的 24 种不同系统并无本质上的差异[13,113]．

事实上，以置换矩阵 $\boldsymbol{P}$ 左乘以 $\boldsymbol{M}$ 可得相应特定的表征系统．由此，对于给定的由某组元胞(如：ATGC)构成的表征系统，序列转换而来的特征矩阵便可由其唯一地确定．反之，序列的特征曲线，在此情形下亦可通过矩阵唯一确定．故序列的特征矩阵 $\boldsymbol{M}$ 以及特征曲线，仅仅依赖于序列链上每对双核苷酸的内在分布规律，称此为旋转不变性．

3.2.2　所提出的序列变换算法具有的良好性质

3.2.2.1　矩阵的奇异值分解(SVD)算法基本原理

本小节第一部分对 SVD 进行了简单的介绍，给出了定义和奇异值分解定理；第二部分简要地列举了 SVD 的应用；第三部分则构造和分析了各种求解 SVD 的算法，特别对传统 QR 迭代算法和零位移 QR 迭代算法进行了详细完整的分析；第四部分给出了复矩阵时的处理办法；第五部分是对各种算法的一个简要的总结．

1. 矩阵的奇异值分解(SVD)简介

定义 3.1　设 $\boldsymbol{A}\in\mathbf{R}^{m\times n}$，$\boldsymbol{A}^{\mathrm{T}}\boldsymbol{A}$ 的特征值的非负平方根称作 $\boldsymbol{A}$ 的奇异值；$\boldsymbol{A}$ 的奇异值的全体记作 $\sigma(\boldsymbol{A})$[123]．

当 $\boldsymbol{A}$ 为复矩阵 $\mathbf{C}^{m\times n}$ 时，只需将 $\boldsymbol{A}^{\mathrm{T}}\boldsymbol{A}$ 改为 $\boldsymbol{A}^{\mathrm{H}}\boldsymbol{A}$，定义 3.1 仍然成立．

定理 3.1(奇异值分解定理)　设 $\boldsymbol{A}\in\mathbf{R}^{m\times n}$，则必存在正交矩阵

$$\boldsymbol{U}=(u_1,\cdots,u_m)\in\mathbf{R}^{m\times m}\quad 和 \quad \boldsymbol{V}=(v_1,\cdots,v_n)\in\mathbf{R}^{n\times n}$$

使得

$$\boldsymbol{U}^{\mathrm{T}}\boldsymbol{A}\boldsymbol{V}=\begin{pmatrix}\boldsymbol{\Sigma}_r & \boldsymbol{0}\\ \boldsymbol{0} & \boldsymbol{0}\end{pmatrix}\begin{matrix} r\\ m-r\end{matrix},\qquad (3.1)$$
$$\qquad\qquad\quad r \qquad n-r$$

其中，$\boldsymbol{\Sigma}_r=\mathrm{diag}(\sigma_1,\cdots,\sigma_r)$，$\sigma_1\geqslant\cdots\geqslant\sigma_r>0$[91].

当 $\boldsymbol{A}$ 为复矩阵 $\mathbf{C}^{m\times n}$ 时，只需将定理中 $\boldsymbol{U}$，$\boldsymbol{V}$ 改为酉矩阵，其他不变，定理 3.1 仍然成立[123].

称分解式(3.1)为矩阵 $\boldsymbol{A}$ 的奇异值分解，通常简称为 SVD. σ_i 是 $\boldsymbol{A}$ 的奇异值，向量 $\boldsymbol{u}_i$ 和 $\boldsymbol{v}_i$ 分别是第 i 个左奇异向量和第 i 个右奇异向量.

从 $\boldsymbol{A}$ 的奇异值分解，我们可以得到 $\boldsymbol{A}$ 的一些非常有用的信息，下面的推论就列举其中几条最基本的结论[123]：

推论 设 $\boldsymbol{A}\in\mathbf{C}_r^{m\times n}$，则

(1) $\boldsymbol{A}$ 的非零奇异值的个数就等于 $r=\mathrm{rank}(\boldsymbol{A})$；

(2) $v_{r+1},\cdots,v_n$ 是 $\mathbf{N}(\boldsymbol{A})$的一组标准正交基；

(3) $u_1,\cdots,u_r$ 是 $\mathbf{R}(\boldsymbol{A})$的一组标准正交基；

(4) $\boldsymbol{A}=\sum_{i=1}^{r}\sigma_i u_i v_i^{\mathrm{H}}$ 称为 $\boldsymbol{A}$ 的满秩奇异值分解.

其中，$\mathbf{N}(\boldsymbol{A})$，$\mathbf{R}(\boldsymbol{A})$分别指 $\boldsymbol{A}$ 的零空间和值域.

为了方便，我们采用如下表示奇异值的记号：

$\sigma_i(\boldsymbol{A})=\boldsymbol{A}$ 的第 i 大奇异值；

$\sigma_{\max}(\boldsymbol{A})=\boldsymbol{A}$ 的最大奇异值；

$\sigma_{\min}(\boldsymbol{A})=\boldsymbol{A}$ 的最小奇异值.

现在来考察矩阵奇异值的几何意义[91,123]，不妨设 $m=n$，此时有

$$\boldsymbol{E}_n=\{\boldsymbol{y}\in\mathbf{C}^n:\boldsymbol{y}=\boldsymbol{A}\boldsymbol{x},\boldsymbol{x}\in\mathbf{C}^n,\|\boldsymbol{x}\|_2=1\}$$

是一个超椭球面，它的 n 个半轴长正好是 $\boldsymbol{A}$ 的 n 个奇异值 $\sigma_1\geqslant\sigma_2\geqslant\cdots\geqslant\sigma_n\geqslant0$，这些轴所在的直线正好是 $\boldsymbol{A}$ 的左奇异向量所在的直线，它们分别是对应的右奇异向量所在直线的象.

一般地，我们假设 $m\geqslant n$，(对于 $m<n$ 的情况，我们可以先对 $\boldsymbol{A}$ 转置，然后进行奇异值分解，最后对所求得的 SVD 分解式进行转置，即可得到原式 SVD 分解式)，此时我们对式(3.1)进行化简，将 $\boldsymbol{U}$ 表示为

$$\boldsymbol{U}=(\boldsymbol{U}_1,\boldsymbol{U}_2),\tag{3.2}$$

则可以得到更加细腻的 SVD 分解式：

$$\boldsymbol{A}=\boldsymbol{U}_1\boldsymbol{\Sigma}\boldsymbol{V}^{\mathrm{T}},\tag{3.3}$$

其中，$\boldsymbol{U}_1$ 是具有 n 列 m 维的正交向量，$\boldsymbol{V}$ 和式(3.1)中的定义相同；$\boldsymbol{\Sigma}=\mathrm{diag}(\sigma_1,\sigma_2,\cdots,\sigma_n)$，并且 $\sigma_1\geqslant\sigma_2\geqslant\cdots\geqslant\sigma_n\geqslant0$ 为矩阵 $\boldsymbol{A}$ 的奇异值.

2. 矩阵的奇异值分解(SVD)的应用

在现代科学计算中 SVD 具有广泛的应用，在已经比较成熟的软件包 LINPACK 中列举的应用有以下几点[124].

(1) 确定矩阵的秩(rank)

假设矩阵 $\boldsymbol{A}$ 的秩为 r,那么 $\boldsymbol{A}$ 的奇异值满足如下式子:

$$\sigma_1 \geqslant \cdots \geqslant \sigma_r > \sigma_{r+1} = \cdots = \sigma_n = 0;$$

反之,如果 $\sigma_r \neq 0$,且 $\sigma_{r+1} = \cdots = \sigma_n = 0$,那么矩阵 $\boldsymbol{A}$ 的秩为 r,这样奇异值分解就可以被用来确定矩阵的秩了.

实际的计算中我们几乎不可能计算得到奇异值正好等于 0,所以我们还要确定什么时候计算得到的奇异值足够接近于 0,以致可以忽略而近似为 0. 关于这个问题,不同的算法有不同的判断标准,将在给出各种算法的时候详细说明.

(2) 确定投影算子

假设矩阵 $\boldsymbol{A}$ 的秩为 r,那么我们可以将式(3.3)中的 $\boldsymbol{U}_1$ 划分为以下的形式:

$$\boldsymbol{U}_1 = (\boldsymbol{U}_1^{(1)}, \boldsymbol{U}_2^{(1)}),$$

其中,$\boldsymbol{U}_1^{(1)}$ 为 $m \times r$ 的矩阵,并且 $\boldsymbol{U}_1^{(1)}$ 的列向量构成了矩阵 $\boldsymbol{A}$ 的列空间的正交基向量组.

容易得到 $\boldsymbol{P}_{\boldsymbol{A}} = \boldsymbol{U}_1^{(1)} \boldsymbol{U}_1^{(1)\mathrm{T}}$ 为投影到矩阵 $\boldsymbol{A}$ 的列空间上的正交投影算子;而 $\boldsymbol{P}_{\boldsymbol{A}}^{\perp} = (\boldsymbol{U}_2^{(1)}, \boldsymbol{U}_2)(\boldsymbol{U}_2^{(1)}, \boldsymbol{U}_2)^{\mathrm{T}}$ 则是到矩阵 $\boldsymbol{A}$ 列空间的正交补空间上的投影.

同理,如果将 $\boldsymbol{V}$ 划分为以下的形式:

$$\boldsymbol{V} = (\boldsymbol{V}_1, \boldsymbol{V}_2),$$

其中,$\boldsymbol{V}_1$ 为 $n \times r$ 的矩阵,则 $\boldsymbol{V}_1$ 的列向量构成矩阵 $\boldsymbol{A}$ 的行空间的正交向量基. 且 $\boldsymbol{R}_{\boldsymbol{A}} = \boldsymbol{V}_1 \boldsymbol{V}_1^{\mathrm{T}}$ 为投影到矩阵 $\boldsymbol{A}$ 的行空间上的正交投影算子;而 $\boldsymbol{R}_{\boldsymbol{A}}^{\perp} = \boldsymbol{V}_2 \boldsymbol{V}_2^{\mathrm{T}}$ 则是到矩阵 $\boldsymbol{A}$ 行空间的正交补空间上的投影.

(3) 最小二乘法问题(LS 问题)

促进人们研究 SVD 并且应用 SVD 比较早的应该是最小二乘法问题了,接下来讨论 SVD 在 LS 问题中的应用.

LS 问题即相当于,设 $\boldsymbol{A} \in \mathbf{R}^{m \times n}(m > n)$,$\boldsymbol{b} \in \mathbf{R}^m$,求 $\boldsymbol{x} \in \mathbf{R}^n$ 使得

$$\|\boldsymbol{A}\boldsymbol{x} - \boldsymbol{b}\|_2 = \min\{\|\boldsymbol{A}\boldsymbol{v} - \boldsymbol{b}\|_2 : \boldsymbol{v} \in \mathbf{R}^n\}. \tag{3.4}$$

假设已知矩阵 $\boldsymbol{A}$,由式(3.1)得到的 SVD 分解式为 $\boldsymbol{U\Sigma V}^{\mathrm{T}}$,$\boldsymbol{U}$ 和 $\boldsymbol{V}$ 分别为 m,n 阶正交方阵,而 $\boldsymbol{\Sigma}$ 为和 $\boldsymbol{A}$ 具有相同维数的对角矩阵,那么我们可以得到[125]:

$$\boldsymbol{A}\boldsymbol{x} - \boldsymbol{b} = \boldsymbol{U\Sigma V}^{\mathrm{T}}\boldsymbol{x} - \boldsymbol{b} = \boldsymbol{U}(\boldsymbol{\Sigma V}^{\mathrm{T}}\boldsymbol{x}) - \boldsymbol{U}(\boldsymbol{U}^{\mathrm{T}}\boldsymbol{b}) = \boldsymbol{U}(\boldsymbol{\Sigma y} - \boldsymbol{c}), \tag{3.5}$$

其中,$\boldsymbol{y} = \boldsymbol{V}^{\mathrm{T}}\boldsymbol{x}$,$\boldsymbol{c} = \boldsymbol{U}^{\mathrm{T}}\boldsymbol{b}$.

因为 $\boldsymbol{U}$ 是一正交矩阵,所以 $\|\boldsymbol{A}\boldsymbol{x} - \boldsymbol{b}\|_2 = \|\boldsymbol{U}(\boldsymbol{\Sigma y} - \boldsymbol{c})\|_2 = \|\boldsymbol{\Sigma y} - \boldsymbol{c}\|_2$,从而把原最小二乘法问题,转化为求使 $\|\boldsymbol{\Sigma y} - \boldsymbol{c}\|_2$ 最小的 y 这一最小二乘法问题,因为 $\boldsymbol{\Sigma}$ 为对角矩阵,所以使得新的这一最小二乘法问题简单得多,接着将对此仔细分析[125].

假设矩阵 $\boldsymbol{A}$ 的秩为 r,则有

$$\boldsymbol{\Sigma y} = \begin{pmatrix} \sigma_1 y_1 \\ \vdots \\ \sigma_r y_r \\ 0 \\ 0 \\ \vdots \\ 0 \end{pmatrix}, \quad \boldsymbol{\Sigma y} - \boldsymbol{c} = \begin{pmatrix} \sigma_1 y_1 - c_1 \\ \vdots \\ \sigma_r y_r - c_r \\ -c_{r+1} \\ -c_{r+2} \\ \vdots \\ -c_m \end{pmatrix},$$

可知 $y_i = c_i/\sigma_i (i = 1,2,\cdots,r)$使得 $\boldsymbol{\Sigma y} - \boldsymbol{c}$ 达到它的最小长度 $\left(\sum_{i=r+1}^{m} c_i^2\right)^{\frac{1}{2}}$，并且可见当 $r = m$ 时，上面的这一长度为 0，也就是当矩阵 $\boldsymbol{A}$ 的列张成 $\mathbf{R}^m$ 空间时最小二乘法问题可以无误差地求解. 而当 $r < n$ 时，$y_{k+1},\cdots,y_n$ 可以任意取，而不影响 $\boldsymbol{\Sigma y} - \boldsymbol{c}$ 的长度.

我们将对 $\boldsymbol{\Sigma}$ 转置并且对非零的对角元素求逆所得到的矩阵定义为 $\boldsymbol{\Sigma}^+$，那么 $\boldsymbol{y} = \boldsymbol{\Sigma}^+ \boldsymbol{c}$ 的前 r 个元素将等于 $c_i/\sigma_i (i = 1, 2, \cdots, r)$，而其余的元素为 0. 且由 $\boldsymbol{y} = \boldsymbol{V}^{\mathrm{T}}\boldsymbol{x}$，$\boldsymbol{c} = \boldsymbol{U}^{\mathrm{T}}\boldsymbol{b}$，容易得到

$$\boldsymbol{x} = \boldsymbol{V\Sigma}^+\boldsymbol{U}^{\mathrm{T}}\boldsymbol{b}. \tag{3.6}$$

由此得到的是 LS 问题的最小范数解.

而文献[124]中还给出了一般通解的形式如下：

$$\boldsymbol{x} = \boldsymbol{V\Sigma}^+\boldsymbol{U}^{\mathrm{T}}\boldsymbol{b} + \boldsymbol{V}_2\boldsymbol{w}, \tag{3.7}$$

其中，$\boldsymbol{V}_2$ 如前定义，而 $\boldsymbol{w}$ 是任意的 $n - r$ 维向量.

(4) 广义逆问题(pseudo-inverse)

记 $\boldsymbol{A}^+ = \boldsymbol{V\Sigma}^+\boldsymbol{U}^{\mathrm{T}}$，从式(3.6)我们可以看出，最小二乘法的解为 $\boldsymbol{x} = \boldsymbol{A}^+\boldsymbol{b}$，和一般的线性方程组 $\boldsymbol{Ax} = \boldsymbol{b}$ 的解为 $\boldsymbol{x} = \boldsymbol{A}^{-1}\boldsymbol{b}$ 相类似，所以当我们已知矩阵 $\boldsymbol{A}$ 的奇异值分解 $\boldsymbol{A} = \boldsymbol{U\Sigma V}^{\mathrm{T}}$ 后可以定义 $\boldsymbol{A}$ 的广义逆为 $\boldsymbol{A}^+ = \boldsymbol{V\Sigma}^+\boldsymbol{U}^{\mathrm{T}}$.

(5) 条件数

如果已知矩阵 $\boldsymbol{A}$ 的秩为 r，那么在式(3.6)中，解 $\boldsymbol{x}$ 随着矩阵 $\boldsymbol{A}$ 的扰动而改变的剧烈程度有多大呢？这可以用矩阵的条件数来衡量，条件数的定义如下：

$$\kappa_r(\boldsymbol{A}) = \frac{\sigma_1}{\sigma_r}. \tag{3.8}$$

以上只是针对 SVD 的应用，而简单地介绍了 LS 问题以及广义逆矩阵问题；而在文献[126-127]中则对这两个问题有详细的说明.

除了这些传统的应用以外，在图像压缩和大型数据库的数据恢复中，SVD 也具有广泛的应用[128].

3. 各种 SVD 算法及其特点

首先来对 SVD 算法的发展作简单的回顾[129-130]：关于 SVD 算法的研究最早

可以追溯到1873年Beltrami所做的工作，这中间在理论方面进行了大量的工作，这个历史过程可以参考Stewart的文献[131].但是直到1965年Golub和Kahan才在SVD的数值计算领域取得突破性进展[132]，并且于1969年给出了比较稳定的算法[133]（以下简称传统QR迭代算法），这也是后来在LINPACK中所采用的方法[124].它的中心思想是用正交变换将原矩阵化为双对角线矩阵，然后再对双对角线矩阵迭代进行QR分解.

20世纪60年代一份没有出版的技术报告中，Kahan证明了双对角线矩阵的奇异值可以精确地计算，具有和原矩阵元素相对的精确度；进一步，1990年Demmel和Kahan给出了一种零位移的QR算法(zero-shift QR algorithm)，这种算法计算双对角矩阵的奇异值具有很高的相对精度[134]，并且由此得到的奇异向量也具有很高的精度[135].Fernando和Parlett在1994年将QD算法应用到奇异值的计算上，从而得到了一种全新的比zero-shift QR algorithm更加精确和快速的计算奇异值的算法[136-137].而Demmel和Veselic在文献[138]中则说明了用Jacobi方法与其他方法相比计算所得到的奇异值和奇异向量具有更高的精度，可惜Jacobi算法比DK算法速度要慢得多；在文献[139]中对Jacobi方法进行了改进，使得其在速度上几乎和DK算法相当.与Strassen算法类似，SVD问题也有快速的分而制之算法，文献[140-141]对其有详细的介绍，由此得到的算法在总计算量上比现有的LAPACK软件包中所采用的方法要少得多.在文献[142-143]中给出的bisection算法也可以对双对角线矩阵计算得到具有相对精度的全部奇异值.

以下就开始对各种算法原理进行详细说明，并分析它们的计算量、计算的精确度，以及所占用内存等指标.

(1) 传统QR迭代算法[91,123-124]

设$\boldsymbol{A}\in\mathbf{R}^{m\times n}(m\geqslant n)$，可知奇异值分解可从实对称矩阵$\boldsymbol{C}=\boldsymbol{A}^{\mathrm{T}}\boldsymbol{A}$的Schur分解导出[123]，因此我们自然想到先利用对称QR方法来实现$\boldsymbol{C}$的Schur分解，然后借助$\boldsymbol{C}$的Schur分解来实现$\boldsymbol{A}$的奇异值分解.然而这样做有两个缺点：一是计算$\boldsymbol{C}=\boldsymbol{A}^{\mathrm{T}}\boldsymbol{A}$有很大的计算量；二是计算$\boldsymbol{C}=\boldsymbol{A}^{\mathrm{T}}\boldsymbol{A}$会引入较大的误差.因此Golub和Kahan在1965年提出了另一种十分稳定的方法，其基本思想就是隐含地应用对称QR算法于$\boldsymbol{A}^{\mathrm{T}}\boldsymbol{A}$上，而并不需要将$\boldsymbol{C}=\boldsymbol{A}^{\mathrm{T}}\boldsymbol{A}$计算出来.

方法第一步是：将$\boldsymbol{A}$二对角化，即求正交矩阵$\boldsymbol{U}_1$和$\boldsymbol{V}_1$，使得

$$\boldsymbol{U}_1^{\mathrm{T}}\boldsymbol{A}\boldsymbol{V}_1=\begin{pmatrix}\boldsymbol{B}\\\boldsymbol{0}\end{pmatrix}\begin{matrix}n\\m-n\end{matrix},\tag{3.9}$$

其中

$$\boldsymbol{B}=\begin{pmatrix}\delta_1 & \gamma_2 & 0 & 0 & 0\\ 0 & \delta_2 & \gamma_3 & 0 & 0\\ \vdots & \vdots & \ddots & \ddots & \vdots\\ 0 & 0 & 0 & \ddots & \gamma_n\\ 0 & 0 & 0 & 0 & \delta_n\end{pmatrix}. \tag{3.10}$$

分解式(3.9)可以用 Householder 变换来实现,将 $\boldsymbol{A}$ 分块为

$$\boldsymbol{A}=(\underset{1}{\boldsymbol{v}_1}\quad \underset{n-1}{\boldsymbol{A}_1}).$$

先计算 m 阶 Householder 变换 $\boldsymbol{P}_1$ 使得

$$\boldsymbol{P}_1\boldsymbol{v}_1=\delta_1\boldsymbol{e}_1,\quad \delta_1\in\mathbf{R},\boldsymbol{e}_1\in\mathbf{R}^m,$$

并且形成

$$\boldsymbol{P}_1\boldsymbol{A}_1=\begin{pmatrix}\boldsymbol{u}_1^{\mathrm{T}}\\ \widetilde{\boldsymbol{A}}_1\end{pmatrix}\begin{matrix}1\\ m-1\end{matrix}$$

再计算 $n-1$ 阶 Householder 变换 $\widetilde{\boldsymbol{H}}_1$ 使得

$$\widetilde{\boldsymbol{H}}_1\boldsymbol{u}_1=\gamma_2\boldsymbol{e}_1,\quad \gamma_2\in\mathbf{R},\boldsymbol{e}_1\in\mathbf{R}^{n-1},$$

并形成

$$\widetilde{\boldsymbol{A}}_1\widetilde{\boldsymbol{H}}_1=(\underset{1}{\boldsymbol{v}_2}\quad \underset{n-2}{\boldsymbol{A}_2}).$$

然后对 $k=2,3,\cdots,n-2$ 依次进行:

① 计算 $m-k+1$ 阶 Householder 变换 $\widetilde{\boldsymbol{P}}_k$ 使得

$$\widetilde{\boldsymbol{P}}_k\boldsymbol{v}_k=\delta_k\boldsymbol{e}_1,\quad \delta_k\in\mathbf{R},\boldsymbol{e}_1\in\mathbf{R}^{m-k+1},$$

并且形成

$$\widetilde{\boldsymbol{P}}_k\boldsymbol{A}_k=\begin{pmatrix}\boldsymbol{u}_k^{\mathrm{T}}\\ \widetilde{\boldsymbol{A}}_k\end{pmatrix}\begin{matrix}1\\ m-1\end{matrix}.$$

② 计算 $n-k$ 阶 Householder 变换 $\widetilde{\boldsymbol{H}}_k$ 使得

$$\widetilde{\boldsymbol{H}}_k\boldsymbol{u}_k=\gamma_{k+1}\boldsymbol{e}_1,\quad \gamma_{k+1}\in\mathbf{R},\boldsymbol{e}_1\in\mathbf{R}^{n-k},$$

并形成

$$\widetilde{\boldsymbol{A}}_k\widetilde{\boldsymbol{H}}_k=(\underset{1}{\boldsymbol{v}_{k+1}}\quad \underset{n-k-1}{\boldsymbol{A}_{k+1}}).$$

进行到 $k=n-2$ 之后,再计算 $m-n+2$ 阶 Householder 变换矩阵 $\widetilde{\boldsymbol{P}}_{n-1}$ 使得

$$\widetilde{\boldsymbol{P}}_{n-1}\boldsymbol{v}_{n-1}=\delta_{n-1}\boldsymbol{e}_1,\quad \delta_{n-1}\in\mathbf{R},\boldsymbol{e}_1\in\mathbf{R}^{m-n+2},$$

并形成

$$\widetilde{\boldsymbol{P}}_{n-1}\boldsymbol{A}_{n-1}=\begin{pmatrix}\boldsymbol{\gamma}_n\\ \boldsymbol{v}_n\end{pmatrix}\begin{matrix}1\\ m-n+1\end{matrix}.$$

然后计算 $m-n+1$ 阶 Householder 变换矩阵 $\widetilde{\boldsymbol{P}}_n$ 使得

$$\widetilde{\boldsymbol{P}}_n \boldsymbol{v}_n = \delta_n \boldsymbol{e}_1,\quad \delta_n \in \mathbf{R}, \boldsymbol{e}_1 \in \mathbf{R}^{m-n+1}.$$

现令

$$\boldsymbol{P}_k = \operatorname{diag}(\boldsymbol{I}_{k-1}, \widetilde{\boldsymbol{P}}_k),\quad k = 2,\cdots,n,$$

$$\boldsymbol{H}_k = \operatorname{diag}(\boldsymbol{I}_k, \widetilde{\boldsymbol{H}}_k),\quad k = 1,2,\cdots,n-2,$$

$$\boldsymbol{U}_1 = P_1 P_2 \cdots P_n,\quad \boldsymbol{V}_1 = H_1 H_2 \cdots H_{n-2},$$

$$\boldsymbol{B} = \begin{pmatrix} \delta_1 & \gamma_2 & 0 & 0 & 0 \\ 0 & \delta_2 & \gamma_3 & 0 & 0 \\ \vdots & \vdots & \ddots & \ddots & \vdots \\ 0 & 0 & 0 & \ddots & \gamma_n \\ 0 & 0 & 0 & 0 & \delta_n \end{pmatrix},$$

则有

$$\boldsymbol{U}_1^{\mathrm{T}} \boldsymbol{A} \boldsymbol{V}_1 = \begin{pmatrix} \boldsymbol{B} \\ \boldsymbol{0} \end{pmatrix}_{m-n}^{n},$$

即实现了分解式(3.9).

将 $\boldsymbol{A}$ 二对角化以后，下一步任务就是对三对角矩阵 $\boldsymbol{T} = \boldsymbol{B}^{\mathrm{T}}\boldsymbol{B}$ 进行带 Wilkinson 位移的对称 QR 迭代，这一步也可以不通过明确地将 T 计算出来而进行.

进行 QR 迭代的第一步是取矩阵 $\boldsymbol{T} = \boldsymbol{B}^{\mathrm{T}}\boldsymbol{B}$ 的右下角 2×2 主子阵：

$$\begin{bmatrix} \delta_{n-1}^2 + \gamma_{n-1}^2 & \delta_{n-1}\gamma_n \\ \delta_{n-1}\gamma_n & \delta_n^2 + \gamma_n^2 \end{bmatrix}$$

靠近 $\delta_n^2 + \gamma_n^2$ 最近的特征值作为位移 μ，这一步不需将 $\boldsymbol{T} = \boldsymbol{B}^{\mathrm{T}}\boldsymbol{B}$ 计算出来.

第二步就是，确定 Givens 变换 $\boldsymbol{G}_1 = \boldsymbol{G}(1,2,\theta)$，其中 $c = \cos\theta$，$s = \sin\theta$ 满足

$$\begin{pmatrix} c & s \\ -s & c \end{pmatrix}^{\mathrm{T}} \begin{bmatrix} \delta_1^2 - \mu \\ \delta_1\gamma_2 \end{bmatrix} = \begin{pmatrix} c & -s \\ s & c \end{pmatrix} \begin{bmatrix} \delta_1^2 - \mu \\ \delta_1\gamma_2 \end{bmatrix} = \begin{pmatrix} \sigma \\ 0 \end{pmatrix}.$$

这里 $\delta_1^2 - \mu$ 和 $\delta_1\gamma_2$ 是 $\boldsymbol{T} - \mu\boldsymbol{I}$ 的第一列位于(1,1)和(1,2)位置的仅有的两个非零元素，这一步也不需先将 $\boldsymbol{T} = \boldsymbol{B}^{\mathrm{T}}\boldsymbol{B}$ 计算出来.

迭代的第三步就是确定正交矩阵 $\boldsymbol{Q}$ 使得 $\boldsymbol{Q}^{\mathrm{T}}(\boldsymbol{G}_1^{\mathrm{T}}\boldsymbol{T}\boldsymbol{G}_1)\boldsymbol{Q}$ 为对称三对角阵，这相当于将 $\boldsymbol{B}\boldsymbol{G}_1$ 二对角化，可以用“驱逐出境”法如下进行，取 $n = 3$ 为例：

可知 $\boldsymbol{B}\boldsymbol{G}_1$ 在(2,1)位置上出现了一个我们不希望有的非零元素，于是我们可以左乘一个(1,2)坐标平面的 Givens 变换 $\boldsymbol{J}_1$ 消去这一非零元素；但是这样又在(1,3)位置上出现了一个非零元素；因此，我们又需右乘一个(2,3)坐标平面的 Givens 变换 $\boldsymbol{G}_2$ 消去这一非零元素；这又会在(3,2)位置上出现了一个非零元素，

再左乘一个(2,3)坐标平面的 Givens 变换 $\boldsymbol{J}_2$ 消去这一非零元素.最终完成了 $n=3$ 时的 $\boldsymbol{BG}_1$ 二对角化任务.

对于一般的 n,用完全类似的方法可确定 $2n-3$ 个 Givens 变换 $\boldsymbol{J}_1,\boldsymbol{G}_2,\boldsymbol{J}_2,\boldsymbol{G}_3,\cdots,\boldsymbol{G}_{n-1},\boldsymbol{J}_{n-1}$将 $\boldsymbol{BG}_1$ 中不受欢迎的元素都驱逐出境,即使

$$\boldsymbol{J}_{n-1}\boldsymbol{J}_{n-2}\cdots\boldsymbol{J}_1(\boldsymbol{BG}_1)\boldsymbol{G}_2\cdots\boldsymbol{G}_{n-1}$$

为二对角矩阵,而且这样得到的 $\boldsymbol{G}_2\cdots\boldsymbol{G}_{n-1}$满足

$$(\boldsymbol{G}_2\cdots\boldsymbol{G}_{n-1})\boldsymbol{e}_1=\boldsymbol{e}_1.$$

这样我们就得到了计算二对角阵奇异值的最基本的 QR 迭代算法了.

为了方便,先列出如下算法.构造函数 Givens(x,y,c,s,r),当已知 x,y 的值时,计算出满足

$$\begin{pmatrix} c & s \\ -s & c \end{pmatrix}^{\mathrm{T}}\begin{pmatrix} x \\ y \end{pmatrix}=\begin{pmatrix} r \\ 0 \end{pmatrix}$$

的 c,s,r.算法如下.

算法 3.1

给定数值 x,y,本函数计算 $c=\cos\theta,s=\sin\theta$,使得$\begin{pmatrix} c & s \\ -s & c \end{pmatrix}^{\mathrm{T}}\begin{pmatrix} x \\ y \end{pmatrix}=\begin{pmatrix} r \\ 0 \end{pmatrix}$.

```
function:(c  s  r)=Givens(x,y)
  if  y=0
      c=1,s=0;
  else
    if(|y|>|x|)
      τ=-x/y;s=√(1+τ²),r=-y*s;s=1/s;c=sτ;
    else
      τ=-y/x;c=√(1+τ²),r=x*c;c=1/c;s=cτ;
    end
  end
```

并且可知每次对奇异向量的更新都相当于对奇异矩阵右乘上一个相应的 Givens 矩阵$\begin{pmatrix} c & s \\ -s & c \end{pmatrix}$,这只改变了矩阵的两列,具体操作可如下进行.

算法 3.2

Update(c,s,v_1,v_2): replace n-vectors v_1 and v_2 by $c*v_1-s*v_2$ and $s*v_1+c*v_2$

```
for i=1 to n      //这里的 n 为向量 v1,v2 的维数
    t=v1(i)
```

$v_1(i)=c*t-s*v_2(i)$

$v_2(i)=s*t+c*v_2(i)$

end for

由此可知传统 SVD 算法中完成一次 QR 迭代可如下进行.

算法 3.3

① 输入二对角矩阵 $\boldsymbol{B}$ 的对角元素 $\delta_{\underline{i}}\cdots\delta_{\bar{i}}$ 和次对角元素 $\gamma_{\underline{i}+1}\cdots\gamma_{\bar{i}}$；

//其中 $\underline{i},\bar{i}$ 分别为子矩阵 $\boldsymbol{B}$ 在总矩阵中的上、下标

② $d=[(\delta_{\bar{i}-1}^2+\gamma_{\bar{i}-1}^2)-(\delta_{\bar{i}}^2+\gamma_{\bar{i}}^2)]/2$,

$\mu=(\delta_{\bar{i}}^2+\gamma_{\bar{i}}^2)+d-\mathrm{sign}(d)\sqrt{d^2+\delta_{\bar{i}-1}^2\gamma_{\bar{i}}^2}$,

$x=\delta_{\underline{i}}^2-\mu, y=\delta_{\underline{i}}\gamma_{\underline{i}+1}, k=\underline{i}$,

$\boldsymbol{Q}=\boldsymbol{I}, \boldsymbol{P}=\boldsymbol{I}$；

③ 计算 $c=\cos\theta, s=\sin\theta$ 和 r 使得

$$(x,y)\begin{pmatrix} c & s \\ -s & c \end{pmatrix}=(r,0),$$

//可直接输入 x,y 调用算法 3.1 得到 c,s 和 r；

并且更新

$$\begin{bmatrix} x & \gamma_{k+1} \\ y & \delta_{k+1} \end{bmatrix}=\begin{bmatrix} \delta_k & \gamma_{k+1} \\ 0 & \delta_{k+1} \end{bmatrix}\begin{pmatrix} c & s \\ -s & c \end{pmatrix},$$

Update(c,s,q_k,q_{k+1}) //利用算法 3.2

//其中 q_k,q_{k+1} 分别为矩阵 $\boldsymbol{Q}$ 的第 k 和 $k+1$ 列

④ 如果 $k>\underline{i}$，则 $\gamma_k=r$；否则进行下一步.

⑤ 计算 $c=\cos\theta, s=\sin\theta$ 和 r 使得

$$\begin{pmatrix} c & s \\ -s & c \end{pmatrix}^{\mathrm{T}}\begin{pmatrix} x \\ y \end{pmatrix}=\begin{pmatrix} r \\ 0 \end{pmatrix},$$

//可直接输入 x,y 调用算法 3.1 得到 c,s 和 r；

$$\delta_k = r$$

Update(c,s,p_k,p_{k+1}) //利用算法 3.2

//其中 p_k,p_{k+1} 分别为矩阵 $\boldsymbol{P}$ 的第 k 和 $k+1$ 列

⑥ 如果 $k<\bar{i}-1$，则

$$\begin{pmatrix} x & y \\ \delta_{k+1} & \gamma_{k+2} \end{pmatrix}=\begin{pmatrix} c & s \\ -s & c \end{pmatrix}^{\mathrm{T}}\begin{bmatrix} \gamma_{k+1} & 0 \\ \delta_{k+1} & \gamma_{k+2} \end{bmatrix}$$

$k=k+1$，转到步骤(3)；

否则

$$\begin{pmatrix} \gamma_{\bar{i}} \\ \delta_{\bar{i}} \end{pmatrix} = \begin{pmatrix} c & s \\ -s & c \end{pmatrix}^{\mathrm{T}} \begin{pmatrix} \gamma_{\bar{i}} \\ \delta_{\bar{i}} \end{pmatrix}$$

迭代结束.

上述算法的导出是在 $\boldsymbol{T}=\boldsymbol{B}^{\mathrm{T}}\boldsymbol{B}$ 不可约的条件下进行的.从 $\boldsymbol{T}=\boldsymbol{B}^{\mathrm{T}}\boldsymbol{B}$ 容易推出,$\boldsymbol{T}$ 不可约的充分必要条件是 δ_i 和 γ_i(除 δ_n 外)都不为零,而当某个 $\gamma_i=0$ 时,$\boldsymbol{B}$ 具有形状

$$\boldsymbol{B} = \begin{pmatrix} B_1 & \boldsymbol{0} \\ \boldsymbol{0} & B_2 \end{pmatrix}.$$

因此,可将 $\boldsymbol{B}$ 的奇异值分解问题分解为两个低阶二对角阵的奇异值分解问题;而当某个 $\delta_i=0$ 时,我们可以给 $\boldsymbol{B}$ 依次左乘$(i,i+1)$,$(i,i+2)$,…,(i,n)坐标平面内适当选取的 Givens 变换使 $\boldsymbol{B}$ 变为第 i 行全为零的二对角阵.因此,此种情形亦可约化为两个低阶二对角阵的奇异值分解问题.

在实际计算时,当 δ_i 或 γ_j 很小时,就可将 $\boldsymbol{B}$ 分解为两个低阶二对角阵的奇异值分解问题.通常使用的准则是:当

$$|\delta_i| \leqslant \varepsilon \|\boldsymbol{B}\|_\infty \quad \text{或} \quad |\gamma_j| \leqslant \varepsilon(|\delta_j|+|\delta_{j-1}|)$$

时,就将 δ_i 或 γ_j 视作零,这里 ε 是一个略大于机器精度的正数.

综合上面的讨论,就可得到传统的计算奇异值分解的算法如下.

算法 3.4 (传统的 SVD 算法)

① 输入 $\boldsymbol{A}\in\mathbf{R}^{m\times n}(m\geqslant n)$及允许误差 ε.

② 二对角化:计算 Householder 变换 $P_1,\cdots,P_n,H_1,\cdots,H_{n-2}$使得

$$(P_1\cdots P_n)^{\mathrm{T}}\boldsymbol{A}(H_1\cdots H_{n-2}) = \begin{pmatrix} \boldsymbol{B} \\ \boldsymbol{0} \end{pmatrix} \begin{matrix} n \\ m-n \end{matrix},$$

其中

$$\boldsymbol{B} = \begin{pmatrix} \delta_1 & \gamma_2 & & \boldsymbol{0} \\ & \ddots & \ddots & \\ & & \ddots & \gamma_n \\ 0 & & & \delta_n \end{pmatrix};$$

$$\boldsymbol{U} := P_1P_2\cdots P_n, \quad V := H_1H_2\cdots H_{n-2}.$$

③ 收敛性检验:

ⅰ. 将所有满足

$$|\gamma_j| \leqslant \varepsilon(|\delta_j|+|\delta_{j-1}|)$$

的 j 置零;

ⅱ. 如果 $\gamma_j=0$ $(j=2,\cdots,n)$,则输出有关信息结束;否则,$\gamma_1:=0$,确定正整数 $p<q$,使得

$$\gamma_p = \gamma_{q+1} = \cdots = \gamma_n = 0, \quad \gamma_j \neq 0, p < j \leqslant q;$$

ⅲ. 如果存在 i 满足 $p \leqslant i \leqslant q-1$ 使得

$$|\delta_i| \leqslant \varepsilon \|\boldsymbol{B}\|_\infty,$$

则 $\delta_i := 0, x := \gamma_{i+1}, y := \delta_{i+1}, \gamma_{i+1} := 0, l := 1$,转到步骤ⅳ,否则转到步骤④.

ⅳ. 确定 $c = \cos\theta, s = \sin\theta$ 和 σ 使

$$\begin{pmatrix} c & s \\ -s & c \end{pmatrix}\begin{pmatrix} x \\ y \end{pmatrix} = \begin{pmatrix} 0 \\ \sigma \end{pmatrix},$$

//这也相对于 $\begin{pmatrix} c & s \\ -s & c \end{pmatrix}^{\mathrm{T}}\begin{pmatrix} y \\ x \end{pmatrix} = \begin{pmatrix} \sigma \\ 0 \end{pmatrix}$,所以可以直接调用算法 3.1 得到

$$\delta_{i+l} := \sigma, \quad \boldsymbol{U} := \boldsymbol{UG}(i, i+l, \theta)^{\mathrm{T}};$$

//这相当于 $\boldsymbol{U}(1:n; i, i+l) = \boldsymbol{U}(1:n; i, i+l)\begin{pmatrix} c & s \\ -s & c \end{pmatrix}^{\mathrm{T}} = \boldsymbol{U}(1:n; i, i+l)$

$\cdot \begin{pmatrix} c & -s \\ s & c \end{pmatrix}$;

ⅴ. 如果 $l < q - i$,则

$$x := s\gamma_{i+l+1}, \quad \gamma_{i+l+1} := c\gamma_{i+l+1}, \quad y := \delta_{i+l+1}, \quad l := l+1,$$

转到步骤ⅳ,否则转到步骤ⅰ.

④ SVD 迭代:应用算法 3.3 于二对角阵

$$\boldsymbol{B}_1 = \begin{pmatrix} \delta_p & \gamma_{p+1} & & & 0 \\ & \delta_{p+1} & \gamma_{p+2} & & \\ & & \ddots & \ddots & \\ & & & \ddots & \gamma_q \\ 0 & & & & \delta_q \end{pmatrix},$$

得

$$\boldsymbol{B}_1 := \boldsymbol{P}^{\mathrm{T}}\boldsymbol{B}_1\boldsymbol{Q},$$

$$\boldsymbol{U} := \boldsymbol{U}\mathrm{diag}(\boldsymbol{I}_p, \boldsymbol{P}, \boldsymbol{I}_{n-p-q}), \quad \boldsymbol{V} := \boldsymbol{V}\mathrm{diag}(\boldsymbol{I}_p, \boldsymbol{Q}, \boldsymbol{I}_{n-p-q}).$$

然后转到步骤③.

这一算法可计算任意一个 $m \times n$ 实矩阵 $\boldsymbol{A}$ 的奇异值分解:$\boldsymbol{A} = \boldsymbol{U\Sigma V}^{\mathrm{T}}$. 如果用 $\hat{\boldsymbol{U}}, \hat{\boldsymbol{V}}$ 和 $\hat{\boldsymbol{\Sigma}}$ 分别表示 $\boldsymbol{U}, \boldsymbol{V}$ 和 $\boldsymbol{\Sigma}$ 的计算值,则误差分析的结果表明:

$$\hat{\boldsymbol{U}} = \boldsymbol{W} + \Delta\boldsymbol{U}, \quad \text{其中 } \boldsymbol{W}^{\mathrm{T}}\boldsymbol{W} = \boldsymbol{I}_m, \|\Delta\boldsymbol{U}\|_2 \leqslant \varepsilon;$$

$$\hat{\boldsymbol{V}} = \boldsymbol{Z} + \Delta\boldsymbol{V}, \quad \text{其中 } \boldsymbol{Z}^{\mathrm{T}}\boldsymbol{Z} = \boldsymbol{I}_n, \|\Delta\boldsymbol{V}\|_2 \leqslant \varepsilon;$$

$$\hat{\boldsymbol{\Sigma}} = \boldsymbol{W}^{\mathrm{T}}(\boldsymbol{A} + \Delta\boldsymbol{A})\boldsymbol{Z}, \quad \text{其中 } \|\Delta\boldsymbol{A}\|_2 \leqslant \|\boldsymbol{A}\|_2\varepsilon.$$

这里 ε 为略大于机器精度的一个数. 由此可见,这一算法有相当好的数值稳定性;再加上奇异值对扰动的不敏感性,即知利用这一算法可求得相当精确的奇异值,其

计算值和真实值之间的误差不大于 $\varphi(n,p)\|\boldsymbol{A}\|_2\varepsilon$，而因为$\|\boldsymbol{A}\|_2=\sigma_1$，所以较大的奇异值具有较高的相对精度，而越小的奇异值所具有的相对精度也越低，当奇异值大小和 $\sigma_1\varepsilon$ 接近时几乎完全失去精确度.

因为算法中涉及迭代，所以去求算法所需要的准确的运算量是不可能的，但是根据每一次循环所需要的计算量以及实际的试验测试还是可以得到运算复杂度的.虽然算法中出现了迭代，但是由于它是呈 3 次方快速收敛的[91]，所以本算法的复杂度并不高，只有 $O(n^3)$[134]，文献[144]当中给出了前面系数的大概估计为 20，也就是算法的复杂度为 $20n^3$.

关于算法 3.3，算法 3.4，在文献[91]中也给出了另外一种风格的伪代码，文献[124，145-146]都有完整的原代码.

(2) 传统 QR 迭代算法和零位移的 QR 迭代算法组合成的混合算法[134]

从传统方法的数值稳定性的分析中可以看出，有必要引进具有更高精度的数值方法，所以在文献[134]中引进了一种求二对角矩阵的奇异值的方法，此方法对每一个奇异值都具有较高的相对精度，具体如下所述.

假定我们已经求出上述传统方法中的二对角矩阵 $\boldsymbol{B}$，与一般的带位移的 QR 迭代法不同的是我们这里选取 $\mu=0$；所不同的还有，刚开始我们选取一个 Givens 变换矩阵将矩阵 $\boldsymbol{B}$ 的(1，2)位置上的元素 b_{12} 消零，而不是像传统方法引入一个非零元素 b_{21}.

以 $n=4$ 时为例，具体如下：

先右乘 Givens 变换矩阵 $\boldsymbol{J}_1$ 将矩阵 $\boldsymbol{B}$ 的(1，2)位置上的元素 b_{12} 消零：

$$\boldsymbol{B}^{(1)}=\boldsymbol{B}\boldsymbol{J}_1=\begin{pmatrix} b_{11}^{(1)} & 0 & 0 & 0 \\ b_{21}^{(1)} & b_{22}^{(1)} & b_{23} & 0 \\ 0 & 0 & b_{33} & b_{34} \\ 0 & 0 & 0 & b_{44} \end{pmatrix},$$

然后左乘 Givens 变换矩阵 $\boldsymbol{J}_2$ 将矩阵元素 b_{21} 消零：

$$\boldsymbol{B}^{(2)}=\boldsymbol{J}_2\boldsymbol{B}\boldsymbol{J}_1=\begin{pmatrix} b_{11}^{(2)} & b_{12}^{(2)} & b_{13}^{(2)} & 0 \\ 0 & b_{22}^{(2)} & b_{23}^{(2)} & 0 \\ 0 & 0 & b_{33} & b_{34} \\ 0 & 0 & 0 & b_{44} \end{pmatrix}.$$

注意到

$$\begin{pmatrix} b_{12}^{(2)} & b_{13}^{(2)} \\ b_{22}^{(2)} & b_{23}^{(2)} \end{pmatrix}=\begin{pmatrix} \sin\theta_2\, b_{22}^{(1)} & \sin\theta_2\, b_{23} \\ \cos\theta_2\, b_{22}^{(1)} & \cos\theta_2\, b_{23} \end{pmatrix}$$

是秩为 1 的矩阵，所以右乘 Givens 变换矩阵 $\boldsymbol{J}_3$ 将矩阵 $\boldsymbol{B}$ 的(1，3)位置上的元素 $b_{13}^{(2)}$ 消零时(2，3)位置上的元素 $b_{23}^{(2)}$ 也被消零了：

$$
\boldsymbol{B}^{(3)} = \boldsymbol{J}_2\boldsymbol{B}\boldsymbol{J}_1\boldsymbol{J}_3 = \begin{pmatrix} b_{11}^{(2)} & b_{12}^{(3)} & 0 & 0 \\ 0 & b_{22}^{(3)} & 0 & 0 \\ 0 & b_{32}^{(3)} & b_{33}^{(3)} & b_{34} \\ 0 & 0 & 0 & b_{44} \end{pmatrix},
$$

然后继续左乘 Givens 变换矩阵 $\boldsymbol{J}_4$ 将矩阵元素 $b_{32}^{(3)}$ 消零：

$$
\boldsymbol{B}^{(4)} = \boldsymbol{J}_4\boldsymbol{J}_2\boldsymbol{B}\boldsymbol{J}_1\boldsymbol{J}_3 = \begin{pmatrix} b_{11}^{(2)} & b_{12}^{(3)} & 0 & 0 \\ 0 & b_{22}^{(4)} & b_{23}^{(4)} & b_{24}^{(4)} \\ 0 & 0 & b_{33}^{(4)} & b_{34}^{(4)} \\ 0 & 0 & 0 & b_{44} \end{pmatrix}.
$$

按同样的道理构造 $\boldsymbol{J}_5,\boldsymbol{J}_6$，最终可以将重新变换回二对角矩阵，从而完成一次迭代.

由上面的例子，并且利用算法 3.1，可知：假如已知 $\boldsymbol{B}$ 为 n 阶的二对角矩阵，对角元素为 $\delta_1,\cdots,\delta_n$，非对角元素为 $\gamma_2,\cdots,\gamma_n$；则经过一次零位移的 QR 迭代以后的 $\delta_1,\cdots,\delta_n$ 和 $\gamma_2,\cdots,\gamma_n$ 可由如下算法给出.

算法 3.5

```
oldc = 1
x = δ_i̲
y = γ_{i̲+1}
for i = i̲, ī − 1                          //这里 i̲, ī 为子矩阵在总矩阵中的上下标
   call (c, s, r) = Givens(x, y)          //调用算法 3.1
   Update(c, s, v_i, v_{i+1})             //利用算法 3.2
                                    //其中 v_i, v_{i+1} 分别为矩阵 V 的第 i 和 i+1 列
   if(i ≠ i̲) γ_i = olds * r
   x = oldc * r
   y = − δ_{i+1} * s
   h = δ_{i+1} * c
   call (c, s, r) = Givens(x, y)          //调用算法 3.1
   Update(c, s, u_i, u_{i+1})             //利用算法 3.2
                                    //其中 u_i, u_{i+1} 分别为矩阵 U 的第 i 和 i+1 列
   δ_i = r
   x = h
   if(i ≠ ī − 1) y = γ_{i+2}
   oldc = c
   olds = s
end for
```

$\gamma_{\bar{i}} = -h * s$

$\delta_{\bar{i}} = h * c$

文献[134]中还给出了随着迭代的进行而最终累积的误差所满足的两个定理：

定理 3.2 假设 $\boldsymbol{B}$ 是 n 阶的二对角矩阵，$\boldsymbol{B}'$ 是对 $\boldsymbol{B}$ 进行一次零位移的 QR 迭代后得到的矩阵，$\sigma_1 \geqslant \cdots \geqslant \sigma_n$ 是原矩阵的准确的奇异值，而 $\sigma_1' \geqslant \cdots \geqslant \sigma_n'$ 是矩阵 $\boldsymbol{B}'$ 的奇异值；则当以下不等式成立时：

$$\omega \equiv 69n^2\varepsilon < 1,$$

则有以下式子满足：

$$|\sigma_i - \sigma_i'| \leqslant \frac{\omega}{1-\omega}\sigma_i.$$

由此可知用零位移 QR 迭代 k 次以后得到的矩阵 $\boldsymbol{B}_k$，其奇异值 $\sigma_{k1} \geqslant \cdots \geqslant \sigma_{kn}$，有以下式子满足：

$$|\sigma_i - \sigma_{ki}| \leqslant \left[\frac{1}{(1-\omega)^k} - 1\right]\sigma_i \approx 69kn^2\varepsilon\sigma_i, \quad \text{当 } k\omega \ll 1 \text{ 时，可取近似式.}$$

定理 3.3 假设 $\boldsymbol{B}$ 是 n 阶的二对角矩阵，$\boldsymbol{B}'$ 是对 $\boldsymbol{B}$ 进行一次零位移的 QR 迭代后得到的矩阵，$\sigma_1 \geqslant \cdots \geqslant \sigma_n$ 是原矩阵的准确的奇异值，而 $\sigma_1' \geqslant \cdots \geqslant \sigma_n'$ 是矩阵 $\boldsymbol{B}'$ 的奇异值，并且 Givens 变换时的旋转角 θ 都满足 $\sin^2\theta \leqslant \tau < 1$，则当以下不等式成立时：

$$\omega \equiv \frac{88n\varepsilon}{(1-\tau)^2} < 1,$$

则有以下式子满足：

$$|\sigma_i - \sigma_i'| \leqslant \frac{\omega}{1-\omega}\sigma_i.$$

由此可知用零位移 QR 迭代 k 次以后得到的矩阵 $\boldsymbol{B}_k$，其奇异值 $\sigma_{k1} \geqslant \cdots \geqslant \sigma_{kn}$，有以下式子满足：

$$|\sigma_i - \sigma_{ki}| \leqslant \left[\frac{1}{(1-\omega)^k} - 1\right]\sigma_i \approx \frac{88kn\varepsilon}{(1-\tau)^2}\sigma_i, \quad \text{当 } k\omega \ll 1 \text{ 时，可取近似式.}$$

而可知 τ 的值在算法计算的过程中可以很容易地检测.

文献[134]中还分析了传统 QR 迭代算法不能得到满足精度的三个原因，首要的一条是判断收敛的依据.

假设已知 $\boldsymbol{B}$ 为 n 阶的二对角矩阵，对角元素为 $\delta_1, \cdots, \delta_n$，非对角元素为 $\gamma_2, \cdots, \gamma_n$；在软件包 LINPACK 中用到的判断对角元素为零的依据是

$$\begin{aligned} &\text{if}(|\gamma_{i+1}| + |\gamma_i| + |\delta_i| = |\gamma_{i+1}| + |\gamma_i|), \\ &\text{then} \\ &\quad \delta_i = 0 \end{aligned} \tag{3.11}$$

这相对于当 $|\delta_i| < 0.5\varepsilon(|\gamma_{i+1}| + |\gamma_i|)$，就设 $\delta_i = 0$，好处是不用知道机器精度 ε.

另外一个依据是

$$\begin{aligned}&\text{if}(|\delta_i| + |\delta_{i-1}| + |\gamma_i| = |\delta_i| + |\delta_{i-1}|),\\&\text{then}\\&\quad\gamma_i = 0\end{aligned}\tag{3.12}$$

分析知判断依据式(3.11)可能会在没有 0 奇异值的情况下引入一个 0 奇异值，所以显然不可取；而再来看判断依据式(3.12)，不妨取如下例子，η 足够小，以致浮点运算中 $1+\eta=1$；考虑矩阵

$$\boldsymbol{B}(x) = \begin{pmatrix}\eta^2 & 1 & & \\ & 1 & x & \\ & & 1 & 1\\ & & & \eta^2\end{pmatrix},$$

当 $x=\eta$ 时，容易验证最小的奇异值约为 η^3；但是用判断依据式(3.12)，则会将 x 设为 0，而 $\boldsymbol{B}(0)$的最小奇异值约为 $\eta^2/\sqrt{2}$.

所以新的收敛判断依据必须要确保，当把 γ_i 设为 0 时，不会引起奇异值的大波动；同时严格来说我们不能把一个非 0 的 δ_i 设为 0. 我们令 $\underline{\sigma}$表示最小奇异值的可靠的下界估计，其值可如下迭代计算.

算法 3.6

$\lambda_n = |\delta_n|$

for $j = n-1$ to 1 step-1 do

$$\lambda_j = |\delta_j|\left(\frac{\lambda_{j+1}}{\lambda_{j+1} + |\gamma_{j+1}|}\right)$$

$$\mu_1 = |\delta_1|$$

for $j=1$ to $n-1$ step 1 do

$$\mu_{j+1} = |\delta_{j+1}|\left(\frac{\mu_j}{\mu_j + |\gamma_{j+1}|}\right)$$

Then $B_\infty^{-1-1} = \min\limits_j \lambda_j$；$B_1^{-1-1} = \min\limits_j \mu_j$

$\underline{\sigma} = \min\{B_\infty^{-1-1}, B_1^{-1-1}\}$

文献[134]证明了 $\underline{\sigma} \leqslant \sigma_{\min}(\boldsymbol{B}) \leqslant n^{1/2}\underline{\sigma}$，从中可以看出最简单可取的收敛判据是当 γ_i 小于 $tol * \underline{\sigma}$ 时（tol 是相对误差容许限），将它设为 0. 但这是一个过于保守的估计，耗时太久，所以一般取以下更实用的收敛判断依据：

Conergence Criterion 1a

假定 μ_j 是由算法 3.6 计算得到的，则当 $|\gamma_j/\mu_{j-1}|\leqslant tol$ 时，把 γ_j 设置为 0 时.

Conergence Criterion 1b

假定 λ_j 是由算法 3.6 计算得到的，则当 $|\gamma_j/\lambda_j|\leqslant tol$ 时，把 γ_j 设置为 0 时.

Conergence Criterion 2a

假定 μ_j 是由算法 3.6 计算得到的，当不需要求奇异向量时，则当

$$\gamma_n^2\leqslant 0.5*tol*[(\min_{j<n}\mu_j/(n-1)^{1/2})^2-|\delta_n|^2]$$

时，把 γ_n 设置为 0 时.

Conergence Criterion 2b

假定 λ_j 是由算法 3.6 计算得到的，当不需要求奇异向量时，则当

$$\gamma_2^2\leqslant 0.5*tol*[(\min_{j>1}\lambda_j/(n-1)^{1/2})^2-|\delta_1|^2]$$

时，把 γ_2 设置为 0 时.

既然是混合算法，那么就要有一个依据来判断什么时候采用什么算法比较有优势，令 $\bar{\sigma}=\max_i(|\delta_i|,|\gamma_i|)$，现在就来给出这个选择算法的判断依据：

```
if(fudge * tol * (σ/σ̄)≤ε)          采用零位移 QR 迭代法
else                                采用传统的位移 QR 迭代法
end if
```

这个判据的依据是：判断传统的位移 QR 迭代法所引起的误差上限 $\varepsilon\bar{\sigma}$ 是否超过了最大所能容许的误差 $tol*\underline{\sigma}$；而一般取因子 $fudge>1$，这是为了在奇异值过于集中时，而少采用零位移的 QR 迭代法，一般来说取 $fudge=\min\{n,m\}$.

实际的应用中，当上面判据已经决定采用传统的位移 QR 迭代法，还要经过进一步判断以确认是否回到采用零位移 QR 迭代法的路上. 具体原因如下：当计算得到所要采取的位移平方 σ^2，知道 Givens 变换的旋转角的 tangent 值为

$$\tan\theta=\frac{\delta_1*\gamma_2}{\sigma^2-\delta_1^2}=\frac{\gamma_2}{\delta_1}\left(\frac{\sigma^2}{\delta_1^2}-1\right)^{-1},$$

所以当 $\frac{\sigma^2}{\delta_1^2}-1\approx-1$ 时，这个旋转和零位移 QR 迭代法中的 Givens 旋转变换很接近，而因为此时零位移 QR 迭代法更快、更精确，所以我们将采用零位移 QR 迭代法.

此处，tol 是一个用户可选择的 $\varepsilon\leqslant tol\leqslant 1$ 的数，当接近于 1 的时候，几乎都采用传统的位移 QR 迭代法，这时计算得到的奇异值只有绝对精度；而当接近于 ε 时，则几乎都采用零位移 QR 迭代法，这将使算法失去立方收敛速度，而降低效率.

接着要考虑的是向下越界(Underflow)，当从 γ_n 中减去一个数以使得它逼近 0

时，有可能造成向下越界(Underflow). 为防止向下越界，可以把 $|\gamma_j|$ 和 $maxit * \lambda$ 相比较，当 $|\gamma_j|$ 小于 $maxit * \lambda$ 时就认为收敛；其中 $maxit$ 是内部 QR 法最大可能出现的迭代次数，而 λ 是向下越界限(即机器可识别的最小正数)；这也就是说当矩阵具有接近或小于 λ 的奇异值时，算法将失效.

综上，已经完成了构造新算法的所有理论准备，但是具体的程序中还有很多的细节值得研究和考虑，以下一一说明，更详细的说明可参见文献[134]：

① "从上往下"还是"从下往上"开始进行"驱逐出境"运算：

因为零位移的 QR 迭代法是按小的奇异值到大的奇异值的次序逐个收敛的，所以矩阵的元素如果是左上角大于右下角，按前面所讲的"从上往下"开始进行"驱逐出境"时，收敛将会是快速的；而反之，矩阵的元素如果是左上角小于右下角，选择"从下往上"开始进行"驱逐出境"更快. 为了简单起见，算法中只是按着比较 $|s_1|$ 和 $|s_n|$ 的大小来判断方向的；而当矩阵分成很多子矩阵时，每一个子矩阵都有自己的方向.

首先来给出传统方法的 Upward 算法如下：

算法 3.3b

ⅰ. 输入二对角矩阵 $\boldsymbol{B}$ 的对角元素 $\delta_{\underline{i}}\cdots\delta_{\bar{i}}$ 和次对角元素 $\gamma_{\underline{i}+1}\cdots\gamma_{\bar{i}}$；

//其中 $\underline{i}, \bar{i}$ 分别为子矩阵 $\boldsymbol{B}$ 左上角元素和右下角元素在总矩阵中的标号

ⅱ. $d = [(\delta_{\underline{i}+1}^2 + \gamma_{\underline{i}+2}^2) - (\delta_{\underline{i}}^2 + \gamma_{\underline{i}+1}^2)]/2$,

$\mu = (\delta_{\underline{i}}^2 + \gamma_{\underline{i}+1}^2) + d - \mathrm{sign}(d)\sqrt{d^2 + \delta_{\underline{i}+1}^2\gamma_{\underline{i}+1}^2}$,

$x = \delta_{\bar{i}}^2 - \mu, y = \delta_{\bar{i}-1}\gamma_{\bar{i}}, k = \bar{i}$,

$\boldsymbol{Q} = \boldsymbol{I}, \boldsymbol{P} = \boldsymbol{I}$;

ⅲ. 计算 $c = \cos\theta, s = \sin\theta$ 和 σ 使得

$$\begin{pmatrix} c & s \\ -s & c \end{pmatrix}^{\mathrm{T}} \begin{pmatrix} x \\ y \end{pmatrix} = \begin{pmatrix} \sigma \\ 0 \end{pmatrix},$$

如果 $k < \bar{i}$，则 $\gamma_{k+1} = \sigma$；

更新：

$$\begin{pmatrix} x & y \\ \gamma_k & \delta_{k-1} \end{pmatrix} = \begin{pmatrix} c & s \\ -s & c \end{pmatrix}^{\mathrm{T}} \begin{bmatrix} \delta_k & 0 \\ \gamma_k & \delta_{k-1} \end{bmatrix}.$$

Update(c, s, p_k, p_{k-1})　//利用算法 3.2

//其中 p_k, p_{k-1} 分别为矩阵 $\boldsymbol{P}$ 的第 k 和 $k-1$ 列

ⅳ. 计算 $c = \cos\theta, s = \sin\theta$ 和 σ 使得

$$(x \quad y)\begin{pmatrix} c & s \\ -s & c \end{pmatrix} = (\sigma \quad 0),$$

$$\delta_k = \sigma$$

Update(c, s, q_k, q_{k-1}) //利用算法 3.2

//其中 q_k, q_{k-1}分别为矩阵 $\boldsymbol{Q}$ 的第 k 和 $k-1$ 列

ⅴ. 如果 $k > \underline{i}+1$,则

$$\begin{bmatrix} x & \delta_{k-1} \\ y & \gamma_{k-1} \end{bmatrix} = \begin{bmatrix} \gamma_k & \delta_{k-1} \\ 0 & \gamma_{k-1} \end{bmatrix} \begin{pmatrix} c & s \\ -s & c \end{pmatrix},$$

$k = k-1$,转到步骤ⅲ;

否则

$$(\gamma_{\underline{i}+1} \quad \delta_{\underline{i}}) = (\gamma_{\underline{i}+1} \quad \delta_{\underline{i}}) \begin{pmatrix} c & s \\ -s & c \end{pmatrix}.$$

迭代结束.

接着再给出零位移 QR 迭代算法的 Upward 算法如下.

算法 3.5b

$oldc = 1$

$x = \delta_{\bar{i}}$

$y = \gamma_{\bar{i}}$

for $i = \bar{i} : -1 : (\underline{i}+1)$

call $(c, s, r) = \text{Givens}(x, y)$ //调用算法 3.1

Update(c, s, u_i, u_{i-1}) //利用算法 3.2

//其中 u_i, u_{i-1}分别为矩阵 $\boldsymbol{U}$ 的第 i 和 $i-1$ 列

if($i \neq \bar{i}$) $\gamma_{i+1} = -olds * r$

$x = oldc * r$

$y = -\delta_{i-1} * s$

$h = \delta_{i-1} * c$

$oldc = c$

$olds = s$

call $(c, s, r) = \text{Givens}(x, y)$

Update(c, s, v_i, v_{i-1}) //利用算法 3.2

//其中 v_i, v_{i-1}分别为矩阵 $\boldsymbol{V}$ 的第 i 和 $i-1$ 列

$\delta_i = r$

$x = h$

if($i \neq \underline{i}+1$) $y = \gamma_{i-1}$

end for

$\gamma_{\underline{i}+1} = -h * s$

$\delta_{\underline{i}} = h * c$

② 应用收敛判据.

在前面已经给出了四个收敛判据，因为应用收敛判据需要很多额外的运算量，所以尽量只当可能收敛时才利用收敛判据；从经验观察可知，当“从上往下”开始进行“驱逐出境”时，一般最底层的元素 δ_n 趋向于收敛到最小的奇异值，而且 γ_n 比其他非对角元素更快地趋于 0；所以当应用“从上往下”“驱逐出境”时，一般采用 Criterion 1a，Criterion 2a 以及对最下角元素 γ_n 用 Criterion 1b；反之，当应用“从下往上”“驱逐出境”时，一般采用 Criterion 1b，Criterion 2b 以及对最上角元素 γ_2 用 Criterion 1a.

③ 当碰到 δ_i 或 γ_i 为零时的处理方法与本节中前述的传统 QR 迭代的 SVD 算法中的处理方法相同.

④ 当二对角矩阵收敛出现 2×2 的子矩阵时，直接计算，具体算法如下.

算法 3.7

令 $\boldsymbol{G}$ 是上对角的 2×2 矩阵，元素为 $\boldsymbol{G}=\begin{pmatrix} g_{11} & g_{12} \\ 0 & g_{22} \end{pmatrix}$，在大矩阵 $\boldsymbol{B}$ 中的位置是 $i, i+1$.

//以下进行右奇异向量的计算

/* compute $\begin{pmatrix} a & c \\ c & b \end{pmatrix} = \boldsymbol{G}^{\mathrm{T}}\boldsymbol{G}$ */

$a = g_{11}^2$

$b = g_{12}^2 + g_{22}^2$

$c = g_{11} * g_{12}$

/* compute the Jacobi rotation which diagonalizes $\begin{pmatrix} a & c \\ c & b \end{pmatrix}$ */

$\zeta = (b-a)/(2c)$

$t = \mathrm{sign}(\zeta)/(|\zeta| + \sqrt{1+\zeta^2})$

$cs = 1/\sqrt{1+t^2}$

$sn = cs * t$

/* update columns i and $i+1$ of $\boldsymbol{B}$ */

for $k = i$ to $i+1$

  $tmp = B_{ki}$

  $B_{ki} = cs * tmp - sn * B_{k,i+1}$

  $B_{k,i+1} = sn * tmp + cs * G_{k,i+1}$

end for

/* update the matrix $\boldsymbol{V}$ of right singular vectors */

for $k=1$ to n

$tmp = V_{ki}$

$V_{ki} = cs * tmp - sn * V_{k,i+1}$

$V_{k,i+1} = sn * tmp + cs * V_{k,i+1}$

end for

//以下进行左奇异向量的计算

$\alpha = \sqrt{B_{ii}^2 + B_{i+1,i}^2}$

$\beta = \sqrt{B_{i,i+1}^2 + B_{i+1,i+1}^2}$

$c1 = B_{ii}/\alpha$；$c2 = B_{i+1,i+1}/\beta$

$s1 = B_{i+1,i}/\alpha$；$s2 = B_{i,i+1}/\beta$

/* update rows i and $i+1$ of $\boldsymbol{B}$ */

for $k=i$ to $i+1$

$tmp = B_{ik}$

$B_{ik} = c1 * tmp + s1 * B_{i+1,k}$

$B_{i+1,k} = s2 * tmp + c2 * G_{i+1,k}$

end for

/* update the matrix $\boldsymbol{U}$ of right singular vectors */

for $k=1$ to n

$tmp = U_{ki}$

$U_{ki} = c1 * tmp + s1 * U_{k,i+1}$

$U_{k,i+1} = s2 * tmp + c2 * U_{k,i+1}$

end for

以上为所有的准备工作，在文献[134]中给出了完整的算法描述，在它的基础上略作修改说明，给出完整的算法描述如下.

算法 3.8

ε = machine precision

λ = underflow threshold (smallest positive normalized number)

n = dimension of the matrix

tol = relative error tolerance (currently 100ε)

$maxit$ = maximum number of QR inner loops (currently $3n^2$)

初始化 $\boldsymbol{U}, \boldsymbol{V}$

//当直接对二对角矩阵应用此算法则直接设 $\boldsymbol{U}=\boldsymbol{I}, \boldsymbol{V}=\boldsymbol{I}$

//当对一般矩阵二对角化以后才利用此算法则设

//$\boldsymbol{U} := P_1 P_2 \cdots P_n, \boldsymbol{V} := H_1 H_2 \cdots H_{n-2}$.

Bidiagonal Singular Value Decomposition

Compute $\underline{\sigma} \leqslant \sigma_{\min}(\boldsymbol{B})$　　//利用算法3.6

$\bar{\sigma} = \max(|\delta_i|, |\gamma_i|)$

thresh $= \max(tol \cdot \underline{\sigma}, \max it \cdot \lambda)$

/* any γ_i less than *thresh* in magnitude may be set to zero */

Loop:

/* Find bottommost nonscalar unreduced block diagonal submatrix of **B** */

let $\bar{i}$ be the smallest i such that $|\gamma_{i+1}|$ through $|\gamma_n|$ are at most *thresh*, or n if no such i exists

if $\bar{i} = 1$, goto Done

let i' be the largest i less than $\bar{i}$ such that $|\gamma_{i+1}| \leqslant$ *thresh*, or 0 if no such i exists

$\underline{i} = i' + 1$

/* Apply algorithm to unreduced block diagonal submatrix from $\underline{i}$ to $\bar{i}$ */

if $\bar{i} = \underline{i} + 1$, then

/* 2 by 2 submatrix, handle specially */

Compute SVD of 2 by 2 submatrix, setting $\gamma_{\underline{i}+1}$ to 0

//利用算法3.7

goto Loop

end if

if submatrix from $\underline{i}$ to $\bar{i}$ disjoint from submatrix of last past through Loop, then

/* Choose bulge cha*sin*g direction */

if $|\delta_{\underline{i}}| \geqslant |\delta_{\bar{i}}|$, then

direction = "down"

else

direction = "up"

end if

end if

/* Apply convergence criteria */

if direction = "down", then

Apply convergence criterion 1b to $\gamma_{\bar{i}}$

```
  Apply convergence criterion 1a
else
  Apply convergence criterion 1a to γ_{i̲+1}
  Apply convergence criterion 1b
end if
/* Compute shift */
if fudge * tol * σ̲/σ̄ ≤ ε, then
  /* Use zero shift because tiny singular values present */
  shift = 0
else
  if direction = "down", then
    s = δ_ī
    shift = smallest singular value of bottom 2 by 2 corner
  else
    s = δ_i̲
    shift = smallest singular value of bottom 2 by 2 corner
  end if
  if (shift/s)^2 ≤ eps, then
    /* Use zero shift, since shift rounds to 0 */
    shift = 0
  end if
end if
/* Perform QR iteration */
if shift = 0, then
  if direction = "down", then
    do implicit zero-shift QR downward
    //上述语句传入参数i̲,ī 调用算法3.5
    if |γ_ī| ≤ thresh, set γ_ī = 0
  else
    do implicit zero-shift QR upward
    //上述语句传入参数i̲,ī 调用算法3.5b
    if |γ_{i̲+1}| ≤ thresh, set γ_{i̲+1} = 0
  end if
else
```

```
    if direction = "down", then
      do standard shifted QR downward
      //上述语句传入参数i̲, ī 调用算法 3.3
      if |γ_ī| ≤ thresh, set γ_ī = 0
    else
      do standard shifted QR upward
      //上述语句传入参数i̲, ī 调用算法 3.3b
      if |γ_{i̲+1}| ≤ thresh, set γ_{i̲+1} = 0
    end if
  end if
  goto Loop
Done: sort singular values      //对特征值和特征向量进行排序
```

在文献[135]中对这一算法进行了比较形象的分析，简单地说这一算法是一种传统带位移的 QR 迭代算法和零位移 QR 迭代算法的混合算法．当矩阵"条件良好"时（σ_n 和 σ_1 相差不多时）采用传统带位移的 QR 迭代算法，反之采用零位移 QR 迭代算法；零位移 QR 迭代算法非常精确，但是当矩阵"条件良好"时，收敛却非常慢，幸运的是传统带位移的 QR 迭代算法在"条件良好"时精确度很高．所以我们只需在矩阵"条件不良好"时引进高精度的零位移 QR 迭代算法，这样就在整体上保证了算法的精确度，同时也保证了收敛速度．文献[135]中也给出了一种表述比较简洁的整体算法如下．

算法 3.9

Bidiagonal SVD Algorithm (simplified)

Loop:

Find the bottommost unreduced submatrix of $\boldsymbol{B}$; call it $\hat{\boldsymbol{B}}$.

(Let s and e be the starting and ending indices of $\hat{\boldsymbol{B}}$ within $\boldsymbol{B}$.

Then $b_e = 0$ if $e < n$, $b_{s-1} = 0$ if $s > 1$ and $b_i \neq 0$ for $s \leqslant i \leqslant e$.)

If $\hat{\boldsymbol{B}}$ is 1 by 1 ($s = e$), we are done.

Apply the stopping criterion to $\hat{\boldsymbol{B}}$; if any b_i are set to 0, return to Loop

Estimate the smallest singular value $\underline{\sigma}$ and the largest singular value $\bar{\sigma}$ of $\hat{\boldsymbol{B}}$.

if $n * \underline{\sigma}/\bar{\sigma} < \max(\varepsilon/tol, 0.01)$ then

Use implicit zero-shift QR on $\hat{\boldsymbol{B}}$

else

Use standard shifted QR on $\hat{\boldsymbol{B}}$

end if

Goto Loop

由算法 3.8,3.9 求得的奇异向量在误差估计方面满足如下的定理.

定理 3.4 由算法 3.9 计算所得到的第 i 个左奇异向量以及右奇异向量与准确值之间的误差不超过：

$$p(n,m) * tol/relgap_i,$$

其中,$p(n,m)$是矩阵维数 n 和迭代次数 m 的一个低阶函数,tol 是程序中控制相对精度的参量,与 σ_i 对应的 $relgap_i$ 定义如下：

$$relgap_i = \min_{j \neq i} |\sigma_i - \sigma_j| / |\sigma_i + \sigma_j|.$$

文献[134]中以准确向量和计算所得向量之间的角度形式给出了误差：

$$\max\{\theta(\hat{u}_i, u_i), \theta(\hat{v}_i, v_i)\} \leqslant p(n) * \varepsilon / relgap_i \equiv p(n) * \varepsilon / \min(|\sigma_i - \sigma_{i\pm1}| / \sigma_i).$$

试验检验得到的结果,混合算法 3.8,3.9 在性能上和传统算法 3.4 相比,如果考虑二对角化过程,那么算法 3.8,3.9 最佳的情况下可比传统算法 3.4 快 2.7 倍,而最坏的情况下会比传统算法 3.4 慢 1.6 倍;如果不考虑二对角,仅仅从二对角矩阵出发求 SVD,那么算法 3.8,3.9 最佳的情况下可比传统算法 3.4 快 7.7 倍,而最坏的情况下会比传统算法 3.4 慢 3.4 倍[134].

(3) quotient difference(QD)算法

在文献[136]中,将零位移 QR 迭代算法中的一步零位移的 QR 分解用两步零位移的 LR 分解来代替,从而得到求解 SVD 的 QD 算法.

在下面的讨论中,将经常遇到 Cholesky 分解中的概念和结论,这里为简便起见我们把它们当成已知,而关于 Cholesky 分解的详细介绍在下一篇报告中将讲到,部分概念在前面的矩阵求逆的报告中也有介绍.

已知对于一个正定的厄密矩阵 $\boldsymbol{A}$,对它可以进行 Cholesky 分解 $\boldsymbol{A}=\boldsymbol{L}\boldsymbol{L}^*$,其中 $\boldsymbol{L}$ 为下三角矩阵.

现在定义一个对称正定矩阵 $\boldsymbol{A}=\boldsymbol{L}\boldsymbol{L}^*$ 的 Cholesky LR 变换(transform)为

$$\hat{\boldsymbol{A}} = \boldsymbol{L}^*\boldsymbol{L}.$$

Cholesky LR 算法包含一系列这样的 Cholesky 变换,是一种特殊的 Rutishauser's LR 算法.以下的定理给出了构造 Cholesky LR 算法的理论依据.

定理 3.5 令 $\hat{\boldsymbol{A}}$ 是对称正定矩阵 $\boldsymbol{A}=\boldsymbol{L}\boldsymbol{L}^*$ 的 Cholesky 变换后的矩阵,并且它的 Cholesky 分解为 $\hat{\boldsymbol{A}}=\hat{\boldsymbol{L}}\hat{\boldsymbol{L}}^*$,那么 $\boldsymbol{L}$ 存在如下的 QR 分解式：

$$\boldsymbol{L} = \boldsymbol{Q}\hat{\boldsymbol{L}}^*.$$

从定理 3.5 可以得知一步 QR 分解算法等价于两步 Cholesky 算法[136].而且式子 $\hat{\boldsymbol{L}}\hat{\boldsymbol{L}}^{\mathrm{T}}=\boldsymbol{L}^{\mathrm{T}}\boldsymbol{L}$ 保证了 $\hat{\boldsymbol{L}}$ 和 $\boldsymbol{L}$ 的带宽一致,特别地当 $\boldsymbol{L}$ 是二对角矩阵 $\boldsymbol{B}$ 的时候,$\boldsymbol{A}=\boldsymbol{B}^{\mathrm{T}}\boldsymbol{B}$ 为三对角矩阵,此时 $\hat{\boldsymbol{L}}$ 也为二对角矩阵,记为 $\hat{\boldsymbol{B}}$;接下来说明如何从 $\boldsymbol{B}$

推导得到 $\hat{\boldsymbol{B}}$；为了便于采用和文献[136]中一致的表示如下：

$$\boldsymbol{B} = \text{bidiag}\begin{Bmatrix} & b_1 & & b_2 & & \cdot & & b_{n-2} & & b_{n-1} & \\ a_1 & & a_2 & & \cdot & & \cdot & & a_{n-1} & & a_n \end{Bmatrix},$$

和

$$\hat{\boldsymbol{B}} = \text{bidiag}\begin{Bmatrix} & \hat{b}_1 & & \hat{b}_2 & & \cdot & & \hat{b}_{n-2} & & \hat{b}_{n-1} & \\ \hat{a}_1 & & \hat{a}_2 & & \cdot & & \cdot & & \hat{a}_{n-1} & & \hat{a}_n \end{Bmatrix}.$$

由定理3.5可以得知

$$\boldsymbol{B}^{\mathrm{T}} = \boldsymbol{Q}\hat{\boldsymbol{B}}, \quad \hat{\boldsymbol{B}} = \boldsymbol{Q}^{\mathrm{T}}\boldsymbol{B}^{\mathrm{T}},$$

其中，$\boldsymbol{Q}$ 是 $n-1$ 个旋转矩阵的乘积：

$$\boldsymbol{Q} = \boldsymbol{G}_1\boldsymbol{G}_2\cdots\boldsymbol{G}_{n-1}.$$

可知在消去 $\boldsymbol{B}^{\mathrm{T}}$ 中的下次对角线元素 b_k 时，所需要作修改的矩阵部分为

$$\begin{matrix} 0 & \hat{a}_{k-1} & \hat{b}_{k-1} & & \\ & 0 & \tilde{a}_k & 0 & \\ & & b_k & a_{k+1} & 0 \\ & & & b_{k+1} & a_{k+2} \end{matrix} \tag{3.13}$$

在平面旋转 $\boldsymbol{G}_k^{\mathrm{T}}$ 之后此部分变为

$$\begin{matrix} 0 & \hat{a}_{k-1} & \hat{b}_{k-1} & & \\ & 0 & \hat{a}_k & \hat{b}_k & \\ & & 0 & \tilde{a}_{k+1} & 0 \\ & & & b_{k+1} & a_{k+2} \end{matrix} \tag{3.14}$$

取 $\boldsymbol{B}^{(0)} = \boldsymbol{B}^{\mathrm{T}}$，则对 $k=1,\cdots,n-1$，求

$$\boldsymbol{B}^{(k)} = \boldsymbol{G}_k^{\mathrm{T}}\boldsymbol{B}^{(k-1)}. \tag{3.15}$$

最终可以得到 $\hat{\boldsymbol{B}} = \boldsymbol{B}^{(n-1)}$.

由式(3.13)和式(3.14)，并取 $\tilde{a}_1 = a_1$ 和 $c_k^2 + s_k^2 = 1$，可得到计算公式为

$$\hat{a}_k = \sqrt{\tilde{a}_k^2 + b_k^2}, \tag{3.16}$$

$$s_k = b_k/\hat{a}_k,$$

$$c_k = \tilde{a}_k/\hat{a}_k,$$

$$\hat{b}_k = s_k a_{k+1} = b_k a_{k+1}/\hat{a}_k, \tag{3.17}$$

$$\tilde{a}_{k+1} = c_k a_{k+1} = \tilde{a}_k a_{k+1}/\hat{a}_k. \tag{3.18}$$

定义：

$$cabs(x,y) = \sqrt{x^2 + y^2}. \tag{3.19}$$

可以得到如下的算法来实现一次 Cholesky 变换.

算法 3.10(OQD)

$\widetilde{a}=a_1$

for $k=1,n-1$

$\hat{a}_k=cabs(\widetilde{a},b_k)$

$\hat{b}_k=b_k*(a_{k+1}/\hat{a}_k)$

$\widetilde{a}=\widetilde{a}*(a_{k+1}/\hat{a}_k)$

end for

$\hat{a}_n=\widetilde{a}$

这个算法到最终的实用算法还要经过很多改进，但是从这里我们已经可以看出它和 DK Zero Shift QR 算法相比所具有的优越性了.

我们很容易避免出现在 OQD 算法中的开平方运算，为了方便，我们设 $b_n=0$；并定义 $q_k=a_k^2, e_k=b_k^2(k=1,2,\cdots,n)$，从而得到 OQD 算法的变形算法.

算法 3.11(DQD)

$d=q_1$

for $k=1,n-1$

$\hat{q}_k=d+e_k$

$\hat{e}_k=e_k*(q_{k+1}/\hat{q}_k)$

$d=d*(q_{k+1}/\hat{q}_k)$

end for

$\hat{q}_n=d$

算法 3.11(DQD)中的中间变量 d 还可以去掉，从而得到 Rutishauser 最早提出的 QD 算法如下.

算法 3.12(QD)

$\hat{e}_0=0$

for $k=1,n-1$

$\hat{q}_k=(q_k-\hat{e}_{k-1})+e_k$

$\hat{e}_k=e_k*q_{k+1}/\hat{q}_k$

end for

$\hat{q}_n=q_n-\hat{e}_{n-1}$

对于这三种算法在数值上都是稳定的，因为所有的中间变量都以 $\|\boldsymbol{B}\|^2$ 为界限，这保证了求得的误差和 σ_1^2 相比都很小；但是对于最小的奇异值，却不一定具有很高的相对精度.

试验证明，算法 3.10(OQD)，算法 3.11(DQD)所求得的结果和 DK 算法一样具有很高的相对精度，而算法 3.12(QD)却不具有相对精度.

算法 3.11(DQD)虽然比算法 3.10(OQD)快，但是在适用范围上，却没有算法

3.10(OQD)广，比如在可表示数值从 $2^{-1\,022}$ 到 $2^{1\,023}$ 的双精度机器上，DQD 算法可以将条件数不超过 $2^{1\,022}$ 的二对角矩阵进行对角化，而 OQD 算法却可以做到将条件数不超过 $2^{2\,045}$ 的二对角矩阵进行对角化. 当然一般的时候 $2^{1\,022}\approx 10^{308}$ 已经够实际应用了.

在精确度方面的分析表明，DQD 算法每进行一次循环，对任何奇异值的改变不超过 $3(n-1)\,ulps$(units in the last place).

在收敛速度方面，QD 系列算法具有线性收敛速度，且其非对角线元素 $\{b_i^{(l)}\}_{l=1}^{\infty}$ 收敛于 0 的速度正比于 σ_{i+1}/σ_i[136].

上面只给出了算法的核心部分，关于当碰到 s_i 或 e_i 为零时的处理方法以及收敛判据等问题可以采用和算法 3.6 完全相同的处理方法，所以在此不进行重复.

最后给出求解奇异向量的方法，假定 $\boldsymbol{B}$ 的奇异值分解式为 $\boldsymbol{B}=\boldsymbol{U\Sigma V}^{\mathrm{T}}$，并且取 $\boldsymbol{B}_1=\boldsymbol{B}$. 根据定理 3.4 可以得知

$$\begin{aligned}
\boldsymbol{B}_2 &= \boldsymbol{Q}_1^{\mathrm{T}}\boldsymbol{B}_1^{\mathrm{T}} = \boldsymbol{Q}_1^{\mathrm{T}}\boldsymbol{V\Sigma U}^{\mathrm{T}},\\
\boldsymbol{B}_3 &= \boldsymbol{Q}_2^{\mathrm{T}}\boldsymbol{B}_2^{\mathrm{T}} = \boldsymbol{Q}_2^{\mathrm{T}}\boldsymbol{U\Sigma V}^{\mathrm{T}}\boldsymbol{Q}_1,\\
&\cdots,\\
\boldsymbol{B}_{2k+1} &= \boldsymbol{Q}_{2k}^{\mathrm{T}}\cdots\boldsymbol{Q}_4^{\mathrm{T}}\boldsymbol{Q}_2^{\mathrm{T}}\boldsymbol{U\Sigma V}^{\mathrm{T}}\boldsymbol{Q}_1\boldsymbol{Q}_3\cdots\boldsymbol{Q}_{2k-1}.
\end{aligned}$$

当 $k\to\infty$ 时，$\boldsymbol{B}_{2k+1}\to\boldsymbol{\Sigma}$，所以

$$\begin{aligned}
\boldsymbol{U} &= \lim_{k\to\infty}\boldsymbol{Q}_2\boldsymbol{Q}_4\cdots\boldsymbol{Q}_{2k},\\
\boldsymbol{V} &= \lim_{k\to\infty}\boldsymbol{Q}_1\boldsymbol{Q}_3\cdots\boldsymbol{Q}_{2k-1}.
\end{aligned}$$

从而得到了构造 $\boldsymbol{U}$ 和 $\boldsymbol{V}$ 的方法：对矩阵 $\boldsymbol{B}$ 应用 OQD 或 DQD 算法，分别累积奇数次和偶数次的平面旋转变换，最终得到奇异向量构成的矩阵 $\boldsymbol{V}$ 和 $\boldsymbol{U}$.

和 QR 迭代算法类似的是，QD 系列算法也可以构造带位移的算法形式(当然在处理方法上是有很大不同的).

算法 3.13(OQDS)

$\tilde{a}=a_1$

for $k=1,n-1$

　$\hat{a}_k=\sqrt{\tilde{a}^2+b_k^2-\tau^2}$

　$\hat{b}_k=b_k*(a_{k+1}/\hat{a}_k)$

　$\tilde{a}=\sqrt{\tilde{a}^2-\tau^2}*(a_{k+1}/\hat{a}_k)$

end for

$\hat{a}_n=\sqrt{\tilde{a}^2-\tau^2}$

可以验证

$$\hat{\boldsymbol{B}}^{\mathrm{T}}\hat{\boldsymbol{B}} = \boldsymbol{BB}^{\mathrm{T}} - \tau^2\boldsymbol{I}. \tag{3.20}$$

为了保证 $\hat{\boldsymbol{B}}$ 为实矩阵，位移 τ 必须满足：

$$\tau \leqslant \sigma_n[\boldsymbol{B}]. \tag{3.21}$$

这一限制条件在带位移的 DQD 算法中可不必满足.

算法 3.14(DQDS)

$d = q_1 - \tau^2$

for $k = 1, n-1$

　$\hat{q}_k = d + e_k$

　$\hat{e}_k = e_k * (q_{k+1}/\hat{q}_k)$

　$d = d * (q_{k+1}/\hat{q}_k) - \tau^2$

end for

$\hat{q}_n = d$

算法 3.12(QD)亦有带位移的形式，鉴于无甚实用性，此处就不再罗列出来了. 由式(3.20)可以得知，带位移的 QD 系列算法不具有像 QD 系列算法那样由定理 3.4 保证的正交联系性(orthogonal connection)：

$$\boldsymbol{B}^{\mathrm{T}} = \boldsymbol{Q}\hat{\boldsymbol{B}}.$$

从而 $\boldsymbol{B}^{\mathrm{T}}$, $\hat{\boldsymbol{B}}$ 的奇异值也不是相等的，而是相差一个位移量 τ，这点要特别注意；关于位移 τ 的选取应该使得 $\hat{q}_n$ 尽可能地小，所以一般取

$$\tau^2 \approx d_n = q_n(1 - e_{n-1}/\hat{q}_{n-1}).$$

带位移的 QD 系列算法具有的是平方次收敛速度，所以在速度上比零位移的 QD 系列算法要快得多.

但是在求奇异向量时却也要付出较大的代价，因为位移是不可修复的，并且是非正交变换，这就造成了奇异向量的丢失. 此时一个办法就是间隔地采用零位移，这样就可以保留其中的一个奇异向量集合.

对于一个二对角矩阵 $\boldsymbol{B}$，如果它的最后一个元素 $a_n = 0$，那么它的 OQD 变换得到的矩阵 $\hat{\boldsymbol{B}}$ 的元素 $\hat{a}_n = 0$, $\hat{b}_{n-1} = 0$，其中 $\boldsymbol{B}^{\mathrm{T}} = \boldsymbol{Q}\hat{\boldsymbol{B}}$，所以 $\boldsymbol{Q}$ 的最后一列就是和奇异值 0 相对应的右奇异向量了.

所以当奇异值已知时，可以将它们排序，作为 OQDS 算法中的位移，然后依次来得到所需要的奇异向量. 具体算法如下.

算法 3.15

① 初始化：$\boldsymbol{B}_n = \boldsymbol{B}$; $\boldsymbol{U} = \boldsymbol{I}$, $j = n$, $\sigma_{n+1}^2 = 0$.

② 对 $\boldsymbol{B}_j$ 应用 DQDS 算法，其中 $\tau^2 = \sigma_j^2 - \sigma_{j+1}^2$，得到 $\hat{\boldsymbol{B}}_j$.

③ 对 $\hat{\boldsymbol{B}}_j$ 应用 DQD 算法得到 $\boldsymbol{B}_{j-1}$，并且保留 $\{c_i^2; s_i^2, i = 1, \cdots, j-1\}$，其中

$$c_i^2 = \frac{d_i}{d_i + e_i}, \quad s_i^2 = \frac{e_i}{d_i + e_i}.$$

④ 取它们的正的平方根$\{c_i;s_i,i=1,\cdots,j-1\}$.

⑤ 将相应的平面旋转变换累积到矩阵 $\boldsymbol{U}$ 中,$\boldsymbol{U}=\boldsymbol{U}\boldsymbol{G}_i(i=1,\cdots,j-1)$.

⑥ $j=j-1$,当 $j=1$ 时停止,否则从第②步开始循环.

类似的算法也用来求 $\boldsymbol{V}$,对 $\boldsymbol{B}$ 应用一次 DQD 算法可以得到矩阵 $\hat{\boldsymbol{B}}$(其中 $\boldsymbol{B}^{\mathrm{T}}=\boldsymbol{Q}\hat{\boldsymbol{B}}$),现在假定 $\boldsymbol{B}=\boldsymbol{U}\boldsymbol{\Sigma}\boldsymbol{V}^{\mathrm{T}}$,$\hat{\boldsymbol{B}}=\hat{\boldsymbol{U}}\hat{\boldsymbol{\Sigma}}\hat{\boldsymbol{V}}^{\mathrm{T}}$,由 $\boldsymbol{B}^{\mathrm{T}}=\boldsymbol{Q}\hat{\boldsymbol{B}}$可知

$$\boldsymbol{B}=\boldsymbol{U}\boldsymbol{\Sigma}\boldsymbol{V}^{\mathrm{T}}=\hat{\boldsymbol{B}}^{\mathrm{T}}\boldsymbol{Q}^{\mathrm{T}}=\hat{\boldsymbol{V}}\hat{\boldsymbol{\Sigma}}^{\mathrm{T}}\hat{\boldsymbol{U}}^{\mathrm{T}}\boldsymbol{Q}^{\mathrm{T}},\quad 而\ \boldsymbol{V}=\boldsymbol{Q}\hat{\boldsymbol{U}}.$$

对于矩阵 $\hat{\boldsymbol{B}}$ 可以用算法3.15求得 $\hat{\boldsymbol{U}}$,而 $\boldsymbol{Q}$ 也容易求出,从而可以求出原矩阵奇异值分解中的$\boldsymbol{V}$.

(4) Jacobi *方法*

虽然,在上述的方法(2)和方法(3)中,都可以对二对角矩阵求出具有很高的相对精度的奇异值和奇异值分解式;但是将一个稠密矩阵二对角化这个过程却可能会造成很大的相对误差[138].所以所有基于先将矩阵二对角化的 SVD 方法(前面的方法以及最后要提到的分而治之算法),都不可能具有可靠的良好的相对精确度.以下所要介绍的Jacobi 方法和这些方法完全不同,它通过一系列平面旋转(一般文献中在介绍 Jacobi 方法时为了方便也将平面旋转称为 Jacobi 变换),最终使得矩阵收敛于一个对角矩阵[139]:

$$\boldsymbol{G}^{(k+1)}=\boldsymbol{G}^{(k)}\boldsymbol{J}_k,\quad k=0,1,2,\cdots(\boldsymbol{G}^{(0)}\equiv\boldsymbol{G}),$$

其中每一个 $\boldsymbol{J}_k$ 设计成,使得对于一对选定的指标(p_k,q_k),有如下式子成立:

$$[(\boldsymbol{G}^{(k+1)})^{\mathrm{T}}\boldsymbol{G}^{(k+1)}]_{p_k,q_k}=0.$$

最终收敛时,令 $\boldsymbol{G}_\infty=\lim\limits_{k\to\infty}\boldsymbol{G}^{(k)}$,$\boldsymbol{V}=\prod_{k=0}^{\infty}\boldsymbol{J}_k$,有 $\boldsymbol{G}_\infty=\boldsymbol{G}\boldsymbol{V}$,且 $\boldsymbol{G}_\infty$ 具有互相正交的列向量,可以将 $\boldsymbol{G}_\infty$ 写成 $\boldsymbol{G}_\infty=\hat{\boldsymbol{U}}\boldsymbol{\Sigma}$,其中 $\boldsymbol{\Sigma}$ 为对角矩阵,$\hat{\boldsymbol{U}}$ 为正交矩阵,从而得到原矩阵的 SVD 分解式.

在文献[138]中对基本的Jacobi算法的推导过程进行了详细的说明.首先我们来给出一个对选择收敛判据和误差分析很有用的定理.

定理3.6 令 $\boldsymbol{G}=\boldsymbol{B}\boldsymbol{D}$ 是一个任意的满秩矩阵,其中 $\boldsymbol{D}$ 为对角矩阵,$\boldsymbol{B}$ 是列向量范数全为1的矩阵.并且 $\delta\boldsymbol{G}=\delta\boldsymbol{B}\boldsymbol{D}$ 是$\boldsymbol{G}$ 的一个扰动(误差),令 σ_i,σ_i'分别是$\boldsymbol{G}$ 和$\boldsymbol{G}+\delta\boldsymbol{G}$ 的第i 个奇异值,那么当$\|\delta\boldsymbol{B}\|_2\equiv\eta<\sigma_{\min}(\boldsymbol{B})$时,$\sigma_i,\sigma_i'$满足如下式子:

$$\frac{|\sigma_i-\sigma_i'|}{\sigma_i}\leqslant\frac{\eta}{\sigma_{\min}(B)}\leqslant\kappa(B)*\eta,\tag{3.22}$$

其中,$\kappa(\boldsymbol{B})=\dfrac{\sigma_{\max}(\boldsymbol{B})}{\sigma_{\min}(\boldsymbol{B})}\leqslant\dfrac{n^{1/2}}{\sigma_{\min}(\boldsymbol{B})}$,$n$ 为矩阵$\boldsymbol{G}$ 的列数.

通常应用中,如果$|\delta\boldsymbol{G}_{ij}/\boldsymbol{G}_{ij}|\leqslant\eta/n$,那么就有$\|\delta\boldsymbol{B}\|_2\leqslant\eta$,此时奇异值的相对误差满足式(3.22).

现在来构造算法,令 $\boldsymbol{G}_0=\boldsymbol{B}_0\boldsymbol{D}_0$ 是最初的矩阵,$\boldsymbol{G}_m=\boldsymbol{B}_m\boldsymbol{D}_m$ 是 $\boldsymbol{G}_{m-1}$经过一

次 Jacobi 旋转得到的矩阵，其中 $\boldsymbol{D}_m$ 为对角矩阵，$\boldsymbol{B}_m$ 是列向量范数全为 1 的矩阵. 可以知道对 $\boldsymbol{G}=\boldsymbol{BD}$ 进行单边的 Jacobi 变换相当于对矩阵 $\boldsymbol{H}=\boldsymbol{G}^{\mathrm{T}}\boldsymbol{G}=\boldsymbol{DB}^{\mathrm{T}}\boldsymbol{BD}=\boldsymbol{DAD}$ 进行双边的 Jacobi 变换[138]. 和一般的单边 Jacobi 算法不一样的地方是：根据定理 3.6 收敛判据应该为，所有的 $\boldsymbol{H}_{ij}/(\boldsymbol{H}_{ii}\boldsymbol{H}_{jj})^{1/2}$ 足够小，而不仅仅是 $\boldsymbol{H}_{ij}/\max\limits_{kl}|\boldsymbol{H}_{kl}|$ 足够小. 从而得到如下完整的最基本的 Jacobi 算法.

算法 3.16

```
repeat
  for all pairs i < j
    /* compute (a c; c b) ≡ the (i, j) submatrix of G^T G */
```

$$a=\sum_{k=1}^{n}G_{ki}^2$$

$$b=\sum_{k=1}^{n}G_{kj}^2$$

$$c=\sum_{k=1}^{n}G_{ki}*G_{kj}$$

```
    /* compute the Jacobi rotation which diagonalizes (a c; c b) */
```

$$\zeta=(b-a)/(2c)$$

$$t=sign(\zeta)/(|\zeta|+\sqrt{1+\zeta^2})$$

$$cs=1/\sqrt{1+t^2}$$

$$sn=cs*t$$

```
    /* update columns i and j of G */
      for k = 1 to n
        tmp = G_ki
        G_ki = cs * tmp - sn * G_kj
        G_kj = sn * tmp + cs * G_kj
      end for
    /* update the matrix V of right singular vectors */
      for k = 1 to n
        tmp = V_ki
        V_ki = cs * tmp - sn * V_kj
        V_kj = sn * tmp + cs * V_kj
      end for
    end for
until convergence(all |c| / sqrt(ab) ≤ tol)
```

最终得到的矩阵 $\boldsymbol{G}$ 的列向量的范数就是所要求的奇异值，并且最终归一化以后的矩阵 $\boldsymbol{G}$ 的列向量就是左奇异向量.

关于奇异值的误差有如下的定理.

定理 3.7　令 $\boldsymbol{G}_m$ 是有限精度 ε 下单边 Jacobi 算法中所得到的矩阵列，$\boldsymbol{G}_{m+1}$ 由 $\boldsymbol{G}_m$ 经过一次单边 Jacobi 变换得到，那么它们满足如下关系：

$$\begin{array}{ccccc} & \boldsymbol{G}_m & \rightarrow & \boldsymbol{G}_{m+1} \\ +\,\delta\boldsymbol{G}_m & \downarrow & \nearrow & \\ & \boldsymbol{G}'_m & & \end{array}$$

顶上的水平箭头表示 $\boldsymbol{G}_{m+1}$ 由 $\boldsymbol{G}_m$ 经过一次浮点数精度下的单边 Jacobi 变换得到；斜对角箭头表示 $\boldsymbol{G}_{m+1}$ 由 $\boldsymbol{G}'_m$ 经过精确的单边 Jacobi 变换得到，所以 $\boldsymbol{G}_{m+1}$ 和 $\boldsymbol{G}'_m$ 具有完全相同的奇异值和奇异向量；垂直箭头表示 $\boldsymbol{G}'_m=\boldsymbol{G}_m+\delta\boldsymbol{G}_m$，记 $\delta\boldsymbol{G}_m=\delta\boldsymbol{B}_m\boldsymbol{D}_m$，其中 $\boldsymbol{D}_m$ 为使 $\boldsymbol{G}_m=\boldsymbol{B}_m\boldsymbol{D}_m$ 中的 $\boldsymbol{B}_m$ 具有单位列向量形式的对角矩阵；那么有如下的误差限成立：

$$\|\delta\boldsymbol{B}_m\|_2\leqslant 72\varepsilon.$$

这就为估计一次 Jacobi 变换所带来的误差提供了方便.

结合定理 3.6，可以得到如下的误差估计式子.

假定算法 3.16 收敛，并且 $\boldsymbol{G}_M$ 为最终满足收敛判据的矩阵；对 $0\leqslant m\leqslant M$ 记 $\boldsymbol{G}_m=\boldsymbol{B}_m\boldsymbol{D}_m$；记 σ_j 是原矩阵 $\boldsymbol{G}_0$ 的第 j 个精确的奇异值，σ'_j 为第 j 个计算得到的奇异值，那么有如下的误差估计式成立：

$$\frac{|\sigma_j-\sigma'_j|}{\sigma_j}\leqslant(72\varepsilon*M+n^2*\varepsilon+n*tol)*\max_{0\leqslant k\leqslant M}\kappa(\boldsymbol{B}_k)+n\varepsilon.$$

从而得知 Jacobi 算法具有良好的相对精度.

对于奇异向量也有良好的相对精度的误差估计如下.

定理 3.8　假定 $\boldsymbol{V}=(v_1,\cdots,v_n)$，$\boldsymbol{U}=(u_1,\cdots,u_n)$ 是由算法 3.16 计算得到的左奇异向量和右奇异向量，而 $\boldsymbol{V}_T=(v_{T1},\cdots,v_{Tn})$，$\boldsymbol{U}_T=(u_{T1},\cdots,u_{Tn})$ 是矩阵真实的左奇异向量和右奇异向量，并且简记 $\bar{\kappa}\equiv\max_{0\leqslant k\leqslant M}\kappa(\boldsymbol{B}_k)$，那么计算得到的奇异向量和真实向量之差满足如下式子：

$$\begin{aligned}&\max(\|u_{Ti}-u_i\|_2,\|v_{Ti}-v_i\|_2)\\&\quad\leqslant\frac{(n-0.5)^{1/2}*\bar{\kappa}*(72\varepsilon*M+n^2*\varepsilon+n*tol)}{relgap_{\sigma_i}}+(9M+n+1)\varepsilon,\end{aligned}$$

其中，$relgap_{\sigma_i}$ 为第 i 个奇异值的相对间隔，为 $relgap_{\sigma_i}\equiv\min_{k\neq i}\dfrac{|\sigma_i-\sigma_k|}{\sigma_i+\sigma_k}$.

虽然 Jacobi 算法具有良好的相对精度，但是它的收敛速度却很慢，所以在文献[139]中进行了很多努力来提高它的性能，详细情况请参考该文献，此处不再赘述.

在试验上也验证过这些预处理,一般经过 4～6 次对矩阵进行的 Jacobi 旋转变换后,算法将得到收敛[139],从而在速度上和 QR 系列的 SVD 方法相当.

(5) 分而治之算法[140]

分而治之算法的第一步也和 QR 迭代算法一样,先将矩阵二对角化得到二对角矩阵 $\boldsymbol{B}$,然后将求 $\boldsymbol{B}$ 的 SVD 问题分为两个子问题.

先将 $\boldsymbol{B}$ 写成如下的形式:

$$\boldsymbol{B} = \begin{pmatrix} \boldsymbol{B}_1 & \boldsymbol{0} \\ \alpha_k \boldsymbol{e}_k & \beta_k \boldsymbol{e}_1 \\ \boldsymbol{0} & \boldsymbol{B}_2 \end{pmatrix}, \tag{3.23}$$

其中,$\boldsymbol{B}_1 \in \mathbf{R}^{(k-1)\times k}$,$\boldsymbol{B}_2 \in \mathbf{R}^{(n-k)\times(n-k)}$为上二对角矩阵,$\boldsymbol{e}_j$ 是相应维数的向量中的第 j 个单位向量,并且一般我们取 $k = \lfloor n/2 \rfloor$.

现在假如我们已经求得了 $\boldsymbol{B}_1$,$\boldsymbol{B}_2$ 的 SVD 如下:

$$\boldsymbol{B}_1 = \boldsymbol{Q}_1(\boldsymbol{D}_1 \quad 0)\boldsymbol{W}_1^{\mathrm{T}}, \quad \boldsymbol{B}_2 = \boldsymbol{Q}_2 \boldsymbol{D}_2 \boldsymbol{W}_2^{\mathrm{T}},$$

并且令($\boldsymbol{l}_1^{\mathrm{T}} \quad \boldsymbol{\lambda}_1$)为 $\boldsymbol{W}_1$ 的最后一行,$\boldsymbol{f}_2^{\mathrm{T}}$ 为 $\boldsymbol{W}_2$ 的第一行. 那么将这些带入式(3.23),我们可以得到

$$\boldsymbol{B} = \begin{pmatrix} \boldsymbol{Q}_1 & \boldsymbol{0} & \boldsymbol{0} \\ \boldsymbol{0} & \boldsymbol{1} & \boldsymbol{0} \\ \boldsymbol{0} & \boldsymbol{0} & \boldsymbol{Q}_2 \end{pmatrix} \begin{pmatrix} \boldsymbol{D}_1 & \boldsymbol{0} & \boldsymbol{0} \\ \alpha_k \boldsymbol{l}_1^{\mathrm{T}} & \alpha_k \boldsymbol{\lambda}_1 & \beta_k \boldsymbol{f}_2^{\mathrm{T}} \\ \boldsymbol{0} & \boldsymbol{0} & \boldsymbol{D}_2 \end{pmatrix} \begin{pmatrix} \boldsymbol{W}_1 & \boldsymbol{0} \\ \boldsymbol{0} & \boldsymbol{W}_2 \end{pmatrix}^{\mathrm{T}}. \tag{3.24}$$

可以看出中间的矩阵形式上很简单,除了对角元素和第 k 行上的元素,其他元素都为 0. 这里先把它的 SVD 的计算问题放到最后,而假定已知其 SVD 为 $\boldsymbol{S\Sigma G}^{\mathrm{T}}$,将它带入式(3.24),就可以得到 $\boldsymbol{B}$ 的 SVD 分解式:

$$\boldsymbol{B} = \boldsymbol{Q\Sigma W}^{\mathrm{T}},$$

其中

$$\boldsymbol{Q} = \begin{pmatrix} \boldsymbol{Q}_1 & \boldsymbol{0} & \boldsymbol{0} \\ \boldsymbol{0} & \boldsymbol{1} & \boldsymbol{0} \\ \boldsymbol{0} & \boldsymbol{0} & \boldsymbol{Q}_2 \end{pmatrix} \boldsymbol{S}; \quad \boldsymbol{W} = \begin{pmatrix} \boldsymbol{W}_1 & \boldsymbol{0} \\ \boldsymbol{0} & \boldsymbol{W}_2 \end{pmatrix} \boldsymbol{G}.$$

而计算 $\boldsymbol{B}_1$,$\boldsymbol{B}_2$ 的 SVD 时也可递归地应用这种办法,至子问题足够的小.

现在来讨论求解式(3.24)中间矩阵的 SVD 问题,我们注意到通过排序,将第 k 行和第 k 列移到第 1 行第 1 列,得到如下形式的矩阵:

$$\boldsymbol{M} = \begin{pmatrix} z_1 & z_2 & \cdots & z_n \\ & d_2 & & \\ & & \ddots & \\ & & & d_n \end{pmatrix}, \tag{3.25}$$

其中,$d_i(i=2,\cdots,n)$是矩阵 $\boldsymbol{D}_1$,$\boldsymbol{D}_2$ 的对角元素,而 $z_i(i=1,\cdots,n)$是中间矩阵

的第 k 行元素，其中 z_1 为原(k,k)位置上的元素. 我们继续对矩阵 $\boldsymbol{M}$ 进行排序，并且为了方便，定义 $d_1\equiv 0$，使得排序后 $\boldsymbol{D}=\mathrm{diag}(d_1,d_2,\cdots,d_n)$，$0=d_1\leqslant d_2\leqslant\cdots\leqslant d_n$，并且假定：

$$d_{j+1}-d_j\geqslant\tau\,\|\boldsymbol{M}\|_2,\quad |z_j|\geqslant\tau\,\|\boldsymbol{M}\|_2,\tag{3.26}$$

其中，τ 是机器精度 ϵ 的一个很小的倍数，具体可参见文献[141]，该文献中还说明了如何用 deflation 方法使得 $\boldsymbol{M}$ 都具有式(3.26)的形式.

最后给出关于求解奇异值和奇异向量的定理如下.

定理 3.9　假定 $\boldsymbol{S\Sigma G}^{\mathrm{T}}$ 为矩阵 $\boldsymbol{M}$ 的 SVD 分解，记各个矩阵分别为

$$\boldsymbol{S}=(s_1,\cdots,s_n),\quad \boldsymbol{\Sigma}=\mathrm{diag}(\sigma_1,\cdots,\sigma_n),\quad \boldsymbol{G}=(g_1,\cdots,g_n),$$

其中，$0<\sigma_1<\cdots<\sigma_n$，那么此时奇异值满足如下的间隔性质：

$$0=d_1<\sigma_1<d_2<\sigma_2<\cdots<d_n<\sigma_n<d_n+\|z\|_2,$$

并且满足如下久期方程(secular equation)：

$$f(\sigma)=1+\sum_{k=1}^{n}\frac{z_k^2}{d_k^2-\sigma^2}=0.\tag{3.27}$$

奇异向量可如下求解：

$$s_i=\left(-1,\frac{d_2z_2}{d_2^2-\sigma_i^2},\cdots,\frac{d_nz_n}{d_n^2-\sigma_i^2}\right)^{\mathrm{T}}\Bigg/\sqrt{1+\sum_{k=2}^{n}\frac{(d_kz_k)^2}{(d_k^2-\sigma_i^2)^2}},\tag{3.28}$$

$$g_i=\left(\frac{z_1}{d_1^2-\sigma_i^2},\frac{z_2}{d_2^2-\sigma_i^2},\cdots,\frac{z_n}{d_n^2-\sigma_i^2}\right)^{\mathrm{T}}\Bigg/\sqrt{\sum_{k=1}^{n}\frac{{z_k}^2}{(d_k^2-\sigma_i^2)^2}}.\tag{3.29}$$

在文献[140]中提到了用求根器(root-finder)方法来求解式(3.27)以得到近似的奇异值，但是却没有公开这种方法，而只是提到此方法最初来自于和 R.-C. Li 的个人交往. 而假如已经计算得到奇异值，那么就可以利用式(3.28)和式(3.29)来计算左奇异向量和右奇异向量了.

在性能方面分而治之算法无疑是很优秀的，当 $n=400$ 时，对二对角矩阵求解 SVD 比基于传统 QR 的算法快 9～10 倍，但是至今还没有证明它具有良好的相对精度(也许并不具有).

4. 复矩阵的处理方法

(1) 简介

接下来，讨论对复矩阵进行奇异值分解；和定理 3.1 相对应，复矩阵也存在类似的奇异值分解定理.

定理 3.10(复奇异值分解定理)　设 $\boldsymbol{A}\in\mathbf{C}^{m\times n}$，则必存在酉矩阵

$$\boldsymbol{U}=(u_1,\cdots,u_m)\in\mathbf{C}^{m\times m}\quad 和\quad \boldsymbol{V}=(v_1,\cdots,v_n)\in\mathbf{C}^{n\times n}$$

使得

$$U^{\mathrm{H}}AV = \begin{pmatrix} \Sigma_r & 0 \\ 0 & 0 \end{pmatrix}\begin{matrix} r \\ m-r \end{matrix}, \quad (\text{列宽: } r,\ n-r) \tag{3.30}$$

其中，$\Sigma_r = \mathrm{diag}(\sigma_1, \cdots, \sigma_r)$，$\sigma_1 \geqslant \cdots \geqslant \sigma_r > 0$[91].

(2) 复矩阵 SVD 算法

处理复矩阵 SVD 问题的比较简单的方法是：先把矩阵二对角化，然后对二对角矩阵应用前面所列举的各种基于二对角矩阵的算法(如 QR 迭代算法)，最终使之收敛到对角矩阵，从而完成奇异值分解．而很幸运的是，在二对角化过程中，可以利用 QR 分解算法中的 Householder 变换来进行，最终把原来的复矩阵化为一个实的二对角矩阵，而避免了在下一步的计算中出现复数运算(当然需要求奇异向量时，对奇异向量的更新过程中还是会遇到大量的复数和实数相乘的运算的).

QR 算法中相关的 Householder 变换功能复述如下：

已知 $\begin{pmatrix} \xi_1 \\ \vdots \\ \xi_n \end{pmatrix}$ 为一列复向量，QR 算法中的 Householder 变换可以求得复数 σ，复向量 $\boldsymbol{v}$ 和实数 α，使得

$$(\boldsymbol{I} - \sigma \boldsymbol{v}\boldsymbol{v}^{\mathrm{H}})\begin{pmatrix} \xi_1 \\ \vdots \\ \xi_n \end{pmatrix} = \begin{pmatrix} \alpha \\ 0 \\ \vdots \end{pmatrix}$$

记 $\boldsymbol{U}^{\mathrm{H}} = (\boldsymbol{I} - \sigma \boldsymbol{v}\boldsymbol{v}^{\mathrm{H}})$ 为酉矩阵，并且一般 $\boldsymbol{U}^{\mathrm{H}}$ 总是以因子形式 σ 和 $\boldsymbol{v}$ 保存.

而现在假如已知一行向量$(\xi_1, \cdots, \xi_n)$，求一酉矩阵 $\boldsymbol{V}$，使得

$$(\xi_1, \cdots, \xi_n)\boldsymbol{V} = (\alpha, 0, \cdots, 0),$$

可如下进行，由$(\xi_1, \cdots, \xi_n)\boldsymbol{V} = (\alpha, 0, \cdots, 0)$可知

$$\boldsymbol{V}^{\mathrm{H}}\begin{pmatrix} \bar{\xi}_1 \\ \vdots \\ \bar{\xi}_n \end{pmatrix} = \begin{pmatrix} \alpha \\ 0 \\ \vdots \end{pmatrix},$$

所以，只要把 $\begin{pmatrix} \bar{\xi}_1 \\ \vdots \\ \bar{\xi}_n \end{pmatrix}$ 当作该算法的输入向量，而直接调用最终可以得到以因子形式 σ 和 $\boldsymbol{v}$ 表示的酉矩阵 $\boldsymbol{V}^{\mathrm{H}}$.

二对角化可以仿造实矩阵时的过程如下进行，关键的区别是要注意这里的 $\boldsymbol{U}_1^{\mathrm{H}}, \boldsymbol{V}_1^{\mathrm{H}}$ 不再具有 Hermite 性(实数时是具有对称性的)，并且仍然假设 $m \geqslant n$.

首先将 $\boldsymbol{A}$ 分块为

$$\boldsymbol{A} = (\underset{1}{a_1} \quad \underset{n-1}{\boldsymbol{A}_1}).$$

先计算 m 阶复 Householder 变换矩阵 $\boldsymbol{U}_1^{\mathrm{H}} = (\boldsymbol{I} - \sigma \boldsymbol{u}_1 \boldsymbol{u}_1^{\mathrm{H}})$ 使得

$$\boldsymbol{U}_1^{\mathrm{H}} a_1 = \delta_1 \boldsymbol{e}_1, \quad \delta_1 \in \mathbf{R}, \boldsymbol{e}_1 \in \mathbf{R}^m,$$

并且形成

$$\boldsymbol{U}_1^{\mathrm{H}} \boldsymbol{A}_1 = \begin{pmatrix} \boldsymbol{b}_1^{\mathrm{H}} \\ \widetilde{\boldsymbol{A}}_1 \end{pmatrix} \begin{matrix} 1 \\ m-1 \end{matrix}.$$

取出行向量 $\boldsymbol{b}_1^{\mathrm{H}}$(先化成它的转置共轭的列向量 $\boldsymbol{b}_1$),然后计算 $n-1$ 阶复 Householder 变换矩阵 $\boldsymbol{V}_1^{\mathrm{H}} = (\boldsymbol{I} - \rho \boldsymbol{v}_1 \boldsymbol{v}_1^{\mathrm{H}})$ 使得

$$\boldsymbol{V}_1^{\mathrm{H}} \boldsymbol{b}_1 = \gamma_2 \boldsymbol{e}_1, \quad \gamma_2 \in \mathbf{R}, \quad \boldsymbol{e}_1 \in \mathbf{R}^{n-1},$$

并且形成

$$\boldsymbol{A}_1 \boldsymbol{V}_1 = (\underset{1}{a_2} \quad \underset{n-2}{\boldsymbol{A}_2}).$$

然后对 $k=2,3,\cdots,n-1$(和实数情况不一样的是这里 k 要取到 $n-1$,这样做的必要性见稍后分析)依次进行:

① 计算 $m-k+1$ 阶 Householder 变换 $\widetilde{\boldsymbol{U}}_k^{\mathrm{H}} = (\boldsymbol{I} - \sigma \widetilde{\boldsymbol{u}}_k \widetilde{\boldsymbol{u}}_k^{\mathrm{H}})$ 使得

$$\widetilde{\boldsymbol{U}}_k^{\mathrm{H}} a_k = \delta_k \boldsymbol{e}_1, \quad \delta_k \in \mathbf{R}, \boldsymbol{e}_1 \in \mathbf{R}^{m-k+1},$$

并且形成

$$\widetilde{\boldsymbol{U}}_k^{\mathrm{H}} \boldsymbol{A}_k = \begin{pmatrix} b_k^{\mathrm{H}} \\ \widetilde{\boldsymbol{A}}_k \end{pmatrix} \begin{matrix} 1 \\ m-1 \end{matrix}.$$

② 计算 $n-k$ 阶 Householder 变换 $\widetilde{\boldsymbol{V}}_k^{\mathrm{H}} = (\boldsymbol{I} - \rho \widetilde{\boldsymbol{v}}_k \widetilde{\boldsymbol{v}}_k^{\mathrm{H}})$ 使得

$$\widetilde{\boldsymbol{V}}_k^{\mathrm{H}} b_k = \gamma_{k+1} \boldsymbol{e}_1, \quad \gamma_{k+1} \in \mathbf{R}, \boldsymbol{e}_1 \in \mathbf{R}^{n-k},$$

并且形成

$$\widetilde{\boldsymbol{A}}_k \widetilde{\boldsymbol{V}}_k = (\underset{1}{a_{k+1}} \quad \underset{n-k-1}{\boldsymbol{A}_{k+1}}).$$

接着对 k 要取到 $n-1$,这一与实数不同的地方进行说明:可以知道当进行完 $k=2,3,\cdots,n-2$ 步以后,得到的矩阵为

$$\boldsymbol{A} = \begin{pmatrix} \delta_1 & \gamma_2 & 0 & \cdots & 0 \\ 0 & \delta_2 & \gamma_3 & \cdots & 0 \\ \vdots & \vdots & \ddots & \ddots & \vdots \\ 0 & 0 & 0 & a_{n-1,n-1} & a_{n-1,n} \\ 0 & 0 & 0 & a_{n,n-1} & a_{n,n} \\ \vdots & \vdots & \vdots & \vdots & \vdots \\ 0 & 0 & 0 & a_{m,n-1} & a_{m,n} \end{pmatrix}.$$

如果是在实数域,可知右上角已经化为满足二对角矩阵的形式了,所以只需要左乘

上两个 Householder 矩阵，分别将 $\boldsymbol{a}_{n-1}=\begin{pmatrix}a_{n-1,n-1}\\ \vdots \\ a_{m,n-1}\end{pmatrix}$，$\boldsymbol{a}_n=\begin{pmatrix}a_{n,n}\\ \vdots \\ a_{m,n}\end{pmatrix}$ 化为 $\begin{pmatrix}\delta_{n-1}\\ 0\\ \vdots\end{pmatrix}$，$\begin{pmatrix}\delta_{n}\\ 0\\ \vdots\end{pmatrix}$ 就可以了，但是在复数域里，我们希望最后得到的是一个实的二对角矩阵，所以当我们对 $\begin{pmatrix}a_{n-1,n-1}\\ \vdots \\ a_{m,n-1}\end{pmatrix}$ 进行一次 Householder 变换将它化为 $\begin{pmatrix}\delta_{n-1}\\ 0\\ \vdots\end{pmatrix}$，还应该右乘上一个一阶的 Householder 矩阵（其实就是单个元素，并且这个元素的值等于 $e^{-i\theta}$，其中 $a_{n-1,n}=re^{-i\theta}$；$r,\theta\in\mathbf{R}$）把 $a_{n-1,n}$ 这个元素化为一个实数（并且易知这个实数就是 r）；而很显然这两个就相对于上面的取 k 到 $n-1$ 时完成的工作.

最后，当进行到 $k=n-1$ 之后，再计算 $m-n+1$ 阶 Householder 变换矩阵 $\widetilde{\boldsymbol{U}}_n^{\mathrm{H}}=(\boldsymbol{I}-\sigma\widetilde{\boldsymbol{u}}_n\widetilde{\boldsymbol{u}}_n^{\mathrm{H}})$ 使得

$$\widetilde{\boldsymbol{U}}_n^{\mathrm{H}}a_n=\delta_n\boldsymbol{e}_1,\quad \delta_n\in\mathbf{R},\boldsymbol{e}_1\in\mathbf{R}^{m-n+1}.$$

现令

$$\boldsymbol{U}_k=\mathrm{diag}(\boldsymbol{I}_{k-1},\widetilde{\boldsymbol{U}}_k),\quad k=2,\cdots n,$$

$$\boldsymbol{V}_k=\mathrm{diag}(\boldsymbol{I}_{k},\widetilde{\boldsymbol{V}}_k),\quad k=2,\cdots,n-1,$$

$$\boldsymbol{U}=\boldsymbol{U}_1\boldsymbol{U}_2\cdots\boldsymbol{U}_n,\quad \boldsymbol{V}=\boldsymbol{V}_1\boldsymbol{V}_2\cdots\boldsymbol{V}_{n-1},$$

$$\boldsymbol{B}=\begin{pmatrix}\delta_1 & \gamma_2 & 0 & \cdots & 0\\ 0 & \delta_2 & \gamma_3 & \cdots & 0\\ \vdots & \vdots & \vdots & \ddots & \vdots\\ 0 & 0 & 0 & \cdots & \gamma_n\\ 0 & 0 & 0 & \cdots & \delta_n\end{pmatrix}.$$

则有

$$\boldsymbol{U}^{\mathrm{H}}\boldsymbol{A}\boldsymbol{V}=\begin{pmatrix}\boldsymbol{B}\\ \boldsymbol{0}\end{pmatrix}\begin{matrix}n\\ m-n\end{matrix},$$

即实现了 $\boldsymbol{A}$ 的二对角化.

综上所述，并且参考文献[91]的形式，可以得到如下的二对角化算法.

算法 3.17

$\boldsymbol{U}=\boldsymbol{I}$；$\boldsymbol{V}=\boldsymbol{I}$；

for $j=1:n$

利用 QR 算法 3.6 求出与向量 $\boldsymbol{A}(j:m,j)$ 相对应的 u_j,σ_j,δ_j

```
//σ_j, u_j, δ_j 分别对应返回参数中的 σ, v, α
//使得 U_j^H A(j:m, j) = (δ_j, 0, …, 0)^T，其中 U_j^H = (I − σ_j u_j u_j^H)
更新：A(j:m, j+1:n) = A(j:m, j+1:n) − (σ_j u_j)(u_j^H A(j:m, j+1:n))
更新 A(j, j) = δ_j;
A(j+1:m, j) = 0
//因为本程序已经把 u_j 累积到 U 中，并且以后不会再用到 u_j
//所以不必把 u_j(2:m−j+1)保存到 A(j+1:m, j)中
//甚至 A(j+1:m, j) = 0 这一步也可以不做，知道它为 0 就可以了
//而当没有累积的话，除了要保存 u_j(2:m−j+1)
//还需要单独存储 u_j(1), σ_j
U(1:m, j:m) = U(1:m, j:m) − (σ̄_j(U(1:m, j:m) u_j))(u_j^H)
//完成对 U 的更新 U = U_1 U_2 … U_n
if j < n
   利用 QR 算法 3.6 求出与向量 A(j, j+1:n)^H 相对应的 v_j, ρ_j, γ_{j+1}
   //ρ_j, v_j, γ_{j+1} 分别对应返回参数中的 σ, v, α
   //使得 V_j^H A(j, j+1:n)^H = (γ_{j+1}, 0, …, 0)^T，其中 V_j^H = (I − ρ_j v_j v_j^H)
   //这样就有 A(j, j+1:n) V_j = (γ_{j+1}, 0, …, 0)
   更新：
   A(j+1:m, j+1:n) = A(j+1:m, j+1:n)
                     − (ρ̄_j A(j+1:m, j+1:n) v_j)(v_j^H)
   更新 A(j, j+1) = γ_{j+1};
   A(j, j+2:n) = 0;
   //因为本程序已经把 v_j 累积到 V 中，并且以后不会再用到 v_j
   //所以不必把 v_j(2:n−j)保存到 A(j, j+2:n)中
   //甚至 A(j, j+2:n) = 0 这一步也可以不做，知道它为 0 就可以了
   //当然如果没有累积的话，除了要保存 v_j(2:n−j)
   //还需要单独存储 v_j(1), ρ_j
   V(1:n, j:n) = V(1:n, j:n) − (ρ̄_j(V(1:n, j:n) v_j))(v_j^H)
   //完成对 V 的更新 V = V_1 V_2 … V_{n−1}
end if
end
```

当得到实的二对角矩阵后，如果不需要求奇异向量，那么可以说所有的工作都是一样的了，对实的二对角矩阵直接应用实矩阵情况下的算法就可以得到它的奇异值了，而此实二对角矩阵的奇异值就是原来复矩阵的奇异值.

当需要求奇异向量即 $\boldsymbol{U},\boldsymbol{V}$ 时，还有一些变动和需要讨论的地方，以下将简单地展开分析.

首先，假设由上面所述的二对角化过程得到的矩阵为 $\boldsymbol{B}$，并且由实矩阵情况下的算法计算得到 $\boldsymbol{B}$ 的 SVD 分解式为 $\boldsymbol{B}=\boldsymbol{P\Sigma Q}^{\mathrm{T}}$；而由前面二对角化的过程可知

$$\boldsymbol{U}^{\mathrm{H}}\boldsymbol{AV}=\begin{pmatrix}\boldsymbol{B}\\ \boldsymbol{0}\end{pmatrix}\begin{matrix}n\\ m-n\end{matrix},$$

所以

$$\boldsymbol{A}=\boldsymbol{U}\begin{pmatrix}\boldsymbol{P\Sigma Q}^{\mathrm{T}}\\ \boldsymbol{0}\end{pmatrix}\boldsymbol{V}^{\mathrm{H}}=\boldsymbol{U}\begin{pmatrix}\boldsymbol{P} & \boldsymbol{0}\\ \boldsymbol{0} & \boldsymbol{I}\end{pmatrix}\begin{matrix}n\\ m-n\end{matrix}\begin{pmatrix}\boldsymbol{\Sigma}\\ \boldsymbol{0}\end{pmatrix}\boldsymbol{Q}^{\mathrm{T}}\boldsymbol{V}^{\mathrm{H}}.$$

令

$$\boldsymbol{S}=\boldsymbol{U}\begin{pmatrix}\boldsymbol{P} & \boldsymbol{0}\\ \boldsymbol{0} & \boldsymbol{I}\end{pmatrix}=(\underset{n}{\boldsymbol{U}_1},\underset{m-n}{\boldsymbol{U}_2})\begin{pmatrix}\boldsymbol{P} & \boldsymbol{0}\\ \boldsymbol{0} & \boldsymbol{I}\end{pmatrix}=(\boldsymbol{U}_1\boldsymbol{P},\boldsymbol{U}_2);\quad \boldsymbol{T}=(\boldsymbol{Q}^{\mathrm{T}}\boldsymbol{V}^{\mathrm{H}})^{\mathrm{H}}=\boldsymbol{VQ},$$

那么就有

$$\boldsymbol{A}=\boldsymbol{S}\begin{pmatrix}\boldsymbol{\Sigma}\\ \boldsymbol{0}\end{pmatrix}\boldsymbol{T}^{\mathrm{H}}$$

为 $\boldsymbol{A}$ 的 SVD 分解.

而计算 $\boldsymbol{S}$ 和 $\boldsymbol{T}$ 有两种方法：

方法 1：先求出 $\boldsymbol{P},\boldsymbol{Q}$，然后把他们右乘到 $\boldsymbol{U},\boldsymbol{V}$ 上就得到 $\boldsymbol{S},\boldsymbol{T}$ 了，这里只是简单的矩阵相乘，就不加说明了.

方法 2：由实矩阵的情况可以得知，$\boldsymbol{P}$ 和 $\boldsymbol{Q}$ 是由一系列 Givens 旋转矩阵相乘累积得到的，即 $\boldsymbol{P}_i=\boldsymbol{P}_{i-1}\boldsymbol{G}_i(k,k+1,\theta)(i=1,2,\cdots)$，其中 $\boldsymbol{P}_0=\boldsymbol{I}$；$\boldsymbol{G}(k,k+1,\theta)$ 为 $(k,k+1)$ 平面的 Givens 旋转矩阵；类似的 $\boldsymbol{Q}_i=\boldsymbol{Q}_{i-1}\boldsymbol{G}_i(k,k+1,\theta)(i=1,2,\cdots)$，$\boldsymbol{Q}_0=\boldsymbol{I}$. 所以我们也可以直接把 $\boldsymbol{G}_i(k,k+1,\theta)$ 右乘累积到 $\boldsymbol{U}$ 和 $\boldsymbol{V}$，而这样每次只改变 $\boldsymbol{U},\boldsymbol{V}$ 的两列，从而避免了两个矩阵的直接相乘. 具体的操作为：将原来对 $\boldsymbol{P}$ 元素进行的操作全部转化为对 $\boldsymbol{U}$ 元素进行的操作，原来对 $\boldsymbol{Q}$ 元素进行的操作全部转化为对 $\boldsymbol{V}$ 元素进行的操作，只是原来是实数和实数相乘，现在为一个复数和一个实数相乘（用复数的实部乘以实数作为积的实部，复数的虚部乘以实数作为积的虚部）.

至此，可以说完成了求解复数 SVD 的算法.

当然这两种方法的计算量孰大孰小，还是值得讨论的，这里简单地分析如下.（我们只考虑乘除运算量）.

先看方法 1：$\boldsymbol{S}=(\boldsymbol{U}_1\boldsymbol{P},\boldsymbol{U}_2)$；求 $\boldsymbol{U}_1\boldsymbol{P}$ 相当于求一个 $m\times n$ 的复矩阵和一个 $n\times n$ 的实矩阵相乘；而易知一个 $m\times n$ 的实矩阵和一个 $n\times n$ 的实矩阵相乘计算量为 mn^2；而一个复矩阵和一个实矩阵相乘，其计算量增倍，所以为 $2mn^2$；而现在

假设 $\boldsymbol{P}$ 由 l 个 Givens 矩阵累积得到，每一次累积改变两列：

$$(\boldsymbol{p}_{ik};\boldsymbol{p}_{i,k+1}) = (\boldsymbol{p}_{ik};\boldsymbol{p}_{i,k+1})\boldsymbol{G}(k,k+1,\theta) = (\boldsymbol{p}_{ik};\boldsymbol{p}_{i,k+1})\begin{pmatrix} c & s \\ -s & c \end{pmatrix};\quad i = 1,\cdots,n,$$

可知这个累积过程的计算量为 $4n$；所以累积 $\boldsymbol{P}$ 用的计算量为 $4nl$；所以求 $\boldsymbol{S}$ 总的运算量为 $2mn^2+4nl$；再看 $\boldsymbol{T}=\boldsymbol{VQ}$，可知 $\boldsymbol{V}$ 和 $\boldsymbol{Q}$ 相乘的运算量为 $2n^3$，并且易知 $\boldsymbol{Q}$ 和 $\boldsymbol{P}$ 是由数量相对的 Givens 矩阵累积得到的，所以累积 $\boldsymbol{Q}$ 的过程花费也同样为 $4nl$，总运算量为 $2n^3+4nl$，计算 $\boldsymbol{S}$ 和 $\boldsymbol{T}$ 的总过程的运算量为 $2n^2(n+m)+8nl$.

接着再看方法 2：对 $\boldsymbol{U}$ 的一次累积过程可如下进行

$$(\boldsymbol{u}_{ik};\boldsymbol{u}_{i,k+1}) = (\boldsymbol{u}_{ik};\boldsymbol{u}_{i,k+1})\boldsymbol{G}(k,k+1,\theta) = (\boldsymbol{u}_{ik};\boldsymbol{u}_{i,k+1})\begin{pmatrix} c & s \\ -s & c \end{pmatrix};\quad i = 1,\cdots,m.$$

因为 $\boldsymbol{U}$ 为复矩阵，所以对每一个 i，运算量为 8 次，一次累积运算量为 $8m$，而总共有 l 次累积，所以运算量为 $8ml$；对 $\boldsymbol{V}$ 的累积可以类似地分析，得到对 $\boldsymbol{V}$ 的累积运算量为 $8nl$；所以总的运算量为 $8(m+n)l$.

剩下的任务就是估计 l 了，首先看 $2n^2(n+m)+8nl$ 和 $8(m+n)l$ 相等时的 l 的值，可得 $l=\dfrac{n^2(n+m)}{4m}$，且当 l 大于这个值时方法 2 的运算量就会大于方法 1. 因为对一个完整的 $n\times n$ 矩阵应用一次 QR 迭代，左右各需要乘上 n 个 Givens 矩阵，现在假设每迭代一次产生一个奇异值(这是一个很理想的值)，接着在剩下的 $(n-i)\times(n-i)(i=0,1,\cdots,n-2)$ 矩阵进行 QR 迭代，那么可以得知总共需要 $\dfrac{(n-1)\times(n+2)}{2}\approx\dfrac{n^2}{2}$；而当 $m\geqslant n$ 时，很容易证明 $\dfrac{n^2}{2}\geqslant\dfrac{n^2(n+m)}{4m}$；所以由此可知方法 2 的运算量大于或等于方法 1 的运算量，当 $m=n$ 时取等号.

当然这建立在一个很理想的假设上：每迭代一次产生一个奇异值；而实际往往要迭代很多次才产生一个奇异值，当然也存在特殊情况即迭代一次就产生很多个奇异值，可是这个几率是很小的，所以综合来说方法 1 的运算量比方法 2 要小得多.

从文献[147]中可以看出 LAPACK 采用的是方法 1；而且，还可知当原矩阵为实矩阵时，它采用的也是方法 1，在此作为补充，对实数时的情况也作一简单的分析，易知此时的运算量只需把原来设计到复数运算部分的运算量减半就可以得到了，分别为 $n^2(n+m)+8nl$ 和 $4(m+n)l$；从而要使方法 1 比方法 2 优秀，必须满足 $n^2(n+m)+8nl<4(m+n)l$，可得 $l>\dfrac{n^2(n+m)}{4(m-n)}$；一般 l 是一个和 n^2 同复杂度的数，并且在文献[144]中，有算法总复杂度约为 $20n^3$，从中反推，可以得知 l

$\approx 2.5n^2$，这时要满足 $l > \dfrac{n^2(n+m)}{4(m-n)}$，可知维数 m，n 要满足如下的式子：$9m > 11n$；此时方法1才比方法2优秀；否则，方法2比方法1优秀.

5. 以上SVD的主要算法对比分析

总而言之，从上述讨论可以看出求解SVD有很多种方法，并且综合来说没有哪一种方法具有绝对的优势，这大概也是近年来求解SVD的各种方法都有人进行研究的原因.而总体来说，它们所具有的特点如下.

传统QR迭代算法：比较成熟，但是在性能和精确度上都不够理想，现在已经基本上被融入到传统QR迭代和零位移QR迭代的混合算法之中了.

传统QR迭代和零位移QR迭代的混合算法：从传统QR迭代算法发展而来，从中继承了很多成熟的技巧，所以也相对完善，并且具有较高的效率和良好的精确度，所以是一种比较适中的方法.

QD算法：方法很新颖，发展得较晚；现在在理论上已经比较完善，并且也有很多相关的数值试验；但是还没有发现一个比较正式地采用它的软件包，并且研究工作大多也只在德国开展，甚至连较完整的基本算法也没有给出，但是按文献[136]中所说，它具有比传统QR迭代和零位移QR迭代的混合算法更高的效率，精确度也较好.

Jacobi方法：这是唯一一种不需要先二对角化的方法，保证了它的精确度是所有算法中最好的，但是它的效率不高(主要原因是收敛速度慢，并且每一步迭代的计算量大)，在文献[139]中对它进行了各种改进，使得它的效率可以和其他方法相当，从而使得它也成为一种值得选用的方法，特别是要求很高精度的解时.

分而治之算法：这是一种快速算法，但相对精确度不一定可靠，并且其中的好多具体细节都因为技术没公开而缺少文献资料，如果要采用此方法则还要作更进一步的分析和研究.

3.2.2.2　变换的保序性理论推导

将上述特征矩阵 $\boldsymbol{M}$ 按行分块，即由 $L-1$ 个16维的列向量 $\boldsymbol{m}_1,\boldsymbol{m}_2,\cdots,\boldsymbol{m}_{L-1}$ 所组成.此外，每个列向量 $\boldsymbol{m}_j$ 中仅有一个元素为1，其余元素全为0，故 $\boldsymbol{m}_i$ 是稀疏的且是单位向量，$j=1,2,\cdots,L-1$.以 $\boldsymbol{M}$ 左乘以 $\boldsymbol{M}^{\mathrm{T}}$，便得

$$
\begin{aligned}
\boldsymbol{M} * \boldsymbol{M}^{\mathrm{T}} &= \boldsymbol{m}_1 * \boldsymbol{m}_1^{\mathrm{T}} + \boldsymbol{m}_2 * \boldsymbol{m}_2^{\mathrm{T}} + \cdots + \boldsymbol{m}_{L-1} * \boldsymbol{m}_{L-1}^{\mathrm{T}} \\
&= \begin{pmatrix} f_{\mathrm{AA}} & 0 & \cdots & 0 \\ 0 & 0 & \cdots & 0 \\ \vdots & \vdots & \ddots & \vdots \\ 0 & 0 & \cdots & 0 \end{pmatrix} + \begin{pmatrix} 0 & 0 & \cdots & 0 \\ 0 & f_{\mathrm{AT}} & \cdots & 0 \\ \vdots & \vdots & \ddots & \vdots \\ 0 & 0 & \cdots & 0 \end{pmatrix} + \cdots + \begin{pmatrix} 0 & 0 & \cdots & 0 \\ 0 & 0 & \cdots & 0 \\ \vdots & \vdots & \ddots & \vdots \\ 0 & 0 & \cdots & f_{\mathrm{CC}} \end{pmatrix} \\
&= \operatorname{diag}(f_{\mathrm{AA}}, f_{\mathrm{AT}}, \cdots, f_{\mathrm{CC}}),
\end{aligned} \tag{3.31}
$$

f_i表示给定DNA序列的第 i 种双核苷酸出现的频数，对特征矩阵 $\boldsymbol{M}$ 施行奇异值分解(SVD)，此过程可写为

$$\boldsymbol{M} = \boldsymbol{USV}^{\mathrm{T}}, \quad \boldsymbol{U}^{\mathrm{T}}\boldsymbol{U} = \boldsymbol{I}_{16}, \quad \boldsymbol{V}^{\mathrm{T}}\boldsymbol{V} = \boldsymbol{I}_{L-1}.$$

因此，$\boldsymbol{M}$ 的奇异值可由下式确定：

$$\sigma_i = \sqrt{f_i} \quad (\text{见文献[148]}). \tag{3.32}$$

此处 $i=1,2,\cdots,16$，$\boldsymbol{S}=\mathrm{diag}(\sigma_1,\sigma_2,\cdots,\sigma_{16})$.

矩阵 $\boldsymbol{S}$ 的对角线元素恰为矩阵$\boldsymbol{M}$ 的奇异值，且 $\sigma_i(i=1,2,\cdots,16)$的值具有生物学意义.此外，所得数据体现了基因组序列“序”的本质特性，叙述如下：

置 $s_L=N_1N_2\cdots N_L$，其中 $N_j\in\{\mathrm{A,T,C,G}\}(j=1,2,\cdots,L)$.对于给定的原始序列 $s_L^{(k)}$，存在16元组向量

$$(\sigma_1^{(k)},\sigma_2^{(k)},\cdots,\sigma_{16}^{(k)}) \triangleq \boldsymbol{F}_L^{(k)} \tag{3.33}$$

与之对应，以及存在变换 T，使得

$$f(\boldsymbol{s}_L^{(k)}) = T(\boldsymbol{M}_{16\times(L-1)}^{(k)}) = \boldsymbol{F}_L^{(k)}. \tag{3.34}$$

$\boldsymbol{F}_L^{(k)}$ 仅仅依赖于原始序列本身的结构及其长度.此处，k 为序列的标签，L 为序列的长度.由有关“序”理论[149]可知，上述变换 T 为保序变换(order-preserving transformation，OPT).

3.2.3 保序变换-奇异值分解(OPT-SVD)算法的过程描述

由此，我们仅需计算 $f_{\mathrm{AA}},f_{\mathrm{AT}},\cdots,f_{\mathrm{CC}}$这16种双核苷酸各自出现的频数，可作为从原始DNA序列抽取出来的特征.保序映射算法描述如下：

OPT-SVD: Order-preserving transformation plus singular value decomposition

Step1. Input the primary biological sequences.

Step2. Preprocess these sequences.

(a) Transform original sequences into 16 By $L-1$ sparse matrix $\boldsymbol{M}$;

(b) Calculate $\sqrt{f_j}$ and $j\in\{\mathrm{AA,AT,AC,AG;TA,TT,TC,TG;CA,CT,CC,CG;GA,GT,GC,GG}\}$, respectively;

(c) Store the calculated feature vector.

Step3. Regard the 16-tuple condensed vectors as the features extracted from each primary data, respectively.

Step4. Cluster the biological data based on all the obtained 16-tuple vectors which comprise of singular values.

3.3　保序变换算法在基因组序列相似度/相异度分析中的应用

作为序列特征信息提取算法，为了评估 OPT-SVD 性能优劣，利用表 3.2 所列真哺乳亚纲物种的 20 条线粒体基因组序列来设计距离测度，用以构建系统谱系图. 该数据集曾相继出现在文献[150－152]等一些研究工作中，有的利用线粒体全基因组，有的利用线粒体 DNA 编码的单个蛋白质，在对序列作比较分析时各自得出不尽一致的结果. 正如文献[153]所报道，选择如此的数据集，理由是线粒体全基因组序列不是高度保守的，且具有较快的突变率，故利于研究生物体之间的进化关系.

表 3.2　真哺乳亚纲的 20 条基因组序列的简明信息

Accession no.	Species	Length
V00662	Human	16 569
D38116	Pigmy chimpanzee	16 563
D38113	Common chimpanzee	16 554
D38114	Gorilla	16 364
D38115	Bornean orangutan	16 389
X99256	Gibbon	16 472
Y18001	Baboon	16 521
X79547	Horse	16 660
Y07726	White rhinoceros	16 832
X63726	Harbor seal	16 826
X72004	Gray seal	16 797
U20753	Cat	17 009
X61145	Fin Whale	16 398
X72204	Blue Whale	16 402
V00654	Cow	16 338
X14848	Norway rat	16 300
V00711	Mouse	16 295
Z29573	Opossum	17 084
Y10524	Wallaroo	16 896
X83427	Platypus	17 019

1. 基因组序列的2D图形化表征

16元组向量的每个元素，均与某种双核苷酸出现的频率一一对应. 如图3.2所示，绘制了这20条序列的曲线图. 图形直观地呈现出20条序列整体上的相似度/相异度. 此外，这种表示法具有如下两个优点：(1) 曲线上无回路，即没有重叠与相交；(2) 曲线上所有的峰值点、谷点、折点均有生物学意义. 显然，特征曲线在每个角点处的纵坐标值，恰为某双核苷酸频率的算术平方根.

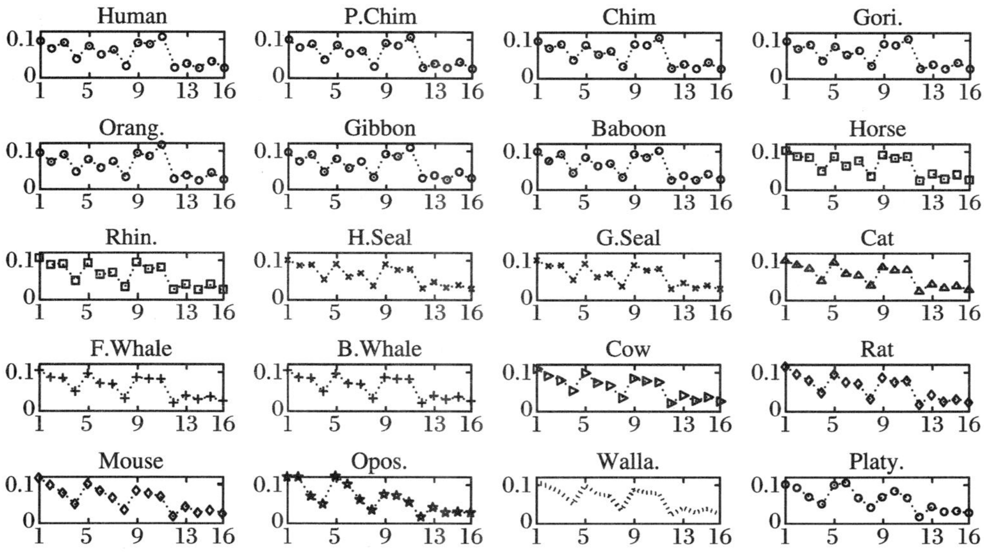

图3.2　20条真哺乳亚纲线粒体基因组序列的图形化表征

注：每个子图中，x 轴为16种双核苷酸，y 轴为对应的16个由该序列保序映射所得特征矩阵的奇异值

若以Human的线粒体基因组序列的特征曲线为参照，从图3.2中可以显见20个真哺乳亚纲大致归为三个子类：(1) 进化关系离Human最远的；(2) 亲缘关系与Human不远不近的；(3) 与Human亲缘关系最近的.

2. 基因组序列新的数值描述

序列的数值表征有助于对序列作定量比较. 实现此目标的方法之一，可通过对矩阵的数值不变量来加以描述. 将每条序列转换成相应的特征矩阵，一旦有了矩阵表征序列后，便可导出矩阵不变量来作为基因组序列的描述符. 不过矩阵的有些不变量计算复杂度高，造成了在计算上的主要困难[60]. 依据3.2.2节所述，OPT-SVD算法的特性能够克服此方面的不足，而且这些特征矩阵 $\boldsymbol{M}$ 的数值描述符易于求得. 由公式(3.33)，对所有特征矩阵 $\boldsymbol{M}^{(k)}$ 施以奇异值分解(SVD)，可计算出每条序列的特征向量 $\boldsymbol{F}_L^{(k)}=(\sigma_1^{(k)},\sigma_2^{(k)},\cdots,\sigma_{16}^{(k)})(k=1,2,\cdots,20)$.

3. 基因组序列的相似度/相异度分析

序列比较通常可通过描述符来实现,故上述 16 元组的向量,可充当比较不同基因组序列的指标.设第 i 条、第 j 条序列的 16 元组向量分别为 $\boldsymbol{F}^{(i)}=(\sigma_1^{(i)},\sigma_2^{(i)},\cdots,\sigma_{16}^{(i)})$和 $\boldsymbol{F}^{(j)}=(\sigma_1^{(j)},\sigma_2^{(j)},\cdots,\sigma_{16}^{(j)})$,这样利用算得的描述符来分析物种之间的相似性,在计算相似度/相异度时,可为物种增添带有某个特定目的上下文信息.特别地,仿照化学描述符(chemo-descriptors),现已开发出一些用于描述基因组序列或蛋白质组模式的简洁描述符,以便描述生物分子或生物系统,比如基因组序列或蛋白质分布模式.不妨将这些“生物描述符”(bio-descriptors)推广到“结构—属性—表征”的研究中,或者应用于分子系统的相似度/相异度分析,能为了解其生命活动提供新的见解[154].

分析序列之间的相似度/相异度需合适的距离测度,记 $D(\boldsymbol{s}^{(i)},\boldsymbol{s}^{(j)})$为两条序列之间距离,具体计算公式如下:

$$D(\boldsymbol{s}^{(i)},\boldsymbol{s}^{(j)}) \triangleq \|\boldsymbol{F}^{(i)}-\boldsymbol{F}^{(j)}\|, \tag{3.35}$$

其中,$\boldsymbol{F}^{(k)}$为从第 k 条序列,经 OPT-SVD 算法映射所得的向量(见 3.2.2 节).此处,$i=1,2,\cdots,N$;$j=1,2,\cdots,N$;$i\neq j$;N 为所有序列的总的条数,而$\|\cdot\|$代表向量 $\boldsymbol{F}^{(i)}$与 $\boldsymbol{F}^{(j)}$之间的欧式距离.

接下来运用此数值描述来研究上述数据集中序列相似度,为便于比较,利用式(3.35)可以计算这 20 个物种间的较为常见的相对相似距离.前述计算所得的所有映射向量 $\boldsymbol{F}_L^{(k)}=(\sigma_1^{(k)},\sigma_2^{(k)},\cdots,\sigma_{16}^{(k)})$($k=1,2,\cdots,20$)列于表 3.3 中,可用于随后的多重序列相似度分析.

为进一步直观地验证 OPT-SVD 算法的有效性,现对真哺乳亚纲作系统谱系分析.生物序列的字母表示法易于由计算机处理,但不便于我们肉眼观察出差异[110].系统树为我们提供了一种简便方式,来直观地察看生物序列,有利于以更直观的图片、图案对序列加以比较.上述(OPT-SVD)方法用于系统发生分析,来进一步验证其有效性,由表 3.3 中 20 条 16 维向量可绘制谱系图.

表 3.3　20 条真哺乳亚纲物种的线粒体基因组序列的 16 元组奇异值向量

Species	σ_1	σ_2	σ_3	σ_4	σ_5	σ_6	σ_7	σ_8	σ_9	σ_{10}	σ_{11}	σ_{12}	σ_{13}	σ_{14}	σ_{15}	σ_{16}
Human	0.311	0.273	0.300	0.219	0.288	0.246	0.269	0.176	0.304	0.295	0.327	0.162	0.193	0.159	0.207	0.161
P. Chim.	0.315	0.279	0.298	0.217	0.296	0.253	0.267	0.174	0.300	0.292	0.326	0.159	0.191	0.161	0.202	0.156
Chim.	0.313	0.278	0.298	0.217	0.294	0.250	0.268	0.177	0.299	0.295	0.326	0.160	0.194	0.158	0.203	0.158
Gori.	0.311	0.278	0.296	0.217	0.290	0.248	0.270	0.182	0.301	0.294	0.323	0.160	0.194	0.164	0.204	0.161
Orang.	0.310	0.266	0.304	0.216	0.277	0.237	0.270	0.179	0.308	0.295	0.339	0.164	0.194	0.154	0.210	0.163
Gibbon	0.311	0.270	0.301	0.213	0.281	0.237	0.269	0.180	0.304	0.293	0.331	0.173	0.193	0.158	0.213	0.171

续表

Species	σ_1	σ_2	σ_3	σ_4	σ_5	σ_6	σ_7	σ_8	σ_9	σ_{10}	σ_{11}	σ_{12}	σ_{13}	σ_{14}	σ_{15}	σ_{16}
Baboon	0.317	0.275	0.306	0.211	0.291	0.250	0.263	0.180	0.305	0.292	0.318	0.161	0.190	0.159	0.203	0.169
Horse	0.319	0.294	0.289	0.222	0.295	0.248	0.274	0.187	0.301	0.288	0.296	0.155	0.204	0.166	0.198	0.161
Rhin.	0.326	0.299	0.302	0.218	0.304	0.255	0.261	0.178	0.310	0.278	0.285	0.158	0.199	0.160	0.197	0.158
H. Seal	0.319	0.294	0.301	0.225	0.305	0.241	0.258	0.187	0.301	0.276	0.281	0.168	0.210	0.179	0.195	0.169
G. Seal	0.319	0.295	0.298	0.227	0.305	0.241	0.259	0.187	0.301	0.276	0.282	0.167	0.209	0.178	0.197	0.168
Cat	0.318	0.302	0.288	0.225	0.313	0.264	0.254	0.196	0.289	0.279	0.277	0.155	0.206	0.180	0.195	0.169
F. Whale	0.324	0.294	0.289	0.227	0.308	0.265	0.263	0.183	0.295	0.285	0.287	0.150	0.199	0.172	0.195	0.160
B. Whale	0.325	0.293	0.291	0.226	0.308	0.261	0.265	0.181	0.296	0.287	0.289	0.149	0.199	0.171	0.193	0.156
Cow	0.332	0.304	0.282	0.230	0.314	0.270	0.258	0.184	0.289	0.279	0.276	0.148	0.205	0.171	0.193	0.161
Rat	0.341	0.308	0.283	0.221	0.308	0.276	0.266	0.178	0.295	0.277	0.282	0.139	0.204	0.159	0.181	0.156
Mouse	0.343	0.318	0.279	0.221	0.322	0.290	0.258	0.181	0.290	0.274	0.260	0.133	0.202	0.163	0.178	0.156
Opos.	0.343	0.344	0.263	0.219	0.349	0.318	0.246	0.178	0.271	0.265	0.230	0.123	0.201	0.161	0.169	0.159
Walla.	0.329	0.309	0.282	0.221	0.314	0.273	0.264	0.183	0.293	0.282	0.278	0.143	0.199	0.164	0.191	0.161
Platy.	0.319	0.305	0.263	0.225	0.315	0.327	0.260	0.202	0.261	0.290	0.257	0.129	0.212	0.175	0.181	0.168

在式(3.35)计算所得的成对距离矩阵基础之上，便可导出系统谱系图(图3.3)，结果如预期所料：图中易看出，相近的序列聚到同一枝上.该图表明：灵长类Primates(包括：Human，Gorilla，Chimpanzees，Bornean Orangutan，Gibbon，Baboon 等)均很好地聚在一起.此外，树图中名字接近的物种对，如：(Blue Whale，Fin Whale)，(Harbor Seal，Gray Seal)以及(Common Chimpanzee，Pigmy Chimpanzee)等等，均能较好地聚在同一枝的双叉上.实验结果与目前已有文献报道的进化结论趋于一致，而此结论有解剖学的证据加以支撑，从而进一步佐证了我们方法的有效性.与此同时，算法的数值实验结果也表明了生物分子为进化奠定了重要的基础.这些结论与文献[70，74，153，155]所持观点相吻合.

一方面，可开发出独立的方法来评估本算法所导出的系统树图的准确率；另一方面，也可通过与权威方法所得结果的对比，来验证新的系统树图的有效性[156].我们选用后者来检验系统树是否有效，图3.3为本算法的结果，其中成对距离矩阵是基于欧氏距离的，连接方式为常用的“average”.

同时，作为对比，利用生物进化遗传分析的 Mega 软件[157]，经过 Clustal W 选用(Neighbor-Joining)参数，构建出传统意义上的系统树(图3.4)，图3.4与图3.3之间的相关系数为74.2%.与传统方法对比，此处所得的较高的相关系数值，从定量的角度进一步验证了我们方法的有效性.而且本算法所导出的系统树图，与权威的一些结论[150-152]相吻合，具体来说，体现在以下四个方面：(1) 灵长类(Primates)彼此挨得很近地聚在同一枝上；(2) 啮齿类(Rodents)两个物种落在同一枝上，并往上一层与另外一个大类 Ferungulates 汇聚；(3) 除了 Wallaroo 以外，Ferungulates 大类里各物种紧密聚于一起；(4) 特别地，外群(Platypus，Opossum)完全是自动被遴选出来的，无需预设.

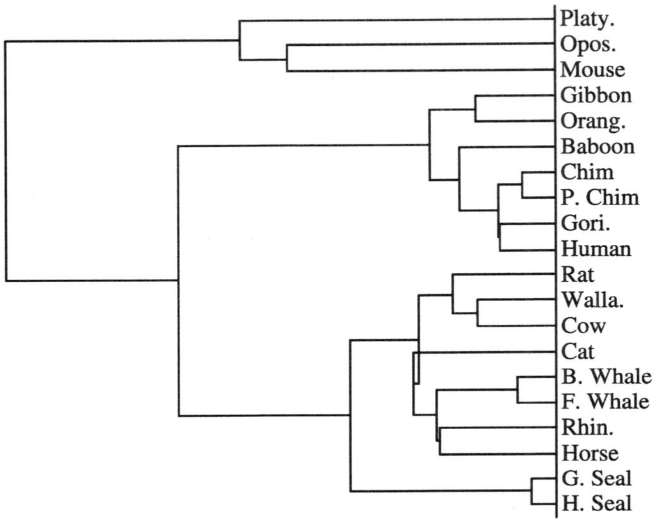

图 3.3　基于 OPT-SVD 算法的 20 条真哺乳亚纲线粒体基因组序列的系统树图

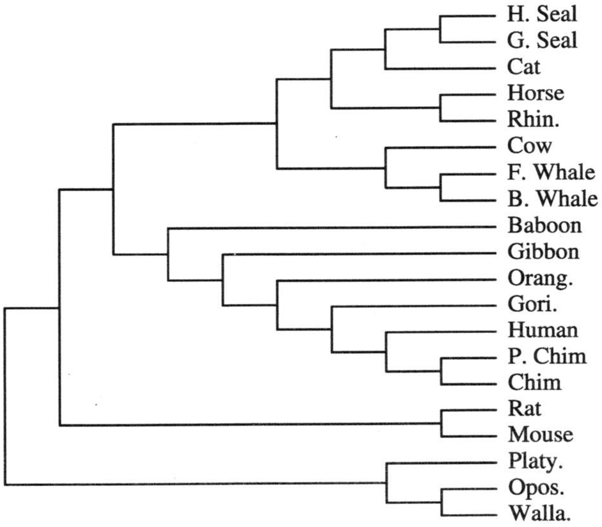

图 3.4　基于序列比对的 20 条真哺乳亚纲线粒体基因组序列的(NJ)物种树图

一直以来，诸多研究中尚存争论不休的异议[151,158]：三大类有胎盘的哺乳动物 Primates，Ferungulates 及 Rodents 中两组关系甚近，究竟哪两组更近？这是因为：依照极大似然的方法，某些蛋白质数据支持（Ferungulates，（Primates，Rodents））这样的聚类，而另一些蛋白质数据却支持另一种组合（Rodents，（Ferungulates，Primates））[150]. 然而，本章所提出的算法却倾向于另外一种假说（Primates，（Rodents，Ferungulates）），也正如文献[150－152]所说，上述三类有胎盘哺乳动物的系统树，至今依然颇受争议，亟待揭开谜底.

3.4　本章结论

本章基于矩阵奇异值分解理论，提出了具有“保序”特性的新非比对方法，通过抽取基因组序列的特征信息，经过图形化、数值化表征、序列聚类，来分析基因组序列之间的进化关系. 所提出的（OPT-SVD）方法，在处理过程中，能充分考虑到生物序列的“序”的特性；此法的另外一个优于其他方法之处，在于序列间的比较是基于16元组的压缩的特征向量（CFV），该向量经过归一化，变成单位向量，使得各条长度互异的基因组长序列不再受其长度的影响，故可广泛用于不同长度序列之间的比较运算.

同时，有了基于保序映射（OPT）以及奇异值分解（SVD）等理论，推导得出的算法具有优良的性质：只需直接计算出16种双核苷酸频率的算术平方根，从而有效地规避了在对特征矩阵 $\boldsymbol{M}$ 作奇异值分解时的、实际上的耗时计算. 与现存的一些系统发生分析方法相比，OPT-SVD 算法无需进行多重序列比对（MSA）. 此外，计算序列间的距离时既无需作进化模型参数的假定，亦无需作近似. 与传统方法所得结果之间的对比分析验证了算法的有效性，OPT-SVD 算法适合后基因组时代，全基因组水平上的种系发生分析.

第 4 章　基于保距映射算法的基因组序列 Map 示图及应用

利用第 3 章表征基因组序列“奇异值”向量 $\boldsymbol{F}$，通过主成分分析(PCA)，将所得的前几个主元用于序列之间的比较. 通过“奇异值”向量构建了各组哺乳动物基因组序列的系统树图，此外，由主成分分析所得的前两个主元绘制物种的二维“Map 示图”，展示物种间的亲缘关系. 本章提出的保距变换 DPT 算法非常适合大规模数据集.

4.1　受 PCA 的启发尝试对基因组序列数值描述

根据第 3 章的叙述，基于双核苷酸表征方法在序列的特征信息提取过程中性能良好. 将序列转换成二值化矩阵，再施行奇异值分解(SVD)，简洁、高效.

而主成分概念首先由 Karl Parson 在 1901 年引进，不过当时只是对非随机变量进行讨论，1933 年 Hotelling 将这个概念推广到随机向量. 主成分分析法(principle component analysis，PCA)在高维数据降维分析方面优势明显，历来颇受欢迎.

PCA 也是最为常用的特征提取方法，被广泛应用到诸如：语音识别、故障诊断、综合评价、图像处理等领域. 它通过对原始数据的加工处理，简化处理问题的难度，并提高数据信息的信噪比，以便改善抗干扰能力.

SVD 及 PCA 各自在基因组序列聚类中都有较好的效果，启发我们将二者结合起来，以便提高其分析效果[21,36-39]. 本章正是基于此观点，提出基因组序列新的数值描述符，并将其用来分析不同基因组序列之间的相似度. 算法过程可分为三步：(1) 计算每条基因组序列的“奇异值”向量(singular value vector，SVV)；(2) 对计算所得的 SVV 进行 PCA 分析；(3) 利用所得向量的前面几个局部主元分析序列间的相似度. 算法在两个真实数据集上的运用证明了模型的有效性.

4.2　基因组序列的“保距”变换

4.2.1　特征矩阵的构建

生物序列描述符颇受研究者的追捧，可用于一对序列间的相似性度量的组成要件[22]. 诸多工作曾引入描述符，用于 DNA 序列的相似度分析[10-11,31,70,83-88,118,159]. 本章提出一种新的描述符来表征基因组序列，并用以分析基因组序列之间的相似度.

通过将核苷酸/多肽序列转换为数字基因组信号，这样便可“借鉴”诸多关于信号处理的方法来分析、处理生物序列[90]. 最佳的将线性核酸链变换为实值或复值基因组信号的符号——数字转换(symbolic-to-digital)，是出现在核苷酸、密码子及氨基酸水平上的. 由此，我们的转换模型可描述为：

对于 DNA 序列 $S_1S_2\cdots S_L$，其中 $S_i\in\{A,T,G,C\}(i=1,2,\cdots,L)$，此处 L 为序列的长度，共有 16 种双核苷酸，即“字典”Ω：

$$\Omega=\begin{Bmatrix}AA,AT,AG,AC;TA,TT,TG,TC;\\GA,GT,GG,GC;CA,CT,CG,CC\end{Bmatrix}.$$

根据 2.2.1 节所述，通过近邻的双核苷酸种类与上述“字典”Ω 的对应关系，可从原始序列转换得到 $16\times(L-1)$的邻接矩阵 $\boldsymbol{M}$：

$$\boldsymbol{M}=(a_{ij})_{16\times(L-1)},\tag{4.1}$$

其中

$$a_{ij}=\begin{cases}1, & \text{if } S_jS_{j+1}=\text{the } i\text{th kind of dinucleotides},\\0, & \text{otherwise},\end{cases}$$

$$i=1,2,\cdots,16;\quad j=1,2,\cdots,L-1.$$

从信号处理角度来看，可将矩阵 $\boldsymbol{M}$ 视为 16 种“传感器”对序列的自上游到下游扫描一遍得到的观察值，其中的 16 种虚拟“传感器”取自于上述“字典”Ω. 故信号处理的方法可“移植”过来提取特征信息，分析多重序列的相似度.

4.2.2　基因组序列变换的特性

接下来，推导出上述算法的一些性质，首先，考察两个线性变换：

(1) τ_1：$\text{Sequence}^{(i)} \mapsto \boldsymbol{M}^{(i)}$

记 $\text{sequence}^{(i)}$表示第 i 条序列，其长度为 L，$i=1,2,\cdots,N$，N 为所涉序列总的条数. $\boldsymbol{M}^{(i)} \in \mathbf{R}^{16\times(L-1)}$为相应的从第 i 条序列转换而来的矩阵 $\boldsymbol{M}^{(i)}$，该矩阵为(0-1)型稀疏矩阵，其元素由式(4.1)确定，从而有

$$\tau_1(S^{(i)}) = \boldsymbol{M}^{(i)}. \tag{4.2}$$

(2) τ_2：$\boldsymbol{M}^{(i)} \mapsto (\sigma_1^{(i)},\sigma_2^{(i)},\cdots,\sigma_{16}^{(i)})$

若对 $\boldsymbol{M}^{(i)}$施以奇异值分解(SVD)，便得由其全部奇异值组成的 16 元组奇异值向量 $\boldsymbol{F}^{(i)}=(\sigma_1^{(i)},\sigma_2^{(i)},\cdots,\sigma_{16}^{(i)})$.

综上，便得复合变换：

$$\tau_2 \circ \tau_1 : \text{Sequence}^{(i)} \mapsto (\sigma_1^{(i)},\sigma_2^{(i)},\cdots,\sigma_{16}^{(i)}), \tag{4.3}$$

通过此变换可以方便地抽取 DNA 序列的特征.

其次，从代数空间的角度来看，以 T 表示复合变换，可改写为

$$T: S^{1\times L} \xrightarrow{\tau} F^{1\times(L-1)}, \tag{4.4}$$

其中，$S^{1\times L}$表示长度为 L 的 DNA 序列所组成的原始字符串空间(original string space)，而 $F^{1\times(L-1)}$表示转换后的目标空间(objective feature space). 由式(4.3)得

$$\tau(S) = \tau_2(\boldsymbol{M}). \tag{4.5}$$

同时，对 $\boldsymbol{M}$ 施以奇异值分解(SVD)，便得

$$\tau_2(\boldsymbol{M}) = \boldsymbol{UMV}^{\mathrm{T}} = \boldsymbol{F}. \tag{4.6}$$

故由式(4.5)及式(4.6)，得

$$\tau(S) = \boldsymbol{UMV}^{\mathrm{T}} = \boldsymbol{F} \tag{4.7}$$

成立.

接下来将推导上述变换具有保距特性.

命题 4.1 原始空间中，两条原始序列 $S^{(i)}$ 及 $S^{(j)}$ 之间的相似度 $\text{Sim}(S^{(i)}, S^{(j)})$可由下式来确定：

$$\text{Sim}(S^{(i)},S^{(j)}) \triangleq 1 - D(\boldsymbol{M}^{(i)},\boldsymbol{M}^{(j)}), \tag{4.8}$$

其中，$\boldsymbol{M}^{(i)}$为 $\text{sequence}^{(i)}$的特征矩阵，$i,j=1,2,\cdots,N$. 函数 $D(\boldsymbol{P},\boldsymbol{Q})$用以定义每两个矩阵 $\boldsymbol{P}$ 与 $\boldsymbol{Q}$ 间的距离测度，其中 $D(\boldsymbol{P},\boldsymbol{Q})=\|\boldsymbol{P}-\boldsymbol{Q}\|^2$，$\|\cdot\|$表示向量或矩阵的 Frobenius 范数，即$\|\cdot\|=\sqrt{\mathrm{tr}(\boldsymbol{PP}^{\mathrm{T}})}$.

定义 4.1 对于空间 S 中的元素 $S^{(i)}$ 及 $S^{(j)}$，若 $D(\tau(S^{(i)}),\tau(S^{(j)}))=D(S^{(i)},S^{(j)})$，则称 τ 为保距变换(distance preserving transformation，DPT). 其中 S 表示字符串空间(string space)，$\tau: S \to \mathbf{R}^{1\times n}$表示从字符串空间 S 到实赋范空间 $\mathbf{R}^{1\times n}$的变换.

性质 4.1 τ：$\text{Sequence}^{(i)} \mapsto (\sigma_1^{(i)},\sigma_2^{(i)},\cdots,\sigma_{16}^{(i)})$为保距变换.

证明 记 $\boldsymbol{P}$ 和 $\boldsymbol{Q}$ 分别为序列 $S^{(i)}$ 和 $S^{(j)}$ 的特征矩阵，其中 $i,j=1,2,\cdots,N$.

从而

$$\begin{aligned} D(\tau_2(\boldsymbol{P}),\tau_2(\boldsymbol{Q})) &= D(\boldsymbol{UPV}^{\mathrm{T}},\boldsymbol{UQV}^{\mathrm{T}}) \\ &= \|\boldsymbol{U}(\boldsymbol{P}-\boldsymbol{Q})\boldsymbol{V}^{\mathrm{T}}\|^2 = \mathrm{tr}(\boldsymbol{U}(\boldsymbol{P}-\boldsymbol{Q})\boldsymbol{V}^{\mathrm{T}}\boldsymbol{V}(\boldsymbol{P}-\boldsymbol{Q})^{\mathrm{T}}\boldsymbol{U}^{\mathrm{T}}) \\ &= \mathrm{tr}(\boldsymbol{U}(\boldsymbol{P}-\boldsymbol{Q})\boldsymbol{V}^{\mathrm{T}}\boldsymbol{V}(\boldsymbol{P}-\boldsymbol{Q})^{\mathrm{T}}\boldsymbol{U}^{\mathrm{T}}) \\ &= \mathrm{tr}(\boldsymbol{U}(\boldsymbol{P}-\boldsymbol{Q})\ (\boldsymbol{P}-\boldsymbol{Q})^{\mathrm{T}}\boldsymbol{U}^{\mathrm{T}}) \\ &= \mathrm{tr}((\boldsymbol{P}-\boldsymbol{Q})(\boldsymbol{P}-\boldsymbol{Q})^{\mathrm{T}}) = D(\boldsymbol{P},\boldsymbol{Q}). \end{aligned}$$

即

$$D(\tau_2(\boldsymbol{P}),\tau_2(\boldsymbol{Q})) = D(\boldsymbol{P},\boldsymbol{Q}), \tag{4.9}$$

故有

$$D(\tau_2(\tau_1(S^{(i)})),\tau_2(\tau_1(S^{(j)}))) = D(\boldsymbol{M}^{(i)},\boldsymbol{M}^{(j)}). \tag{4.10}$$

由于从序列 $S^{(i)}$ 到特征矩阵 $\boldsymbol{M}^{(i)}$ 的变换是一对一的(one-to-one)，故有

$$D(\boldsymbol{M}^{(i)},\boldsymbol{M}^{(j)}) = D(S^{(i)},S^{(j)}). \tag{4.11}$$

综合式(4.3)和式(4.10)，则有

$$D(\tau(S^{(i)}),\tau(S^{(j)})) = D(S^{(i)},S^{(j)}). \tag{4.12}$$

从定义 4.1 可以看出，复合变换 τ 确为保距的. ■

由此看来，从原始序列转换而来的稀疏的矩阵 $\boldsymbol{M}_{16\times(L-1)}$，对其施以奇异值分解，这样便可得到每条序列的“奇异值”向量(singular value vector，SVV)，记为 $\boldsymbol{F}^{(i)}=(\sigma_1^{(i)},\sigma_2^{(i)},\cdots,\sigma_{16}^{(i)})$，用于表征原始序列.

性质 4.2　序列 $S^{(i)}$ 的“奇异值”向量 $\boldsymbol{F}^{(i)}=(\sigma_1^{(i)},\sigma_2^{(i)},\cdots,\sigma_{16}^{(i)})$ 恰由 16 种双核苷酸的频率的算术平方根组成.

证明　记 $\boldsymbol{M}$ 为序列 $S^{(i)}$ 的特征矩阵，$i=1,2,\cdots,N$，由此得

$$(\sigma(\boldsymbol{M}))^2 = \lambda(\boldsymbol{M}*\boldsymbol{M}^{\mathrm{T}}), \tag{4.13}$$

其中，$\sigma(\boldsymbol{M})$ 表示全体 16 个奇异值，记 $\lambda(\boldsymbol{P})$ 为矩阵 $\boldsymbol{P}$ 的所有的特征值. 则有

$$\sigma_j = \sqrt{\lambda_j} = \sqrt{f_j},\quad j = 1,2,\cdots,16, \tag{4.14}$$

其中，f_j 为第 j 种双核苷酸出现的频率. ■

故对每个从原始序列转换而来的特征矩阵，由定义 4.1 及性质 4.2，便可计算出所有“奇异值”向量(SVV)：

$$\boldsymbol{F}^{(i)} = (\sigma_1^{(i)},\sigma_2^{(i)},\cdots,\sigma_{16}^{(i)}),\quad i = 1,2,\cdots,N,$$

其中 N 为序列的条数，所得 N 条与序列相应的 16 元组向量，可视其为从 DNA 序列抽取出来的特征向量. NNN-PCA 算法可概括如下：

Input：multiple biological sequences：　$S^{(1)},S^{(2)},\cdots,S^{(N)}$

　begin

　　for $n=1$ to N do

Transform each sequence $S^{(n)}$ into 16 by $(L-1)$ sparse *matrix* $\boldsymbol{M}^{(n)}$
end for
for $n=1$ to $\boldsymbol{N}$ do
$\boldsymbol{F}^{(n)} \leftarrow \sigma(\boldsymbol{M}^{(n)})$
end for
Apply principal component analysis (PCA) on $\boldsymbol{F}^{(1)}, \boldsymbol{F}^{(2)}, \cdots, \boldsymbol{F}^{(N)}$
Plot the maps for N species based on the first two PCs in 2D plane
for $i=1$ to $N-1$ do
for $j=i+1$ to $\boldsymbol{N}$ do
Calculate the pairwise distances using $D(S^{(i)}, S^{(j)}) = D(\boldsymbol{F}^{(i)}, \boldsymbol{F}^{(j)})$
end for
end for
Draw the dendrogram using the pairwise distances matrix
End

4.3 基于保距变换算法的基因组序列的相似度分析

通过应用于基因组序列的分析,可以评估所提出的 NNN-PCA 算法优劣.为此,分别遴选出线粒体基因组序列、全基因组序列来加以测试.算法的 MATLAB 源代码详见 http://home.ustc.edu.cn/~yhj70/NNN-PCA/code.rar.

4.3.1 第一个数据集上的实验结果

此数据集包含来自 35 个哺乳动物的线粒体基因组序列,可直接从文献[74,153]中获取.各条序列在基因库 GenBank 中的记录号为:Human,V00662;Pigmy Chimpanzee,D38116;Common Chimpanzee,D38113;Gorilla,D38114;Gibbon,X99256;Baboon,Y18001;Vervet Monkey,AY863426;Ape,NC_002764;Bornean Orangutan,D38115;Sumatran Orangutan,NC_002083;Cat,U20753;Dog,U96639;Pig,AJ002189;Sheep,AF010406;Goat,AF533441;Cow,V00654;Buffalo,AY488491;Wolf,EU442884;Tiger,EF551003;Leopard,EF551002;

Indian Rhinoceros, X97336; White Rhinoceros, Y07726; Harbor Seal, X63726; Gray Seal, X72004; African Elephant, AJ224821; Asiatic Elephant, DQ316068; Black Bear, DQ402478; Brown Bear, AF303110; Polar Bear, AF303111; Giant Panda, EF212882; Rabbit, AJ001588; Hedgehog, X88898; Norway Rat, X14848; Vole, AF348082; Squirrel, AJ238588.

4.3.1.1　对 SVV 施以 PCA 在二维平面上构建 Map 示图

根据前述的 NNN-PCA 算法，对序列转换所得的矩阵施以 SVD 分解，得到约减至 16 维的“奇异值”向量，此变换见式(4.3)．对上述 35 个哺乳动物的线粒体基因组序列组成的数据集，用 16 维的“奇异值”向量来表征从序列所提取出来的特征信息．

主成分分析(PCA)的核心思想：对包含大量存在内在相关性的变量的数据集进行降维，同时能够最大强度地保留所给出数据的离差程度．这一目标可通过转换为其主成分组成的新的数据集来实现，其中，这些主成分需满足互不相关，加以排序以使得前几个主成分就可足以保持原始变量的最大程度的离差．

表 4.1 给出了此数据集的前四个主成分，若以表 4.1 中的前两个主成分作为数对，视为点的坐标可在 2D 平面中给出基因组序列的 Map 示图，该数据集 35 个物种的 Map 示图如图 4.1 所示．利用图中两点间的距离作为序列比较的指标，便可进行基因组序列的相似度分析；若两条序列越相似，则图中相应的两点间距越小．

表 4.1　35 条线粒体基因组序列奇异值向量的前四个主成分

Species \ PCs	PC1	PC2	PC3	PC4
Human	−0.060 2	0.001 3	0.012 2	0.001 3
Pigmy Chimpanzee	−0.049 3	0.011 1	0.013 7	0.003 5
Common Chimpanzee	−0.051 4	0.007 1	0.014 6	0.003 3
Gorilla	−0.050 6	−0.000 7	0.012 6	−0.001 8
Gibbon	−0.071 3	−0.010 3	0.008 2	0.003 1
Baboon	−0.051 9	0.003 5	0.005 6	0.007 1
Cercopithecus Aethiops	−0.046 1	0.017 3	0.003 5	0.003 8
Ape	−0.049 0	0.011 6	0.001 1	0.003 7
Bornean Orangutan	−0.080 6	−0.002 4	0.012 0	−0.002 9
Sumatran Orangutan	−0.085 8	−0.001 5	0.010 8	−0.001 4
Cat	0.016 6	−0.007 9	−0.008 6	0.000 4
Dog	0.035 5	−0.012 3	0.009 6	0.006 8

续表

Species \ PCs	PC1	PC2	PC3	PC4
Pig	0.007 8	0.014 9	−0.034 4	0.003 3
Sheep	0.023 0	0.018 3	−0.010 7	−0.009 8
Goat	0.022 2	0.017 2	−0.008 7	−0.004 0
Cow	0.020 0	0.011 2	−0.006 9	−0.007 1
Buffalo	0.012 6	0.004 0	−0.009 9	−0.011 2
Wolf	0.036 3	−0.014 1	0.009 9	0.006 8
Tiger	0.011 1	−0.019 6	−0.003 9	0.000 5
Leopard	0.011 3	−0.019 6	−0.004 1	0.000 8
India Rhinoceros	−0.005 7	0.021 5	−0.019 9	−0.001 6
White Rhinoceros	−0.013 6	0.015 9	−0.018 9	0.006 6
Harborseal	−0.010 0	−0.013 7	−0.028 7	0.005 4
Gray Seal	−0.010 1	−0.013 2	−0.027 5	0.004 1
African Elephant	0.037 6	0.004 6	0.000 2	0.011 8
Asiatic Elephant	0.035 2	0.005 9	−0.002 3	0.017 0
Black Bear	0.031 1	−0.035 7	0.003 4	−0.010 7
Brown Bear	0.028 8	−0.045 7	0.001 3	−0.001 5
Polar Bear	0.029 0	−0.046 5	0.001 5	−0.003 7
Panda	0.061 5	−0.024 5	0.008 2	−0.001 8
Rabbit	0.018 5	0.003 0	0.022 7	−0.007 4
Hedgehog	0.134 1	0.035 8	0.018 4	0.010 0
Norway Rat	0.014 8	0.035 4	−0.005 8	−0.015 1
Vole	−0.010 5	0.004 0	−0.010 3	−0.012 8
Squirrel	0.059 0	0.023 8	0.030 9	−0.006 7

由图 4.1 易知：Primates 灵长类（Human，Ape，Gorilla，Chimpanzees 等）距离较近，与文献[153，155]所持观点趋于一致．此外，具有相似名字的物种对，如：African 和 Asiatic Elephants，Harbor 和 Gray seals，三种 Bears 等等，在示图上几乎聚在一起．而且，另一些小类，如：Wolf 和 Dog，Cat，Tiger 和 Leopard，Goat 和 Sheep，从其 Map 示图可看出：各自均有较近的亲缘关系．这些结论与现今已知的，且已经有解剖学证据的进化事实趋于一致[151-152]，从而证明了本章保距映射算法的有效性；同时也验证了生物分子对生物进化的重要影响[74]．

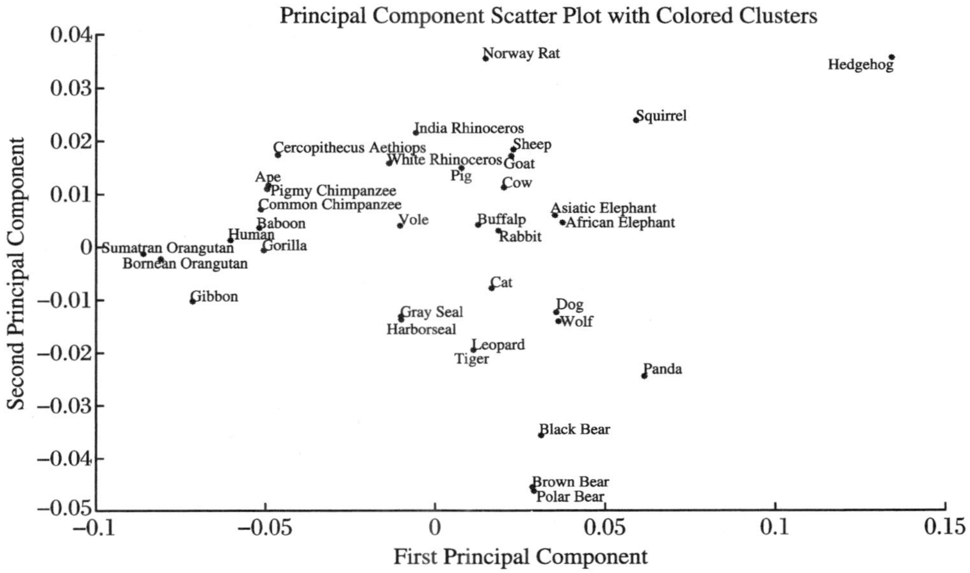

图 4.1　基于 NNN-PCA 的 35 条线粒体基因组序列前两个主成分的投影示图

4.3.1.2　距离测度与主成分的数量的组合

图 4.1 直观地表明了前两个主成分(PCs)，就可以把这些物种分成若干个合理的子群. 同时，主成分对整体离差可以绘制成 scree 图(图 4.2)，其中 x 轴表示前四个主成分，而 y 轴为与之对应的各主成分对总离差的贡献率. 图 4.2 表明，此数据集的前四个主成分充分地携带了其信息，前四个主成分累计贡献率达到 95.95%.

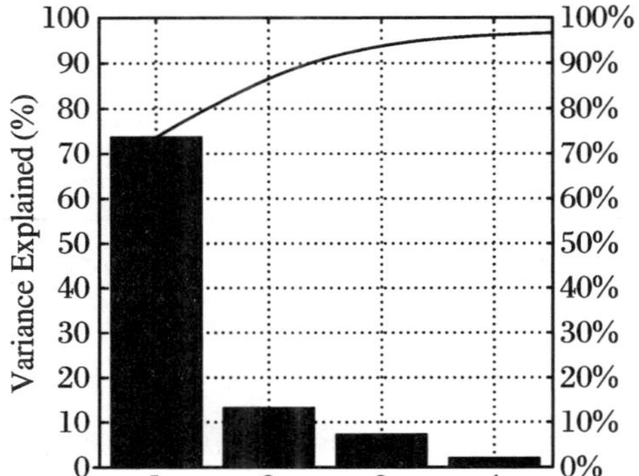

图 4.2　前四个主成分的贡献率

因而,前四个主成分用于物种之间相似度分析,大大地降低了数据的维数.为了进一步验证所提算法的有效性,对此数据集中的物种作相似度分析,对比分析的结果依赖于不同距离测度.本小节将探讨距离测度与主成分数目在序列相似度分析时的最优组合.

利用基于序列比对的 Mega 软件,计算出 35 条序列之间的成对距离矩阵.选用 Neighbor-Joining 方法[111]来推断进化史.基于序列比对的成对距离矩阵(详见 http://home.ustc.edu.cn/~yhj70/NNN-PCA/Pdist.xls),从中可抽取 Human 与其余 34 个物种之间的成对距离,恰好组成距离矩阵的第一行 34 条观测值.鉴于相关分析法可用来对比分析不同方法性能,与传统的比对方法所得结果之间的相关程度越高,意味着新提出的方法越有效.

为探寻何种距离测度最优,将七种距离测度分别与前两个主成分、前四个主成分以及 16 维的"奇异值"向量 SVV 加以组合,分别计算出与传统的基于比对方法结果间的相关系数值(表 4.2),第一列为基于前两个主成分算法的性能值(相关系数);依此类推,第二列给出了前四个主成分情形;最后一列给出了全体 16 维的"奇异值"向量的情形.

表 4.2 七类距离测度和三类主元数目的组合情形下与基于比对的结果间相关程度

距离测度 \ 主成分	2 PCs	4 PCs	16D SVV
euclidean	0.811 8	0.841 6	0.844 2
std_euclidean	0.798 4	0.899 8	0.870 6
cityblock	0.797 4	0.875 9	0.844 4
mahalanobis	0.789 4	0.898	0.558 8
cosine	0.761 6	0.846 2	0.642 7
correlation	0.682 3	0.870 5	0.691 8
spearman	0.682 3	0.833 8	0.813 1
Mu/Sigma	13.696 34	32.343 3	6.220 726

表 4.2 表明在前四个主成分情形下,七种距离测度下性能均良好.而且与另外两种情形相比,前四个主成分情形下的相关系数观测值趋于平稳,而未出现剧烈波动.在这三种情形下,相关系数的平均值依次为 0.760 5,0.866 5 及 0.752 2,且标准差依次为 0.055 5,0.026 79 和 0.120 9.距离测度的优劣通常由统计指标 μ/σ 来予以确定,故由表 4.2 的最底行可知:前四个主成分情形下上述统计指标值达到最高,即 32.343 3.与此同时,得出在此情形下 Standardized Euclidean 距离测度最优.

4.3.1.3　基于前四个主成分的基因组序列的系统发生分析

对于给定的基因组序列，上述数据集基于 NNN-PCA 算法的种系发生分析，步骤如下：

(1) 计算每条基因组序列的 16 维“奇异值”向量；

(2) 探寻距离测度与主成分数目的最优组合，即 Standardized Euclidean 及前四个主成分，利用前四个主成分计算得到距离值，构建成对距离矩阵；

(3) 对最佳的“连接方式”寻优，重构系统树图.

定量分析看来，每种“连接方式”的稳定性可通过“共表型”相关系数(cophenetic correlation coefficient，CCC)来加以确定，其值的大小意味着成对距离矩阵与所导出的系统树图之间的一致性程度. 在完全一致的情形下，“共表型”相关系数 CCC = 1. 一般地，上述一致性程度越高，则相关系数 CCC 值越大. 由此，通过观察 CCC 的值随着不同的“连接方式”改变而改变，其中系数值达到最大时即得最优“连接方式”(详见 http://en.wikipedia.org/wiki/Cophenetic_correlation 可了解 CCC 系数值如何计算). 从图 4.3 可以看出，CCC 的值在第三种情形达到峰值，说明七种连接方式中“Average”最佳.

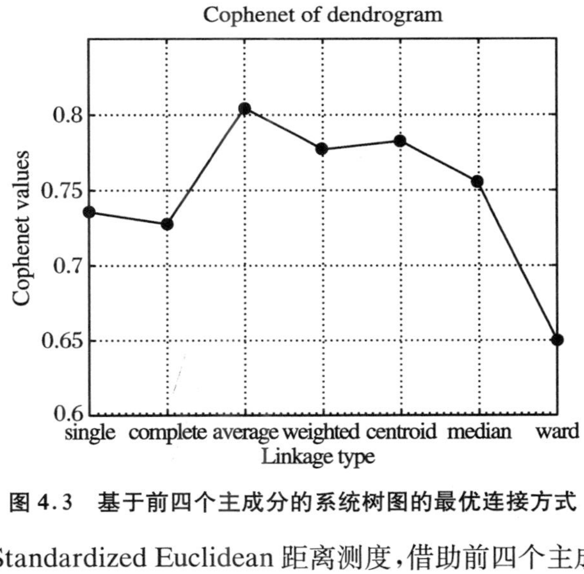

图 4.3　基于前四个主成分的系统树图的最优连接方式

因此，选用 Standardized Euclidean 距离测度，借助前四个主成分，计算成对距离，由上述可知“Average”连接方式最优，绘制的系统树如图 4.4 所示，从中可见 35 个物种被明显区分开来，具体如下：

(1) 十个灵长类物种聚在一起；

(2) 犬属(Dog，Wolf)以及熊科(Black Bear，Brown Bear 和 Polar Bear)各自

区分明显；

(3) 偶蹄目(Cow, Goat 及 Sheep)清晰可辨；

(4) (Leopard, Tiger 及 Cat)聚成一个子类；

(5) Hedgehog 距其他所有各族较远.

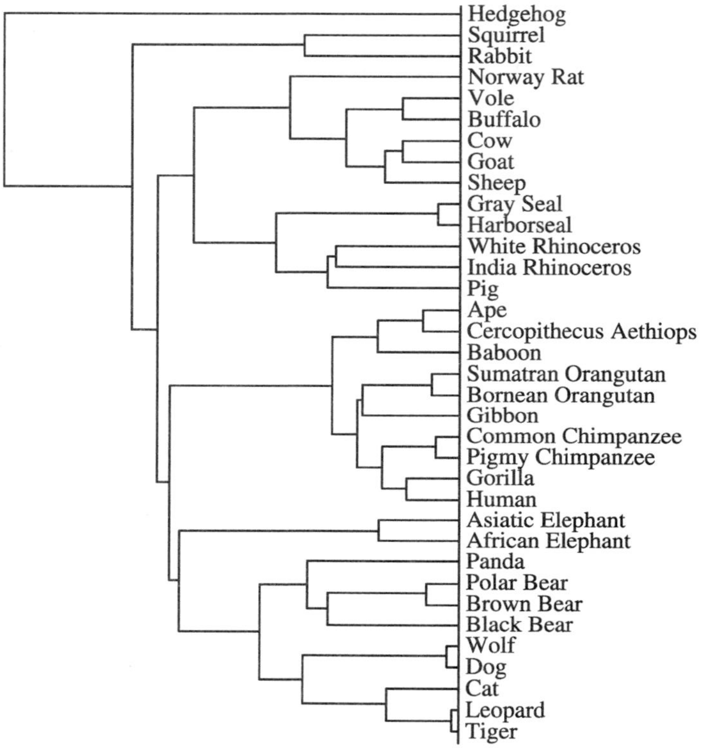

图 4.4 基于 NNN-PCA 前四个主元 35 条基因组序列系统树

上述讨论与现存的一些研究结果趋于一致[150-152]. 由此可知，本章所提算法为我们比较不同生物序列提供了简便的途径. 尤其是此处结论表明：食虫类动物 Hedgehog 最早从哺乳类分化出来，这与 Krettek 等人的观点相符[160].

4.3.2 另一个更大规模数据集上的实验结果

为进一步验证 NNN-PCA 算法的有效性，利用该算法在另一个数据集上作系统谱系分析，该数据集相关的研究工作参见文献[43, 161]，序列的简明信息见表 4.3，序列的长度最高达到 2 Mbps. 下面将进行全基因组序列的比较，包括 nongenic, intronic 以及 exonic 等这些能最好地代表全基因组遗传分化的序列.

表 4.3　十条全基因组序列简明信息

Species \ inf.	Name	Length(bps)
Chimpanzee	Pan troglodytes	1 573 483
Cow	Bos Taurus	2 022 671
Dog	Canis lupus familiaris	1 317 853
Horse	Equus caballus	1 423 288
Human	Homo sapiens	1 877 426
Macaque	Macaca mulatta	1 678 549
Mouse	Mus musculus	1 486 509
Opossum	Monodelphis domesticus	1 627 985
Platypus	Ornithorhynchus anatinus	1 268 713
Rat	Rattus norvegicus	1 883 088

1. 抽取的主成分

类似地，按照 4.3.1.3 节的描述，可得（更大规模数据集）十条全基因组序列的前三个主成分，见表 4.4，同时，图 4.5 给出了基于前两个主成分的十个物种之间的 Map 示图.

表 4.4　十条全基因组序列的前三个主成分

Species \ PCs	PC1	PC2	PC3
Chimp	−0.017 2	0.001 6	0.006 1
Cow	−0.008 9	−0.007 7	−0.001 8
Dog	0.014 5	0.021 9	−0.001 0
Horse	−0.008 9	0.007 8	0.005 4
Human	−0.017 5	0.001 1	0.006 2
Macaque	−0.016 0	0.002 7	0.007 3
Mouse	0.006 8	−0.015 5	0.003 3
Opossum	−0.061 3	−0.000 1	−0.018 8
Platypus	0.097 3	0.000 1	−0.008 4
Rat	0.011 4	−0.012 1	0.001 6

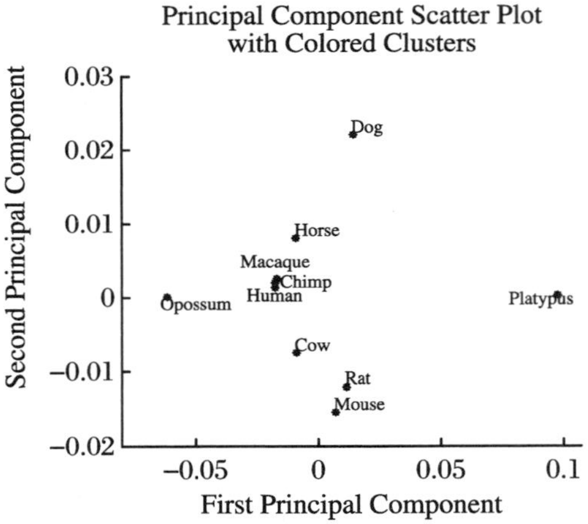

图 4.5　基于十条 16 维向量的前两个主成分投影的 Map 示图

同样的，可绘制与表 4.4 中所列数据相对应的 scree 图，从中可直观地看出各主成分的贡献率. 图 4.6 表明：前两个主成分占总离差的 94.93%，另外，前四个主成分累计达到总离差的 98.58%.

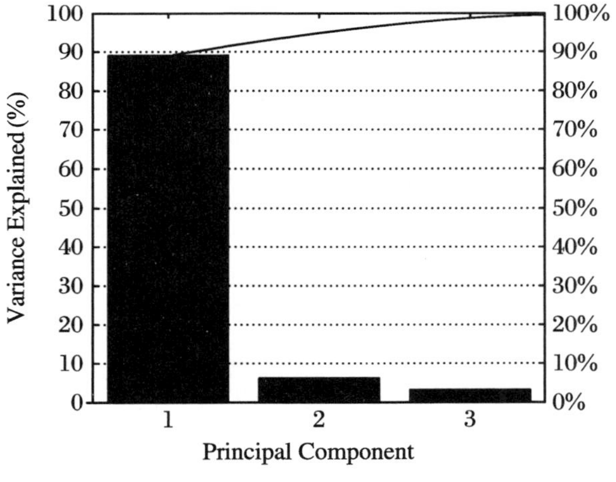

图 4.6　第二个数据集上的前三个主成分对总离差的贡献率

2. 系谱分析

故可采用前三个主成分，仿照 4.3.1.3 节所述过程，构建出第二个数据集的系统树图，分析结果如图 4.7 所示，从中不难看出：(1) 三个灵长类物种紧密地聚在一起；(2) 与 Rat 关系最近物种的是 Mouse，二者均属于 Rodent 子家族；(3) Platypus 以及 Opossum 距离其余 8 个物种关系最远.

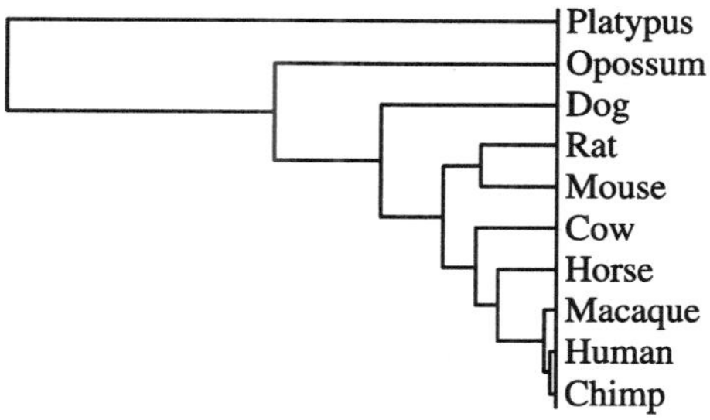

图 4.7　基于 NNN-PCA 算法导出十条全基因组序列的前三主元的系统树

上述结果与其他一些工作[43,161]所得结论是相符合的.

4.4 本章结论

为便于基因组序列的数值描述，本章引入复合变换：先将基因组序列转换成 $16\times(L-1)$ 的稀疏矩阵，该过程能抓住基因组序列“序”的特性；而且在此第一阶段，通过对每条序列的“特征”矩阵施行 SVD 分解，用于描述序列的数据的维数能得到极大地降低，即从高达 1.64×10^4（或 2×10^6）维降到 16 维. 原始每条基因组序列虽然长度不尽相同，但是最终都能转换到等维度的数值向量，故本算法可免受原始序列不等长的负面影响. 尤其是，已证明出：(1) 变换具有保距特性（distance preserving transformation，DPT）；(2) 16 维向量的各元素均与近邻核苷酸数目紧密相关（neighboring nucleotide number，NNN）.

在算法的第二阶段，通过主成分分析法抽取上述变换所得一组向量的前面若干个主成分. 在更大规模的数据集上，比如：由十条哺乳动物的全基因组序列构成的第二个数据集，序列长度高达 2 兆，本章所提出的算法依然能取得较好的运行效果.

经过优化分析，两个数据集上，距离测度与主成分数目的最优组合分别为：Standardized Euclidean + 前四/三个主成分. 同时，优化得出“Average”连接方式可获得最佳的聚类效果，所生成的系统树图与传统基于序列比对方法的结果较为接近，也符合进化事实.

利用前两个主元，将每条基因组序列投影成二维平面上对应的点. 该 Map 示图上，每两点之间的距离，一定程度上预示着相对应的两个物种间的亲疏关系. 由此所构建的基因组 2 维 Map 示图，反映了各个物种间的关系.

聚类分析结果表明本章的算法合理、有效. NNN-PCA 算法还可推广到蛋白质组序列数据集上，用来抽取蛋白质序列的特征信息，作序列的相似度分析.

第5章　基于NFV-AAA算法的蛋白质序列相似度分析

基于所有各种近邻氨基酸(AAA)的分布情况,可将每条蛋白质序列映射成$400\times(L-1)$的矩阵$\boldsymbol{M}$.对$\boldsymbol{M}$施行奇异值分解,从而可得从原始蛋白质序列抽取出归一化的数学描述符D,其维数为400.从序列抽取的400维归一化特征信息(NFV)可用于对蛋白质序列聚类、作相似度分析.

5.1　基于*K*-mer的组分向量法背景概述

蛋白质序列相似度分析,是分子生物学以及生物信息学最基本工作之一.其中,字符串匹配算法要数Smith-Waterman最为著名,它采用距离函数或计分函数来代表被分析的序列进行插入、删除、替换等操作.传统的序列比较是在成熟的序列比对架构下作评判的[1],不过时常易于造成复杂的计算,尤其是在多重序列比较时表现会更突出.影响到比对效率的不利主要因素有二:计算复杂性及比对代价函数准则.为避免比对所需的高昂的计算成本,诸多研究者们研制出非比对方法来高效地分析序列[52].

郝柏林研究组开发出基于*K*-mer组分向量法(CV),该方法通过马尔科夫链估计量建模来对背景消噪.利用此非比对的方法分析蛋白质序列/基因组序列,Hao的研究组获得了有价值的结果[162-163].然而,随着序列长度增加,此法面临着组分向量的维数呈指数方式增长.

利用沿坐标轴每一步游走来代表氨基酸的策略,文献[53]提出通过20维向量表示每条序列的数值描述方法,该向量的各个分量用来导出序列之间的距离矩阵,矩阵中数值用以比较不同序列之间的相似度/相异度.文献[54]中,作者提出单位长度的20维向量方法来表示蛋白质序列,提高了对原核生物蛋白质序列亚细胞定位预测的准确率.类似地,Novič等人[55]提出了更加通用的不变量表示蛋白质,引导出一种对蛋白质序列简单明了的表示法.

文献[57]提出一种相对直接的 2D 表示法，该法已经超出了在其之前的 2D 图形化表示法的范畴. 其意义在于不仅直观地展示了蛋白质序列，而且还运用于 DNA 的 2D 图形化表示以及蛋白质组的图谱. 这使得蛋白质和一组不变量关联起来成为了可能，这些不变量可当作蛋白质的分子描述符. 近来，Zhu 等人[58]提出一种简易的图形表示法来代替复杂的分子结构，该方法能直观查看序列数据，帮助识别不同的 RNA 结构之间主要的相似之处，构建数值描述符号. 同时，基于氨基酸的多种理化属性，一些相似度分析方法相继出现，用以分析 9 条 ND5 蛋白质序列之间的相似度/相异度[16,18-19,59-64]. 然而，在考虑氨基酸的这些理化属性时容易产生主观性的观点. 当研究者在选择 DNA 或氨基酸的理化属性时难免带有一定程度的主观性和随意性.

在文献[16]中，Randić 等对蛋白质的图形化表示法的方案及非图形化与其随后的数值描述，作了一番较为全面的综述. 另外，Randić[26]提出了一种新的 DNA 表示法，该法利用正规化矩阵来计算相邻碱基对出现的频率. 值得注意的是，相邻氨基酸的相互作用对蛋白质成形起主要作用. 文献[18]中，考虑到相邻氨基酸的相互作用，作者提出了一种基于 Jeffrey 方法[4]的蛋白质的 3D 图形化表示法. 然后，导出新的描述符来刻画蛋白质的 3D 图形化表征，两条 3D 图形之间的距离用以比较相应的每两条蛋白质之间的相似度. Chang 等人[65]提出一种叫做 HCS (harmonic common substring)的新的非比对方法，并用该方法分别重构了 24 条转铁蛋白序列、26 条 spike 冠状病毒蛋白序列的系统树. Xia 等人[66]研究了 Human，Mouse 以及 Escherichia coli. 的蛋白质编码基因的关联与排斥，该研究表明：序列上所有氨基酸均对其近邻表现出一定的偏好.

本章基于序列中各种近邻氨基酸的分布，将每条蛋白质序列映射成一个“特征”矩阵 $\boldsymbol{M}$，从中抽取新的矩阵不变量，对每条序列作数值刻画. 通过对 $\boldsymbol{M}$ 施行奇异值分解，得出 400 维的“奇异值”向量，充当蛋白质序列的归一化数学描述符，视之为从蛋白质序列抽取的特征信息. 本方法运用于两个典型数据集作相似度分析(包括：9 个物种的 ND5 序列、24 个脊索动物的转铁蛋白序列).

5.2　基于氨基酸(AAA)分布的蛋白质序列描述符

5.2.1　描述符的范式

蛋白质序列具有“序”的属性，主要体现在其上的每种近邻氨基酸(AAA)是顺次连接起来的.按照定量的方式,蛋白质序列的数值描述旨在获取各种 AAA 在该条序列中的含量及其分布.20 种单氨基酸 SAA 组成共 $20\times20=400$ 种 AAA,不过,AAA 的分布所含的信息量多于其组分所含的信息量.在一些像 Histone(H4)或一些突变的变种病毒基因这样高度保守的基因[15]中,即使 AAA 的组分完全一样,AAA 的分布信息仍然可以区分出不同的基因或物种.事实上,AAA 分布的描述符蕴含丰富的位置信息,而 AAA 的组分描述符却不是这样.比如:对于两个不同的蛋白质序列,它们基于 AAA 组分的表征向量可能完全一样,但是基于 AAA 分布的表征向量却各异.表征蛋白序列的描述符注重"结构-属性"相似原则,相似的结构通常会有相似的性能.故序列的近邻氨基酸(AAA)的分布信息值得关注.

近来,如文献[16,164-166]所述,"结构-属性"相似原则已成为通用范式,如图 5.1 所示:*S* 代表生物序列,如 DNA,RNA 或氨基酸(AA)序列;集合 ***D*** 表示代数、几何或拓扑描述符;而 ***M*** 为计算所得或实验所得的分子属性.具体来说:

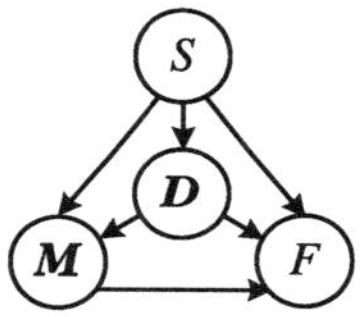

图 5.1　生物序列向几种描述符转换图

注:其中,*S* 为生物序列的集合;*F* 为从序列抽取的"特征"向量的集合;*D* 为结构描述符的集合;***M*** 为对分子有关性质描述的集合

集合 ***D*** 的元素:蛋白质序列转换而来的"特征"矩阵;

矩阵 ***M*** 包含:AAA 的分布特性;

集合 *F* 是由所有从集合 *S*,***D*** 或 ***M*** 中抽取出来的"特征"向量.

此过程的范式,从形式上可描述为:从集合 *S* 到集合 *F* 的变换,*F* 的元素为从序列抽取出来的特征.事实上,一种有效的对序列的归一化表征方式,在生物序列规模巨大的后基因组时代意义重大.

用实验的手段可直接从集合 *S* 转换到集合 *F*,与之不同的是按照 $S\to D\to F$ 这样的架构,形成间接的转换过程.基于蛋白质序列上 AAA 的分布信息,上述间接过程为我们理解序列的功能和属性提供了帮助.此法还能够借助日益增长的基因库中已有的数据集,来比较假想的或有害的序列,或用来预测其生物活性和危险性等.需要强调一下,图 5.1 所示的两种变换均不是唯一的,即无论是实验手段的 $S\to F$,还是理论方法的 $S\to D\to F$ 均可能给本来互不相同的序列赋予同样的量值.对于小分子的描述符,情况亦然.不过,这点对于属性预测无甚大碍,因为即使是退化的描述符,仍然能够对 DNA/氨基酸的重要结构信息加以量化.当然,描述符的退化程度愈低,愈有利于作为抽取的特征信息.

由于生物数据的复杂性和高维性,既不能以数字公式表示,也不能以逻辑公式表示,故对这些序列的研究大多是基于统计工具.此外,通过数据的可视化,帮助人们认识和理解生物序列,进而分析和解释数据,使人们从表面上看来是杂乱无章的海量数据中找出隐藏的规律，为科学发现提供依据. 所以，现在有些学者开始借助各种可视化工具，以图、树、方体、链的形式展现其复杂结构和序列模式，以求直观地表达生物序列的理论结构与区别.

常用的生物数据可视化工具有：语义镜技术、信息壁技术、基因调控网格等. 语义镜技术是在数据库技术基础上比较显示多因素组合导致的生物现象；信息壁技术是利用有限屏幕显示海量生物分子信息；基因调控网络/聚焦+关联技术主要用于交互显示不同范围内目标数据的整体相关性；基因调控网络表现生物分子相互作用、复合及作用路径等生物信息新的可视化技术，它力图在大批不同数据中识别潜在的生物模式，推断更复杂的关系. 借助于可视化技术可对生物数据进行挖掘分析，有助于科研人员的研究工作.

同时，将经过数据挖掘工具得到的数据结果也以图形、图像的形式展现给用户，便于用户寻找数据间规律和关系.

类似于DNA(RNA)序列的二维和三维重构等方面的，通过对蛋白质结构和功能的分析，能获取隐含于其中的富有潜在用途的生物学信息，为我们理解生命、发现新药物和新疗法提供帮助. 蛋白质序列可认为是由20个氨基酸按不同排列构成的，因此，蛋白质类型分析从某种意义上说就是对序列数据的挖掘.

蛋白质的功能主要决定于它们的三维结构，因此，对蛋白质空间结构的认识已成为生命科学中很迫切的问题. 目前蛋白质结构预测的主要方法有：同源模建、折叠识别、从头预测等. 为激励基于蛋白质结构预测的序列可视化技术方面的研究，国际上几乎每年都组织蛋白质结构预测技术评比的CASP活动(即：The critical appraisal skills programme，http://pre2dictioncenter. llnl. gov/)，被誉为世界范围内可视化技术的群英赛.

从方法的角度上，蛋白质二级结构预测大致可分为四大类：统计学方法、多重序列联配法、二级结构基序(Motif)法、人工神经网络模型法(artificial neural network，ANN). 前三种方法由于在预测精度上不够理想，近年来几乎没有大的发展，而ANN方法由于它的多样性，且适于计算机计算以及精度较好而受到广大研究者的重视.

生物信息学中的结构比较以蛋白质结构比较为主. 从整体上看，该比较可分为两种情况：全局比较和局部比较. 要对蛋白质进行归类，一般采用对蛋白质结构进行相似性比较，根据比较的结果再作分类. 最初人们采用刚性叠加方法，即对蛋白质的空间结构进行平移和旋转找寻两蛋白间的对应残基，如果对应残基空间距离足够小，就视为拓扑等价残基对. 通过动态归划算法进行比对并迭代调整这种空间叠加，使得全部残基对的均方根距离(root mean square，RMS)达到最小，而拓扑等价残基对数目达到最大，此时即可得到最佳的刚性叠加. 针对RMS有两种计算方法：cRMS 与 dRMS，cRMS 是两蛋白间的标准矢量距离，dRMS 则可用来比较每个蛋白各自的距离矩阵之间的差别.

为识别一个新发现的基因和一个已知基因家族之间的进化关系，确定他们的同源性或相似性，通常需要序列比对，找出它们之间的最大匹配，从而定量给出其相似程度. 由于序列数据是非数字的，其内部不同种类核苷酸之间的精确交叉扮演着重要的角色. 因此探索高效的搜索和比对算法在序列分析中非常重要.

5.2.2 蛋白质序列转换成 $400\times(L-1)$ 稀疏矩阵

考察含 L 个氨基酸的蛋白质序列 $S=S_1S_2\cdots S_L$，从起点开始每次寻读两个相邻位点，第 j 步（$j=1,2,\cdots,L-1$），若"S_jS_{j+1}"（序列在第 j 位点处的二近邻）恰好是第 i 种类型的 AAA，则按照表 5.1 所示规则，置元素 $m_{ij}=1$. 从而得到一个从原始序列，经毗连的双氨基酸关联关系转换而得的 $400\times(L-1)$ 稀疏矩阵 $\boldsymbol{M}$：

$$\boldsymbol{M}=(m_{ij})_{400\times(L-1)},\quad m_{ij}=\begin{cases}1, & \text{if } S_jS_{j+1}=\text{Type}(i),\\ 0, & \text{others},\end{cases} \tag{5.1}$$

其中，L 为蛋白质序列的长度，$i=1,2,\cdots,400$，$j=1,2,\cdots,L-1$，Type(i) 为表 5.1 中所示第 i 种近邻氨基酸. 根据 5.2.1 节所述，具体来说：本章 AAA 的分布信息可由表 5.1 来确定，而 AAA 组分信息可以体现为 400-D 的向量，譬如 2-mer.

表 5.1 蛋白质序列 AAA 分布信息赋值表

type \ adjacent	S_1S_2	S_2S_3	S_3S_4	$\cdots$	$S_{L-1}S_L$
AA	a_{11}	a_{12}	a_{13}	$\cdots$	$a_{1,L-1}$
AC	a_{21}	a_{22}	a_{23}	$\cdots$	$a_{2,L-1}$
AD	a_{31}	a_{32}	a_{33}	$\cdots$	$a_{3,L-1}$
$\vdots$	$\vdots$	$\vdots$	$\vdots$	$\ddots$	$\vdots$
YY	$a_{400,1}$	$a_{400,2}$	$a_{400,3}$	$\cdots$	$a_{400,L-1}$

与现存的一些方法类似[19,60-61,167-168]，为了直观地研究 AAA 的分布情况，在 x 坐标按照公式 $x_j=j$（$j=1,2,\cdots,L-1$）设置完毕后，这里需要设置另外一个 y 坐标，来表示序列中所有 $L-1$ 条"邻边"上每个 AAA 的具体类型. 与此同时，$y_j=i$（$1,2,\cdots,400$），y_j 表示序列第 j 条"邻边"上 AAA 在表 5.1 中对应的类别序号. 按照此规则，可知：x 轴包含了 AAA 出现在序列中的具体位置信息，而 y 轴代表了第 j 条"邻边"所对应的 AAA 的具体类型（详见式(5.1)）. 逐点连接 $P(x,y)$ 便得序列的图形化表示. 例如，按照此矩阵表示法，可演示酿酒酵母 Saccharomyces cerevisiae 的两条短蛋白序列片段的图形. 它们取自于由 Randić 所著的《化学信息

学手册》(Handbook of Chemoinformatics)[169]，近来还有一些文献[59,168]也曾研究蛋白质序列的图形化表示. 相应的蛋白质序列片段列举如下：

蛋白质Ⅰ　WTFESRNDPAKDPVILWLNGGPGCSSLTGL

蛋白质Ⅱ　WFFESRNDPANDPIILWLNGGPGCSSFTGL

5.2.3　AAA 优于 SAA

为了便于寻找到更加合理的蛋白质序列的表征形式，需要设计一项指标来确定基于 AAA 的表征法与基于 SAA 的表征法，二者究竟哪个效果更好.

变异系数(*C. V.*)通常定义为样本标准差 σ 与样本均值 μ 的比值，即 $C_v=\sigma/\mu$，其值的大小，能体现出数据相对于总体均值的变异程度. 对于蛋白质序列的表征而言，基于近邻氨基酸 AAA 的方法与基于单氨基酸 SAA 的方法之间的差异，可由变异系数(*C. V.*)来确定. 通常，*C. V.* 值越大意味着对应的方法在序列相似度分析时效果越好.

基于上述两种方法，分别计算出蛋白质Ⅰ和Ⅱ表示成数值向量后的 *C. V.* 值，见表 5.2.

表 5.2　两条蛋白质序列片段的分别基于 SAA 与 AAA 表示的变异系数

	C. V. based on SAA	*C. V.* based on AAA
Protein Ⅰ	0.517 9	0.551 6
Protein Ⅱ	0.543 6	0.579 3

表 5.2 表明，对每个蛋白质序列片段，基于 AAA 方法的 *C. V.* 值高于基于 SAA 的 *C. V.* 值. 这说明了，在相似度分析方面，基于 AAA 的蛋白质序列表征方法优于基于 SAA 的方法.

同时，基于上述两种表征方法，可以分别绘制出两条序列片段的"之字形"曲线. 然而，因两种不同表征法得到的曲线纵坐标尺度相异，为使二者具有可比性，两种曲线的纵坐标分别除以其相应的维度. 即基于 AAA 所得曲线，其纵坐标除以其维数 400；而基于 SAA 的曲线，其纵坐标除以其维数 20. 这样，两种不同曲线的纵坐标均能归一化到[0,1]区间内. 图 5.2(a)与图 5.2(b)为序列Ⅰ的分别基于 SAA 和 AAA 的经归一化后的"之字形"曲线. 同理，图 5.2(c)与图 5.2(d)为序列Ⅱ的分别基于模型 SAA 和 AAA 的归一化"之字形"曲线.

近邻氨基酸常会彼此之间相互作用，产生蛋白质结构. Xia 等人[66]研究过近邻氨基酸详细的偏好情况，总结了所有氨基酸均有倾向各自不同种类近邻的偏好. 诸多近邻偏好可解释为氨基酸在形成二级结构时的习性，但是也有许多缔合和排斥模式．氨基酸近邻偏好相似性，与线粒体基因和核基因里面氨基酸替代数目有较大的相关性；那些拥有相似近邻群组的氨基酸彼此相互替代率，比起拥有迥然不同的近邻群组内的氨基酸彼此替代率更频繁．

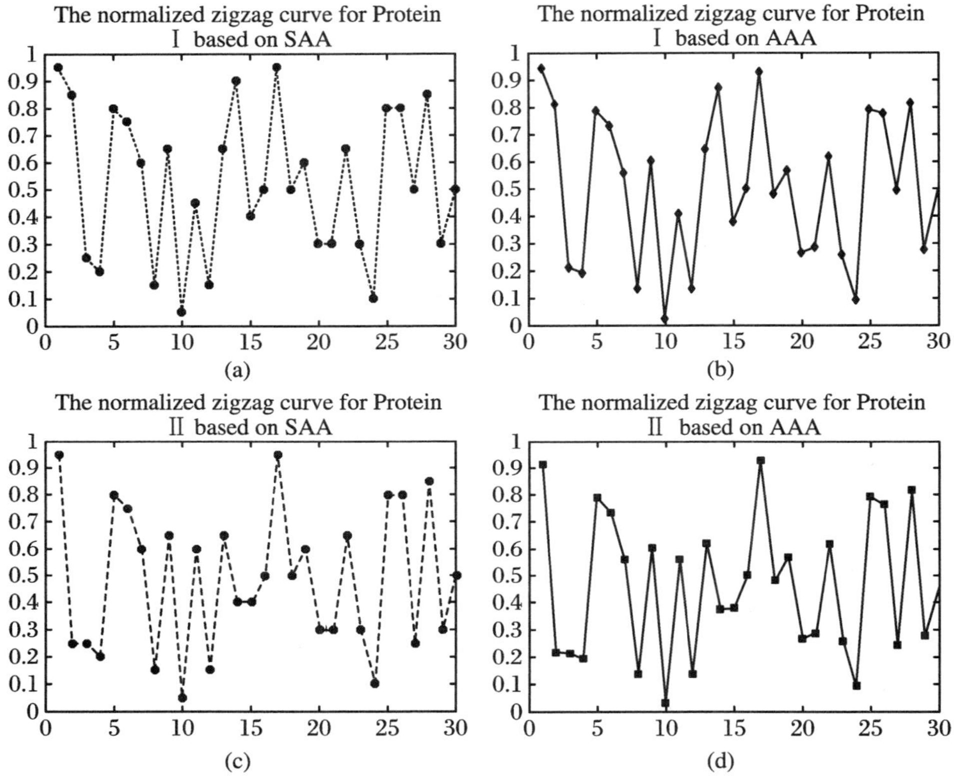

图 5.2　两条氨基酸残基的归一化 Zigzag 曲线图

注：序列Ⅰ基于(a) SAA；(b) AAA．序列Ⅱ基于(c) SAA；(d) AAA

通常，基于 AAA 分布的比基于 SAA 分布的矩阵为我们提供了序列的更多本身固有的信息．这是因为，在一定程度上，每个单氨基酸 SAA 似乎独立出现在该位点．与之不同的是，每对近邻氨基酸在序列内倾向于呈现某种邻接偏好．由此，近邻偏好的相似性已经融入到一个新的氨基酸相异度指标中，该指标比现存的两个氨基酸相异度指标(即：Grantham 距离、Miyata 距离)，预测密码子的非同义替代率时效果更好．

因而，基于 AAA 分布的矩阵，提供了有利于抽取序列一组更好的内在特征到描述符空间中，其维数高于基于 SAA 分布矩阵的维数．对于足够长度的序列转换而得基于 AAA 分布及基于 SAA 分布的矩阵，前者维数可达 400，而后者仅为 20．

高维空间的向量表示，相对来说能提供更有力的分析手段，如图 5.2(b)和(d)所示. 譬如，任何一对蛋白质序列若能由 SAA 法加以区分，则必然能由 AAA 法区分开来. 由此，在高维空间，两条序列的表征向量之间，总有些或多或少的差异. 这样，两条序列所对应的归一化向量，倘若在 AAA 空间中方向几乎一致的话，则可认为这两条序列亲缘关系甚为接近.

随着蛋白质序列的趋异进化，它们的表征向量在描述符空间里开始分离，度量距离随之增加. 由此，通过计算成对距离矩阵，便可进行多重序列的相似度分析，而距离矩阵常输入专用程序，用于构建系统树图.

氨基酸的近邻偏好性包含蛋白质序列的重要信息. 故基于 AAA 分布的序列的描述符，有助于序列的辨识及序列的相似度/相异度分析. 给定蛋白质序列，设计一个基于 AAA 的 400 元组数学描述符来表征该序列. 相应地，此描述符可作为从给定序列中抽取出的特征.

5.2.4　对特征矩阵 *M* 施行 SVD 以抽取序列的特征

得到序列的图形化表征后，诸多研究者[8,10-11,16,19,26,60,112,114,119,170-176]找出曲线的数值表征，比如：图（或图形）的 $\boldsymbol{M},\boldsymbol{L},\boldsymbol{M}/\boldsymbol{M},\boldsymbol{L}/\boldsymbol{L}$ 矩阵或其他一些不变量，这些量对曲线比较敏感. 不过，此过程来得不直接.

矩阵的奇异值分解 SVD，作为矩阵分析的重要工具，可用以直接分析由序列转换而来的矩阵. 这里，利用 SVD 作用于所得“特征”矩阵，导出基于 AAA 分布的描述符用来表征序列，然后计算不同序列之间的距离.

对于前述所得 $400\times(L-1)$“特征”矩阵 $\boldsymbol{M}$，其奇异值分解可表示如下[91]：

$$
\begin{aligned}
\boldsymbol{M} &= \boldsymbol{U}\boldsymbol{S}\boldsymbol{V}^{\mathrm{T}},\\
\boldsymbol{U}^{\mathrm{T}}\boldsymbol{U} &= \boldsymbol{I}_{400},\\
\boldsymbol{V}^{\mathrm{T}}\boldsymbol{V} &= \boldsymbol{I}_{L-1},\\
\boldsymbol{S} &= \mathrm{diag}\{\sigma_1,\sigma_2,\cdots,\sigma_{400}\},
\end{aligned}
\tag{5.2}
$$

其中，$\sigma_1\geqslant\sigma_2\geqslant\cdots\geqslant\sigma_{400}\geqslant 0$，不过，$\sigma_1,\sigma_2,\cdots,\sigma_{400}$ 无需按照降序排列，由公式(5.2)，可得一条由 $\boldsymbol{M}$ 的全部奇异值组成的 400 维等长度的向量. 不过，须注意到：由于有时候各条原始序列长度不一样，会导致其对应的“特征”矩阵列数彼此互不相等.

考虑到不同序列长度不一致性，需要对其相应的“特征”向量进行归一化，以消除长度的不利影响. 若记 $\boldsymbol{F}=(\sigma_1,\sigma_2,\cdots,\sigma_{400})$，则 $\boldsymbol{M}$ 的归一化“奇异值”向量可写成

$$
\boldsymbol{F}^{(0)} = \frac{\boldsymbol{F}}{\|\boldsymbol{F}\|_1} = (\sigma_1^{(0)},\sigma_2^{(0)},\cdots,\sigma_{400}^{(0)}),
\tag{5.3}
$$

其中，‖·‖表示向量或矩阵的1-范数.

这样使得所抽取的特征信息彼此之间具有可比性，可以较为方便地对多重序列进行一些操作，诸如：相似度分析、物种系统发生分析等. 对于某一给定的蛋白质序列，将其从字符空间转换到向量空间. 由此，根据上述式(5.3)所确定的基于AAA分布信息的400维描述符，可得到400元组的归一化"特征"向量(NFV). 对于物种 i 和 j，对应的表征向量分别记为 $\boldsymbol{F}_i^{(0)}$ 和 $\boldsymbol{F}_j^{(0)}$.

5.3　NFV在相似度分析中的应用

5.3.1　九条ND5蛋白质序列的相似度分析

第一个数据集包含九条ND5蛋白质序列(来自于NADH脱氢酶第5亚基)，见表5.3.

表5.3　ND5蛋白质序列简明信息

Name	Species	ID	Length
Human	Homo sapiens	AP_000649	603
Gorilla	Gorilla gorilla	NP_008222	603
Pigmy Chimpanzee	Pan paniscus	NP_008209	603
Common Chimpanzee	Pan troglodytes	NP_008196	603
Fin Whale	Balenoptera physalus	NP_006899	606
Blue Whale	Balenoptera musculus	NP_007066	606
Rat	Rattus norvegicus	AP_004902	610
Mouse	Musmusculus	NP_904338	607
Opossum	Didelphis virginiana	NP_007105	602

5.3.1.1　九条ND5蛋白序列的Zigzag曲线

利用本章5.2.2节和5.2.3节所述的表征序列的模型，绘制出相应的九条Zigzag(之字形)曲线，如图5.3所示，从中可以粗略地看出每条序列的变化趋势.

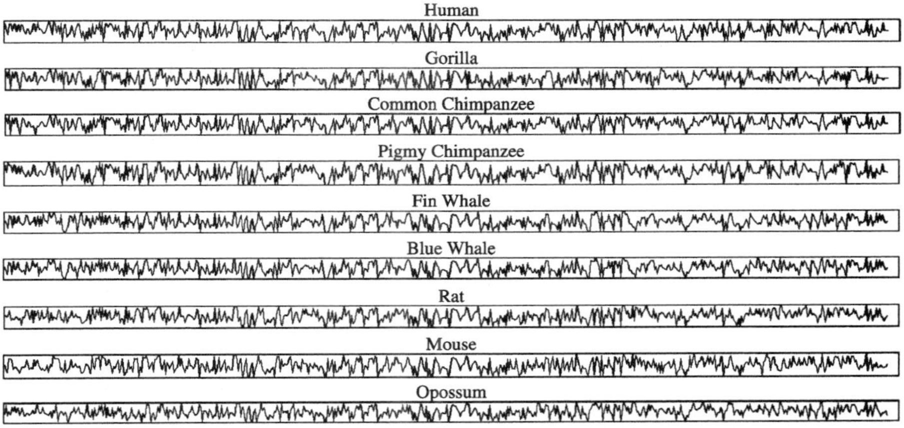

图 5.3　基于稀疏矩阵的表征九条 ND5 蛋白质序列的 Zigzag 曲线

5.3.1.2　基于 NFV 的九条 ND5 蛋白质序列的表征曲线

根据 5.2.4 节所述的描述符构建过程，可得九条 400 元组的归一化“特征”向量，分别来表示这九条蛋白质序列. 由向量绘制出的九条表征曲线如图 5.4 所示(其具体数据可参阅：http://home.ustc.edu.cn/~yhj70/NFV-AAA/9ND5_NFV.xls).

图 5.4 比较清楚地表明了九条序列之间的差异，根据这九条序列基于 NFV 的

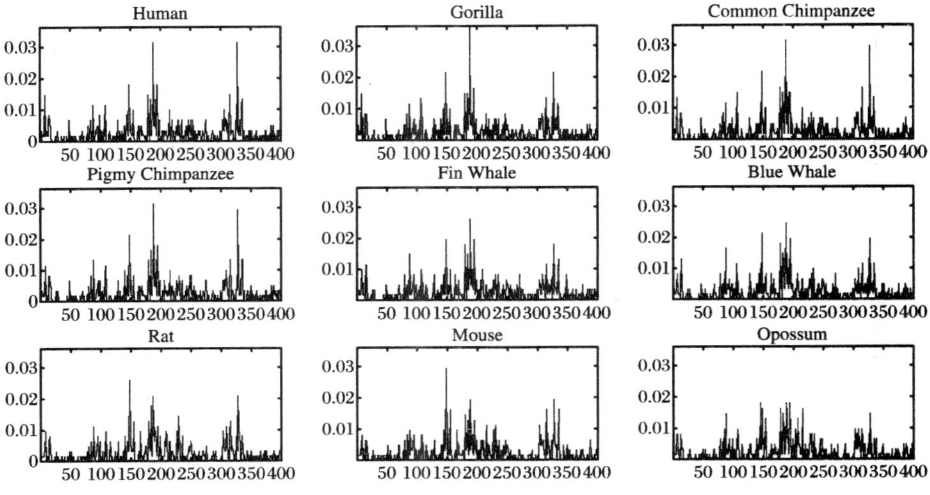

图 5.4　九条 ND5 蛋白质序列的图形化表征曲线

注：曲线的 x 坐标表示所有 400 种近邻氨基酸(AAA)的类别标签，而 y 坐标是由 SVD 获取的 400 维归一化“特征”向量(NFV)的各元素对应的值

图形化表征结果,能明显地粗略地分为 4 组:(Rat 和 Mouse)以及 Opossum;(Fin Whale 与 Blue Whale);Human;(Gorilla,Common Chimpanzee 及 Pigmy Chimpanzee).因为多数曲线分别在横坐标 190 和 340 附近出现突出的峰值.此外,Fin Whale 和 Blue Whale 的表征曲线几乎重合,Rat 的表征曲线与 Mouse 的非常相似.而且,Rat 与 Mouse 的表征曲线整体上的峰值,均出现在横坐标 150 这点处.不过,九个物种中,Opossum 看来属于外群,因其表征曲线比较独特.曲线峰值均未超过 0.02,意味着 Opossum 的 AAA 分布相对较为平均.

5.3.1.3　基于 NFV 的九条 ND5 蛋白质序列相似度分析

上述的基于 NFV 的九条序列的数值表征还可用于研究序列的相似度.为方便比较,基于所得的所有九条 400 维描述符(见 5.3.1.2 节),可计算出这九条序列彼此之间的成对距离(表 5.4).

表 5.4　九条 ND5 蛋白质序列的欧氏距离的成对距离矩阵

Species	Gorilla	C. Chim.	P. Chim.	F. Whale	B. Whale	Rat	Mouse	Opossum
Human	0.264 4	0.235 3	0.247 5	0.416 9	0.412 8	0.458 5	0.467 9	0.482 7
Gorilla		0.269 7	0.263 7	0.421 8	0.433 3	0.448 9	0.469 4	0.503 8
C. Chim.			0.177 4	0.422 1	0.410 3	0.461 7	0.466 5	0.482 0
P. Chim.				0.410 0	0.400 2	0.458 7	0.445 8	0.468 1
F. Whale					0.177 3	0.470 1	0.462 5	0.503 2
B. Whale						0.468 3	0.449 4	0.492 4
Rat							0.366 9	0.468 7
Mouse								0.424 7

表征序列的归一化“特征”向量中,每两条之间的欧氏距离可写成如下形式:

$$\| \boldsymbol{F}_i^{(0)} - \boldsymbol{F}_j^{(0)} \| = \sqrt{\sum_{k=1}^{400} (\sigma_{ki}^{(0)} - \sigma_{kj}^{(0)})^2}, \tag{5.4}$$

式(5.4)可定义为第 i 条和第 j 条序列之间的相似程度.其中,$\|\cdot\|$ 表示向量的 Frobenius 范数,$\boldsymbol{F}_i^{(0)}$ 为第 i 条序列的归一化特征向量.距离越小意味着两序列越相似,也就是说:距离愈大,则相异度愈大.

由公式(5.4),可计算九条序列之间的成对距离,便可得他们的相异度(表 5.4).从表 5.4 可知:Opossum 与其他几个物种差异较大(见表 5.4 的最后一列),因其为唯一的有袋类动物.此外,几个物种对 Human Whale,Gorilla Whale,Chimpanzee Whale,Opossum Mouse 以及 Opossum Rat 之间的距离值比较小,所以这些物种对每对物种二者相似度适中.不过,还是能发现另外几个如:Human Chimpanzee,Human Gorilla,Gorilla Chimpanzee 以及 Rat Mouse 这些物种对中,每对物种二者相似度最高.

5.3.1.4　与其他方法对比

为与其他几个代表性工作作对比,鉴于比较 Human 与其余八个物种之间的相似度,表 5.5 给出了近期发布的数据结果,根据由式(5.4)计算得到的(Human,XYZ)共八个物种对的每对相异度,可分成三种情况:(1)(Opossum,Mouse 和 Rat)与 Human 进化关系最远;(2) 其次,第二组(Fin Whale 与 Blue Whale)关系适中;(3) 余下三个(Gorilla,Pigmy Chimpanzee 及 Common Chimpanzee)归为一组,与 Human 关系最近(表中已加粗突出显示).从表 5.5 还可看出,Opossum 算上是“外群”(表中已用斜体突出显示).显而易见,这些不同方法之间差异不是很大,故他们彼此较为一致.而且,从生物体的进化关系角度来看,这些方法所得结果与进化事实是相吻合的[150].

表 5.5　就 Human 和其余八个物种间相似度与基于序列比对方法所得结果对比

Sources\Species	Opossum	Mouse	Rat	B. Whale	F. Whale	Gorilla	P. Chim.	C. Chim.
Table 3 in[60]	0.033 9	0.023 0	0.021 7	0.015 7	0.014 2	0.006 6	0.001 6	0.000 8
Table 4 in[60]	0.004 97	0.007 33	0.005 45	0.014 04	0.008 32	0.003 86	0.004 93	0.003 58
Table 4 in[18]	340.463 7	274.164 5	293.041 7	205.418 5	203.726 4	73.797 0	37.859 3	56.456 4
Table 3 in[63]	3 435	5 435	5 734	4 523	4 603	1 079	2 056	1 092
Table 3 in[62]	1 014.8	620.9	649.8	528.5	514.0	137.6	99.0	98.7
Table 3 in[61]	232.860 2	151.531 6	164.530 5	130.404 3	129.338 2	37.306 9	29.469 3	25.124 2
Table 3 in[19]	0.074 951	0.065 11	0.082 572	0.048 394 1	0.031 99	0.005 064	0.014 896 6	0.001 972
Table Ⅲ in[59]	1.124 9	0.690 6	0.654 5	0.437 9	0.391 5	0.164 4	0.013 9	0.004 5
Table Ⅳ in[59]	0.136 6	0.118 7	0.098 0	0.064 3	0.060 2	0.001 6	0.011 4	0.019 6
Table 5.4 in This work	0.482 7	0.467 9	0.458 5	0.412 8	0.416 9	0.264 4	0.247 5	0.235 3
Table 5 in[18]	50.4	48.9	50.2	41.3	41.0	10.7	7.1	6.9

为验证 NFV-AAA 算法的性能,将其所得结果与基于 Clustal W 方法所得结果进行对比分析.该方法是 DNA/蛋白质的多序列比对程序包,能够对趋异序列进行生物学意义上多重序列比对.该程序包通过计算所涉序列之间的最佳匹配,进行对齐排列,能明显看出各条序列的一致性、相似性以及差异性[62].为便于比较,以 Human 与其余八个物种之间成对距离为参照数据,将基于序列比对所得结果(距离值)置于表 5.5 的最后一行,其余几项工作所得结果(包括本章的 NFV-AAA

法)置于表 5.5 的前面各行,分别计算最后一行与前面各行间的关联程度(用相关系数度量).关联程度见表 5.6,表中数据依次为 No.1～No.9 以及本章提出的 NFV-AAA 方法(No.10)与传统方法的相关系数值.

表 5.6　与基于比对的 Clustal W 方法所得结果关于相似度/相异度的对比

No	1	2	3	4	5	6	7	8	9	10 (This Work)
C.C.(%)	91.46	46.02	97.29	90.58	92.64	94.65	93.17	88.52	92.38	99.70

从表 5.6 中可直观地看出,这种算法所得结果(No.10)与传统的基于序列比对算法所得结果最为接近,相关程度高达 99.7%.这些所遴选的代表性工作中,多数与基于序列比对的方法比较接近,相关程度(相关系数)大于 88.5%.不过,No.2 工作例外.

对于 No.2 工作,相关系数最低(仅 46.02%).其结果中有些不合理,(Blue Whale,Fin Whale)物种对的相异度,甚至超过(Fin Whale,Rat),(Fin Whale,Mouse)以及(Fin Whale,Opossum)这三组物种对.这一结论与已知的进化事实[151-152]不尽相符.相比之下,本章方法所得结果与进化事实更为接近.

5.3.1.5　九条 ND5 蛋白质序列基于 NFV 的系统发生分析

上述归一化的"特征"向量(NFV),可用来构建树状图,用以展示层次聚类所得拓扑关系,亦可理解为系统发生树[177].构建树状图的连接方式采用完全连接,成对距离矩阵采用欧氏距离测度(表 5.4).

为了研究九个物种之间的进化关系,图 5.5 给出了重构的系统树图,该树状图与由 Clustal W 所构建系统发生树趋于一致,详见文献[61]的第 7 张图.从中易知,Fin Whale 与 Blue Whale 之间的折线最短,这意味着二者亲缘关系最为接近.其次较短的折线连接于 Common Chimpanzee 和 Pigmy Chimpanzee,再次是 Human 和 Gorilla 之间的连线,然后便是 Mouse 和 Rat 的关系.

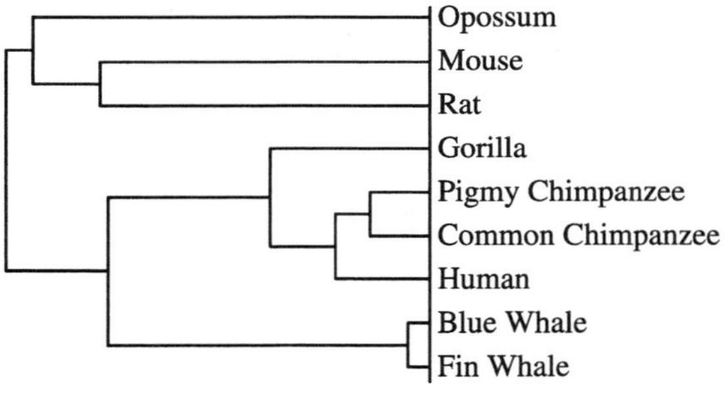

图 5.5　基于 NFV-AAA 模型的九条 ND5 蛋白质序列系统树

5.3.2　在 24 条转铁蛋白序列的数据集上的应用

为了进一步检验我们的方法的有效性，遴选了来自 24 个脊椎动物的转铁蛋白序列，该数据集也曾由其他一些不同方法研究过[65,80,178]．形态学意义上分类信息及数据库的序列号见表 5.7，该组蛋白质序列由氨基酸序列片段串接而成，该组序列均以 FASTA 方式取自于 NCBI 基因组数据库．

表 5.7　24 条转铁蛋白序列的简明信息

Sequence name	Species	Accession no.
Human TF	Homo sapien	S95936
Rabbit TF	Oryctolagus coniculus	X58533
Rat TF	Rattus norvegicus	D38380
Cow TF	Bos Taurus	U02564
Buffalo LF	Bubalus arnee	AJ005203
Cow LF	Bos Taurus	X57084
Goat LF	Capra hircus	X78902
Camel LF	Camelus dromedaries	AJ131674
Pig LF	Sus scrofa	M92089
Human LF	H. sapiens	NM_002343
Mouse LF	Mus musculus	NM_008522
Possum TF	Trichosurus vulpecula	AF092510
Frog TF	Xenopus laevis	X54530
Japanese flounder TF	Paralichthys olivaceus	D88801
Atlantic salmon TF	Salmo salar	L20313
Brown trout TF	Salmo trutta	D89091
Lake trout TF	Salvelinus namaycush	D89090
Brook trout TF	Salvelinus fontinalis	D89089
Japanese char TF	Salvelinus pluvius	D89088
Chinook salmon TF	Oncorhynchus tshawytscha	AH008271
Coho salmon TF	Oncorhynchus hisutch	D89084

续表

Sequence name	Species	Accession no.
Sockeye salmon TF	Oncorhynchus nerka	D89085
Rainbow trout TF	Oncorhynchus mykiss	D89083
Amago salmon TF	Oncorhynchus masou	D89086

注:TF = transferrin;LF = lactoferrin.

据5.3.1.4节所述,作为对比之用,图5.6给出了基于序列比对算法的经由Clustal W构建的系统树.

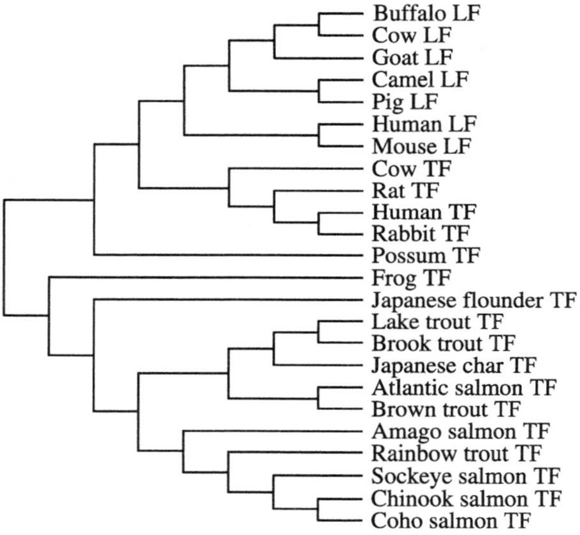

图5.6　24条转铁蛋白的经Clustal W构建的系统发生树

同样的,如5.3.1.5节所述,运用本章的NFV-AAA模型可在第二个数据集上构建出系统树图(图5.7).此外,图5.7与图5.6所对应的进化树之间的关系,可由与二者相对应的成对距离矩阵之间的相关系数予以确定(请参阅:http://home.ustc.edu.cn/～yhj70/NFV-AAA/Transferrins).计算得到两个系统树图的相关程度达94.45%.

纵观图5.6与图5.7,可看出二者均与文献[178]所构建的进化树相吻合,该进化树也是目前最为经典的、公布出来的亲缘关系分析的结果.这样更进一步地证实了我们方法的有效性.从图5.7可清楚地看出:所有的转铁蛋白(transferring)和乳铁蛋白(lactoferrin)均被彻底地分开,并且准确地归入到各自的形态分类学意义上的子类中去.

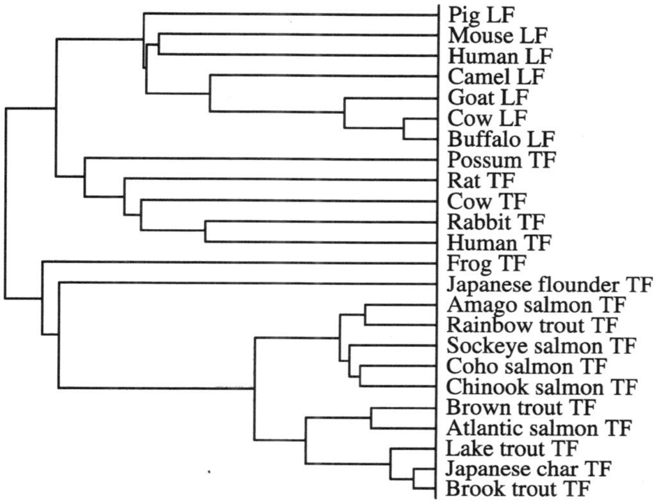

图 5.7　基于本章所提出的 NFV-AAA 模型的 24 条转铁蛋白的树状图

5.4　本章结论

根据近邻氨基酸 AAA 的分布特性，我们提出一种新的蛋白质序列的特征信息提取方法，即：基于 AAA 的归一化"特征"向量法(NFV-AAA)，用来分析蛋白质序列的相似度．众所周知，AAA 的分布比 SAA 的分布拥有更多的序列信息．所以说，与基于 SAA 的方法相比，本章提出的算法主要优点是：能够抽取蛋白质序列背后更多的隐藏着的信息．此外，在研究多重序列的相似性时，对"特征"向量的归一化处理的环节，有助于消除序列长度各不相同的负面影响．

与相关工作的对比分析，表明了本章提出的算法，在分析蛋白质序列的相似性方面，具有准确、高效的区分能力．在所遴选的若干项具体方法所得的结果中，与传统的基于序列比对算法所得结果对比起来，本章的 NFV-AAA 与其一致性达到最好：在 9 条 ND5 蛋白质序列组成第一个数据集上，以 Human 与其余物种之间的成对距离为参考依据，相关系数高达 99.7%．

与此同时，在由 24 条转铁蛋白序列组成的更大的数据集上，NFV-AAA 依然取得较好的效果，我们所得树状图的成对距离矩阵，与基于比对方法的系统发生树的成对距离矩阵，二者整体上相关系数达到 94.45%．因而，基于 AAA 的数学描述符 NFV 可视为一种生物序列描述子，该描述子能够对蛋白质序列加以数值表征，故可将 NFV-AAA 模型推广应用到分类学领域．

第6章　分段 K-mer 算法及其在序列相似度分析中的应用

由于传统的多重序列比对(MSA)难以对基因组序列作比较,将序列分成若干段,并同时将每一段转换成相应的 K-mer. 该算法的关键在于确定出距离测度 d, K 值以及段数 s 的最优组合(d^*,s^*,K^*). 通过对预设段数目寻优求解 s^* 值,抽取串联在一起的扩展的"特征"向量.

6.1　K-mer 分析法优劣性分析

与经典的通过多重序列比对(MSA)来构造进化树方法相比,K-mer 分析法的优点是这种基于词频的方法速度快,故可用于全基因组的序列比较. 不过,由于将数量庞大的 DNA 序列数据浓缩到 K-mer 计数向量,不足之处是会造成信息的丢失. 另外一个问题就是,或多或少忽略了被比较序列的 K-mer 的阶数.

此外,对两条基因组序列,除了考虑全局相似性,还须兼顾局部相似性. 分析序列的相似性时,仅仅关注全局相似性是不合适的. 本章在优化的框架下,提出另一种序列特征信息提取模型,用来分析不同的基因组序列之间的相似度. 算法将每条基因组序列分成若干段,再转换成几个 K-mer 串联在一起的向量. 该算法分为三步:

(1) 先确定出基因组数据集的距离测度 d 与 K 值的最优组合(d^*,K^*);

(2) 搜寻究竟有多少个最佳 4^{K^*} 维向量串联在一起(即为最佳的段数);

(3) 基于所得的串联向量,通过构建系统树状图来分析序列的相似性. 通过在真实数据集的应用来检验 s-K-mer 方法的有效性.

6.2　基因组序列的描述符

1. 序列的 K-mer

为了描述生物序列，诸多研究者设计出描述符，能用作多重序列之间相似度分析的组件[10-11,22,31,70,83-88]. 本节提出新的描述符来表征每条基因组序列，并把这些描述符用于序列的相似度分析.

利用马尔科夫链估计量建模，郝柏林院士的实验室开发出一种背景去噪的、基于 K-mer 的组分矢量法. 基于此非比对方法，该研究组得出关于蛋白质序列/基因组序列有价值的研究结果[162-163]. 同样的，特征频率谱（FFP）方法的通用描述参见文献[24]的报道.

关于 K-mer，给出详细的描述如下：

记 N 为长度为 L 的基因组序列，$N = N_1 N_2 \cdots N_L$，其中，$N_i \in \{A, T, G, C\}$.

K-mer 是指序列中一连串的 K 个连续的字母，对长度为 L 的序列，标准的计数 K-mer 的方法是：用宽度为 K 的滑窗，从第 1 到第 $L-K+1$ 位点，每次将滑窗移动一个碱基，直到扫描完整个基因组序列. 导出的"特征"向量可表示为

$$\boldsymbol{F} = (f_1, f_2, \cdots, f_{4^K}), \tag{6.1}$$

其中，f_i 为相应"特征"(式(6.1)的各分量)的原始累计频数，且 $N = 4^K$ 为所有可能的 K-mer 的总数. 因而，向量 $\boldsymbol{F}$ 可用其自身的长度 $L-K+1$ 进行归一化，这样便消除了每条基因组序列长度各不相同的"负面"影响.

2. 序列的分段 s-K-mer

(1) K-mer 最优数目 K^*

对于一组给定的基因组序列，需要设计一个准则来确定最优数目 K^*.

一般而言，基于相关性分析法原理，先在比对的框架下，采用 Mega 软件计算基因组序列之间的成对距离，记为 $Pdist_0$. 最优数目 K^*，可由式(6.2)来确定：

$$(K^*, \theta^*) = \arg\max_{K,\theta} \mathrm{corr}_{K,\theta}(Pdist_K, Pdist_0), \tag{6.2}$$

其中，K^* 表示 K-mer 的最优数目，而 θ^* 为此时的最优距离测度，$\theta^* \in \Theta$，$\Theta = \{$euclidean, cityblock, minkowski, cosine, correlation, spearman$\}$. 式(6.2)的右端有两个输入参数，其中 $Pdist_K$ 是基于 K-mer 的成对距离矩阵，而 $Pdist_0$ 代表基于比对方法所得距离矩阵.

(2) 考虑局部相似性

在基于比对方法的框架下，Needleman-Wunsch 算法研究两条全长的序列时，

执行的是全局最优比对.然而,在很多情况下发掘序列之间的局部相似性也是很重要的[179].因此,对于多重序列而言,局部相似性也必须予以必要的关注,以便在使用 K-mer 法时,提高序列相似度分析的精度.

3. 最优分段的策略

当 K-mer 最优数目 K^* 确定下来之后,可进一步地为分段 K-mer 法搜寻最佳段数.记 s 为某个分段方案的段数,这里 $s=2,3,\cdots,M$,且记 M 为最大段数.对给定的长度为 L 的序列,可算出 L/s 的整数部分,写成

$$m = \text{floor}\,(L/s). \tag{6.3}$$

原始的序列第一分段 $N^{(1)}$,便可相对应地转换为第一段 4^K 维"特征"向量 $\boldsymbol{F}^{(1)}$,其中 $N^{(1)}$ 是截取原序列从第 1 到第 m 位点的片段,而 $\boldsymbol{F}^{(1)}$ 为由传统的 K-mer 法转换而来的第一段"特征"向量.

以此类推,序列的第二段 $N^{(2)}$ 从第 $m+1$ 到第 $2m$ 位点,可相应转换为第二段的 4^K 维分段"特征"向量 $\boldsymbol{F}^{(2)}$.最后,原序列的最末段 $N^{(s)}$ 从第 $(s-1)*m+1$ 位点直到末端,便可相应地转换为最后一段 4^K 维向量 $\boldsymbol{F}^{(s)}$.

由此,对于预设的整数 s,每个基因组序列 N 可一律转换为相应的 $s\times 4^{K^*}$ 维"特征"向量 $\widetilde{\boldsymbol{F}}$,其中:

$$\widetilde{\boldsymbol{F}} = (\boldsymbol{F}^{(1)}, \boldsymbol{F}^{(2)}, \cdots, \boldsymbol{F}^{(s)}), \tag{6.4}$$

而 $s=2,3,\cdots,M$,且 M 为最大段数.所有这些 $\boldsymbol{F}^{(s)}$ 均由式(6.1)计算得到,且 K^* 由式(6.2)来确定.

4. 复合的 *s*-*K*-mer

基于所获得的最优值 K^*,复合 s-K-mer 的参数 s^* 可由式(6.5)确定:

$$(s^*, \widetilde{\theta}^*) = \arg\max_{s,\widetilde{\theta}} \text{corr}_{s,\widetilde{\theta}}\,(Pdist_{sK^*}, Pdist_0), \tag{6.5}$$

其中,s^* 为复合 s-K-mer 的最优段数,$\widetilde{\theta}^*$ 表示更新以后的(式(6.5)右端)新的距离测度,$Pdist_{sK^*}$ 表示由式(6.4)得到的改进的"特征"向量 $\widetilde{\boldsymbol{F}}$ 算得的基因组序列成对距离.s-K-mer 算法描述概括如下:

输入:多重核苷酸序列 $N^{(1)}, N^{(2)}, \cdots, N^{(n)}$

begin

　for $k=2$ to K do

　　for $i=1$ to n do

　　　利用式(6.1),基于传统的 K-mer 方法,将每条序列 $N^{(i)}$ 转换成 4^k 维"特征"向量 $\boldsymbol{F}^{(i)}$

　　end for

```
  end for
  通过式(6.2)探寻最优的参数值 K* 与 θ*
  for s = 2 to M do
    根据 6.2 节所描述的策略,将序列分成 s 片段
    采用改进的 K-mer 法,将每条序列 N^(i) 转换成 s * 4^(K*) 维“特征”向量
    F^(i).详见式(6.4)
    利用式(6.5)寻找最佳 s* 和 θ̃* 参数值
  end for
  根据 K* 及式(6.4)和式(6.5)的输出参数,由成对距离矩阵绘制系统树状图
end
```

6.3 s-K-mer 在 34 条线粒体基因组序列数据集上的应用

本节将 s-K-mer 算法应用到线粒体基因组数据集上,该数据集可直接从文献[74,153]中获取其简明信息. s-K-mer 算法的 MATLAB 源程序代码见:http://home.ustc.edu.cn/～yhj70/sKmer/code.rar.

6.3.1 优化算法的数据准备

GenBank 中这 34 个物种的序列号,列举如下:Human, V00662; Common Chimpanzee, D38113; Gorilla, D38114; Pigmy Chimpanzee, D38116; Gibbon, X99256; Baboon, Y18001; Vervet Monkey, AY863426; Ape, NC_002764; Sumatran Orangutan, NC_002083; Bornean Orangutan, D38115; Cat, U20753; Pig, AJ002189; Sheep, AF010406; Goat, AF533441; Cow, V00654; Buffalo, AY488491; Dog, U96639; Wolf, EU442884; Leopard, EF551002; Tiger, EF551003; White Rhinoceros, Y07726; Indian Rhinoceros, X97336; Harbor Seal, X63726; Gray Seal, X72004; African Elephant, AJ224821; Asiatic Elephant, DQ316068; Brown Bear, AF303110; Polar Bear, AF303111; Black Bear, DQ402478; Rabbit, AJ001588; Squirrel, AJ238588; Hedgehog, X88898; Vole, AF348082; Norway Rat, X14848.

基于比对的框架下,采用 Mega 软件[111],我们得这 34 个物种的成对距离. 详

见表 S1(http://home.ustc.edu.cn/～yhj70/sKmer/Pdist_0_34.xls),从中可抽取其第一行的、由 Human 和余下所有物种的成对距离组成的 33 个数据观测值.与传统的基于序列比对方法所得结果相比,相关程度愈高,意味着新方法愈有效.

6.3.2 对 K-mer 进行寻优以便获得其最优阶数 K^* 值

为了探寻究竟何种距离测度 θ^*,以及多大的 K^* 值才是最优的,本章遴选六种类型的测度对 K-mer 进行寻优,其中,K 分别取 2,3,…,9.根据 6.2 节所描述的 s-K-mer 算法,计算所有这些性能以及相应的 8 种 K-mer,K 为从 2～9 的八个整数.

为了与传统的基于比对方法相比,图 6.1 给出了各种不同距离测度所得结果与比对方法所得结果之间的相关程度(相关系数值的大小).由这六种距离测度对目标函数的优化情况,通过式(6.2)来确定最优距离测度.图 6.1 表明 7-mer 最为鲁棒,其优化所得的目标函数值大于其他情形,如:6-mer,8-mer,9-mer 等;故由式(6.2)确定出此时欧氏距离测度为最优.

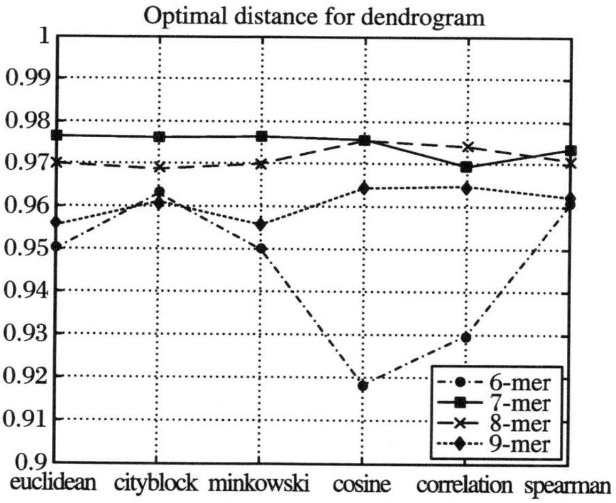

图 6.1 通过优化目标函数值来确定最优距离测度及 K-mer 相应的 K 值

注: y 轴为由传统的 K-mer 法所获得成对距离,与传统比对法由 Mega 软件计算所得成对距离之间的相关系数.这里仅列出 $K=6,7,8$ 及 9 时的结果

此外,在寻优得到最优距离测度 θ^* 为欧式距离的情况下,同时也获得了 K-mer 最优 K 值为 $K^*=7$.详见图 6.2,从中可看出当 K 从 6 增加到 9 时,目标函数值先

增后减.

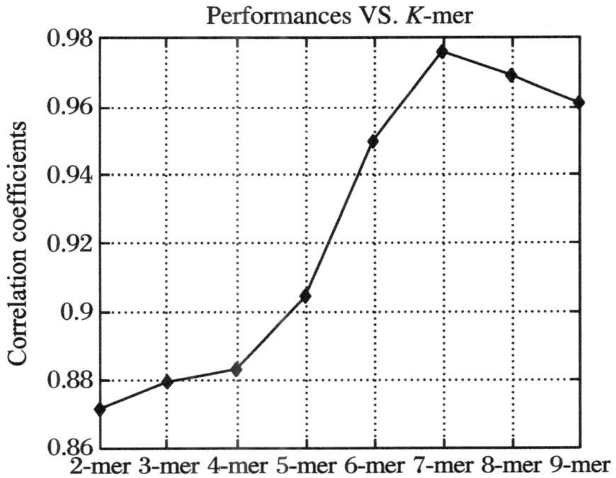

图 6.2　K-mer 法在已探明最优距离测度情形下自动寻优 K^* 值折线图

注：由图 6.1 知，已探明此时欧氏距离最优. 类似地，y 轴为由传统的 K-mer 法所获得成对距离，与传统比对法由 Mega 软件计算所得成对距离之间的相关系数. 这里列出 K 从 2～9 时的全部结果

对于均长达到 17 000 碱基对的 DNA 序列，当 $K \geqslant 8$ 时，K-mer 计数向量 $\boldsymbol{F}$ 将变得非常稀疏. 由此，基于高阶 K-mer 法的长序列之间的比较，难以捕获序列的本质特征. 故须对不同 K 值的 K-mer 法的稀疏度进行必要的排序. 对 K-mer 寻优得到最优 K^* 值，为了表明此过程的某个潜在原因，可计算 34 个物种基于 K-mer 的稀疏度. 此处稀疏度计算见式(6.6)：

$$sp = \frac{n_0}{4^K}, \tag{6.6}$$

其中，sp 为 4^K 维"特征"向量的稀疏度，n_0 为零元素总的个数. 显然，$n_0 < 4^K$ 且 $n_0 \geqslant 0$ 恒成立，sp 的取值范围为[0,1).

图 6.3 表明，5-mer 和 6-mer 的稀疏度 sp 值均较低，而 8-mer 和 9-mer 的稀疏度 sp 值均高于 80%. 不过仅有 7-mer 的 sp 值适中，大约在 50%左右. 此外，图 6.3 表明 7-mer 和 6-mer 的稀疏度 sp 值均起伏剧烈，这有助于 K-mer 较好地区别这 34 个物种. 然而，当 K 值增加到 8 或 9 时，相应的 K-mer 的区分能力却递减.

综上，图 6.1、图 6.2 以及图 6.3 表明：随着 K 值由 2 增加到 9，K-mer 的区分能力先增后减. 为了克服传统 K-mer 未能充分体现对局部相似性作分析的不足，接下来提出分段 K-mer 法，即 s-K-mer，以便进一步提高算法在序列相似度分析方面的性能.

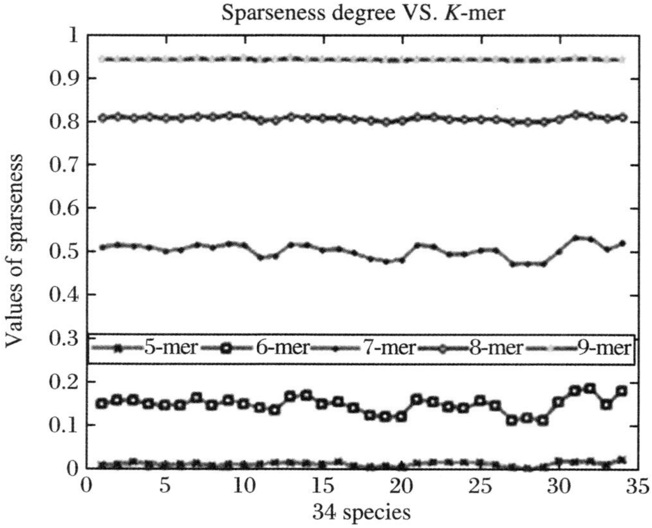

图 6.3 34 条基因组序列的基于由 K-mer 法算得“特征”向量的稀疏度

注：此处仅列出 $K=5,6,7,8$ 及 9 时的稀疏度数值，x 轴表示 34 个不同物种标签，而 y 轴为 5 种 K-mer 对应的稀疏度 sp 值

6.3.3 s-K-mer 算法的性能

在 6.2 节已叙述了对 K-mer 的改进策略，现将改进后的 K-mer（即 s-K-mer）再次应用于上述数据集，便于作对比分析.

根据式(6.5)，经优化可确定出 s-K-mer 此时的最优段数 $s^*=3$. 此外，最优距离测度 $\widetilde{\theta}$ 已更新为“cosine”而不再是“euclidean”了. 结果如图 6.4 所示，这时的目标函数值在峰值点处提高到 0.981. 与图 6.2 相比，图 6.4 说明了 s-K-mer 效果优于传统的 K-mer.

为了察看 K-mer 稀疏度的变化情况，这里 K 取值为从 5～9 的整数，现分别列出 34 个物种在 5 类 K-mer 上的稀疏度. 与此同时，还算出对应于 3 分段的 7-mer 串联向量的稀疏度，结果见表 6.1，其第 4 列为最优 K-mer 向量的 34 条记录，此时，$K^*=7$，作为对照，最后一列给出了 3 分段 7-mer 对应的稀疏度数值.

通常地，统计指标 σ/μ 能够体现出分类数据的离散程度. 具体来说，表 6.1 的各组稀疏度所得 σ/μ 的值，能或多或少地反映出对研究对象的区分能力，即：究竟哪种 K-mer 对物种的区分度最好，故 σ/μ 可充当确定最优 K-mer 的性能指标. 不过，σ/μ 的数值仅能作为区分物种的必要而非充分条件. 然后，便可计算表 6.1 的所有六种 K-mer 所在群组的稀疏度数据的均值以及标准差.

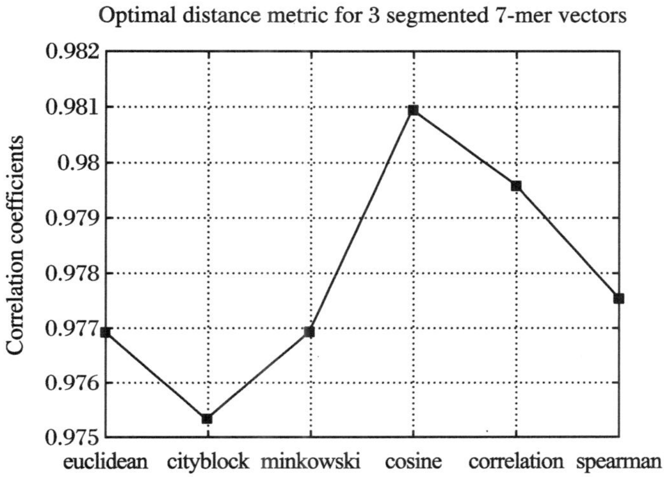

图 6.4　在(K^*，θ^*) = (7，euclidean)情形下分段 K-mer 对段数寻优结果图

注：此处，x 轴表示 6 种不同的距离测度. $K^*=7$，$\theta^*=$ euclidean 时，寻优得到 $s^*=3$. 而 y 轴为 6 种距离测度对应的性能值

表 6.1　K-mer 和 3 分段 7-mer 的稀疏度以及变异系数

Species \ K-mer	5-mer	6-mer	7-mer	8-mer	9-mer	3 seg 7-mer
Human	0.005 9	0.146 0	0.507 5	0.807 8	0.942 2	0.102 7
Pigmy Chimpanzee	0.006 8	0.155 5	0.512 3	0.809 0	0.942 5	0.104 3
Common Chimpanzee	0.012 7	0.156 0	0.510 3	0.807 8	0.942 2	0.103 8
Gorilla	0.008 8	0.146 7	0.507 4	0.808 7	0.942 7	0.101 7
Gibbon	0.005 9	0.143 6	0.498 8	0.805 9	0.942 3	0.102 3
Baboon	0.007 8	0.143 6	0.502 1	0.806 2	0.942 1	0.102 0
Cercopithecus Aethiops	0.009 8	0.162 1	0.514 1	0.810 2	0.943 0	0.107 0
Ape	0.003 9	0.143 3	0.507 7	0.809 1	0.942 6	0.103 5
Bornean Orangutan	0.007 8	0.156 3	0.515 1	0.812 8	0.943 5	0.104 3
Sumatran Orangutan	0.005 9	0.147 5	0.512 0	0.812 1	0.943 3	0.104 4
Cat	0.007 8	0.139 2	0.483 9	0.800 7	0.941 3	0.099 2

续表

Species \ K-mer	5-mer	6-mer	7-mer	8-mer	9-mer	3 seg 7-mer
Dog	0.010 7	0.131 8	0.487 2	0.802 4	0.941 7	0.099 0
Pig	0.011 7	0.164 6	0.513 9	0.810 6	0.942 9	0.106 7
Sheep	0.009 8	0.168 2	0.511 5	0.808 5	0.942 7	0.104 6
Goat	0.007 8	0.147 2	0.502 3	0.805 7	0.941 8	0.102 9
Cow	0.013 7	0.151 9	0.503 0	0.806 3	0.942 5	0.103 3
Buffalo	0.003 9	0.139 6	0.494 3	0.804 6	0.942 3	0.101 7
Wolf	0.002 0	0.122 6	0.482 3	0.801 5	0.941 8	0.097 7
Tiger	0.003 9	0.118 2	0.476 7	0.797 7	0.940 7	0.095 3
Leopard	0.002 0	0.119 9	0.478 6	0.800 7	0.941 3	0.097 1
India Rhinoceros	0.010 7	0.159 9	0.513 5	0.808 9	0.942 5	0.106 3
White Rhinoceros	0.012 7	0.153 8	0.509 2	0.808 7	0.942 5	0.104 0
Harborseal	0.012 7	0.141 4	0.491 9	0.804 4	0.942 0	0.101 1
Gray Seal	0.012 7	0.137 5	0.491 5	0.804 0	0.942 2	0.100 5
African Elephant	0.012 7	0.155 3	0.502 6	0.804 5	0.942 0	0.102 8
Asiatic Elephant	0.006 8	0.144 8	0.501 8	0.804 7	0.941 9	0.103 1
Black Bear	0.002 0	0.110 6	0.469 8	0.797 9	0.940 8	0.094 6
Brown Bear	0	0.115 0	0.470 2	0.798 4	0.941 3	0.093 5
Polar Bear	0.002 0	0.111 1	0.469 4	0.797 9	0.941 2	0.092 8
Rabbit	0.016 6	0.153 8	0.498 7	0.804 8	0.941 8	0.102 9
Hedgehog	0.014 6	0.178 0	0.529 8	0.815 7	0.943 3	0.110 7
Norway Rat	0.015 6	0.185 3	0.527 9	0.812 3	0.943 4	0.110 6
Vole	0.008 8	0.147 0	0.502 9	0.807 0	0.942 7	0.102 7
Squirrel	0.020 5	0.178 0	0.517 3	0.809 6	0.942 6	0.106 8
sigma	0.004 8	0.018 5	0.015 8	0.004 6	0.000 7	0.004 2
mu	0.008 7	0.146 3	0.500 5	0.806 1	0.942 2	0.102 2
sigma/mu (σ/μ)	0.553 4	0.126 3	0.031 6	0.005 7	0.000 7	0.041 5

表 6.1 的底行列出了全部六种情形性能指标 σ/μ 的值，其中 3 分段 7-mer 所在的那组数据的变异系数值，与先前 7-mer 所在组的变异系数值较为接近. 事实

上，由表 6.1 可知二者分别取值为 0.045，0.0316. 与第四列相比，最后一列全部 34 条观测值，不但显示出 3 分段 7-mer 的稀疏度比 7-mer 的稀疏度大大降低，而且前者的性能指标 σ/μ 仍能保持与后者接近. 此现象表明，在一定程度上来说，3 分段 7-mer 算法更加简洁、高效.

6.3.4　利用 s-K-mer 对基因组作系统发生分析

图 6.4 表明“cosine”为最佳距离测度，用以计算基于 3 分段 7-mer 的“特征”向量间的成对距离. 同时，仿照前述聚类分析的过程描述，可确定出“average”为最优连接方式.

图 6.5 给出了系统树状图，从中可发现 34 个物种被彻底地区分开来.

（1）第一组（Hedgehog，（Asiatic Elephant，African Elephant））离其他簇最远；

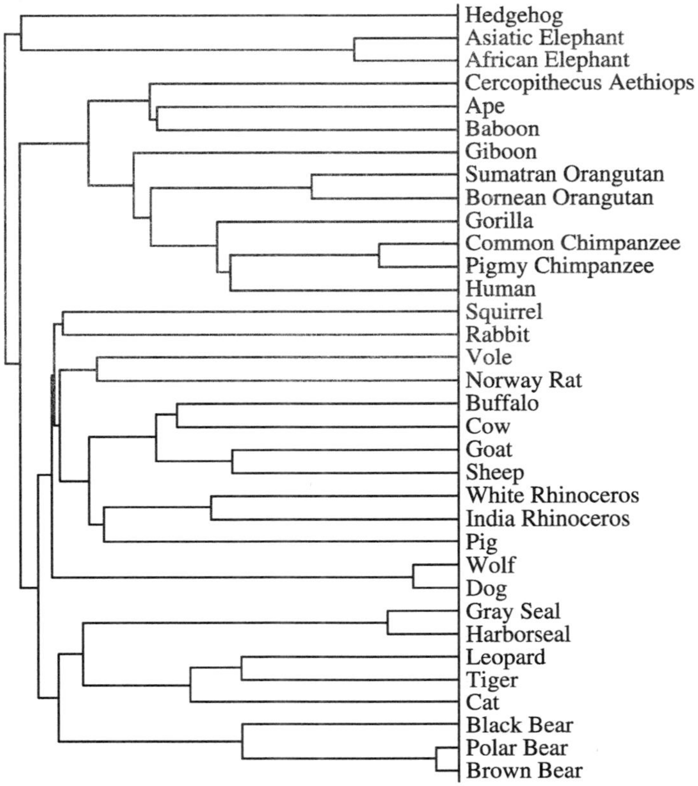

图 6.5　哺乳动物的 34 条线粒体基因组序列基于 3 分段 7-mer 的系统树状图

(2) 10个灵长类物种聚在一起;

(3) 啮齿类(Squirrel,Vole及Rat)与Rabbit靠得很近;

(4) 偶蹄目(Cow,Goat及Sheep)与(Rhinoceros与Pig)关系很近;

(5) Dog与Wolf彼此关系较近,且都属于犬属;

(6) Leopard,Tiger以及Cat彼此聚在一起;

(7) 熊科(Black Bear,Brown Bear及Polar Bear)明显聚到一个子类里.

同时,上述结果与传统的进化事实较为相符[150-152].此外,上述结果还表明,食虫动物Hedgehog是最早从这些哺乳动物中分离出来的,此结论与文献[160]所持观点相吻合.

6.4 本章结论

本章研究了K-mer阶数与距离测度的最优组合,在34条哺乳动物线粒体基因组序列组成的数据集上,得到结果为$(K^*,\theta^*)=(7,\text{euclidean})$.在此情形下,对传统的$K$-mer法加以改进,提出了分段$K$-mer法,以便提高序列相似度分析的精确度.然后,寻优得到7-mer的最优段数为3,此外,得出"平均连接方式"为最优.由此,构建出该基因组序列数据集的系统树状图.

实验结果表明:本章所提出的s-K-mer法,对序列相似度分析的效果优于传统的K-mer法.后续工作拟设计新的距离测度,以便进一步提高算法在相似度分析方面的性能.

第7章 基于层级虚拟混合与投影抽取的基因组序列比较

比较多重基因组序列时，不仅仅要考虑全局相似性，还须考虑局部相似性.在上一章 s-K-mer 的基础之上，引入新模型：基于 K-mer 的虚拟传感器混合以及 ICA-based 投影，捕获其“坐标”向量.

7.1 有关 FFP 与 ICA 背景概述

多重基因组序列的比较，可通过序列比对(multiple sequence alignment, MSA)来实现.通常，MSA 总是伴随着适当的碱基替代模型，用以计算相似度的分值.然而，随着时间的推移，由于物种分化愈加广泛，无论是基因组的重排，还是碱基的插入/删除均使得 MSA 在基因组比较时，略显相形见绌.近来，基于 web 的序列比对服务曾在文献[69]中作过介绍.

事实上，目前来看，基因组学也的确需要引入解决基因组序列的非编码区的方法.显然，这对全基因组的比较(包括：编码区与非编码区)无疑是非常有益的.急需研究出既能够独立于具体基因集，又能够分析非基因区的方法.后来，相继涌现出一些非比对的方法来实现这一目标[1,24-25,43,52,64,70-78].

其中，较为典型的比如有：称为特征频率谱(feature frequency profiles, FFP)这样基于频率的一些方法[24-25,43,73]，可用来比较全基因组或基因组区域，因为这些区域关联不太紧密且经历了显著的重排，或者尚无共享同一组基因集合，比如：内含子、调控因子或非基因区域.

作为经典的非比对方法，K-mer 由 Blaisdell 首先提出用于研究生物序列的比较[23].后来，出现了更多基于非比对的序列比较方法的一些新进展，关于这方面的综述参见文献[52]，该文详细描述了有关数据挖掘、序列比较等方面一些成熟的方法.作为文本比较方法的变体，Sims 等人认为[24]：上述 FFP 方法中，对于每两个不同文本，二者词频谱之间的“距离”可以视为相应的两个文本间的相异度的一种测度.不过,在由构成基因组序列的碱基对所组成的长字符串中,几乎无明显的"words"可言,相对 K-mer 频率间的差异可用来计算对应的两条基因组序列之间的距离值.对于给定长度的序列,对所有可能的特征(K-mers),将其各自频率信息装配到 FFP 谱向量中,其长度以及分辨率均为最重要的参数.

文献[24]中,作者探讨了 FFP 谱向量中"特征"的长度最优取值范围如何选取,以便用于基因组的比较.此外,作为对一般 FFP 的改进,为了长度迥异的基因组序列,作者还提出了 block-FFP 思想,将较大的基因组序列分成若干个等长的子块,每个子块可被看成一个较小的基因组.为了进行"块"的比较,须提出合理的判别准则,用以评估何时效果最佳.文献[24]指出:对于给定适当的分块数目,在比较不同长度的基因组序列时,block-FFP 分析的效果优于其他一些方法,比如,ACS 以及 Gen-compress 等等.此外,对每两条基因组序列,分析二者间的相似度时,局部相似性与全局相似性须同时兼顾.

另一方面,独立分量分析法(independent component analysis,ICA)常被用来找出非高斯数据的线性表示,以使全部分量彼此之间统计上相互独立或者尽可能彼此独立[180].这样的线性表示,能够捕捉到数据的本质结构,具体体现在诸如特征提取、信号分离等方面的应用.

独立分量分析(ICA)的工作原理如图 7.1 所示:在信源 $s(t)$ 中各分量相互独立的假设下,由观察 $x(t)$ 通过解混系统 B 把他们分离开来,使输出的 $y(t)$ 逼近 $s(t)$.

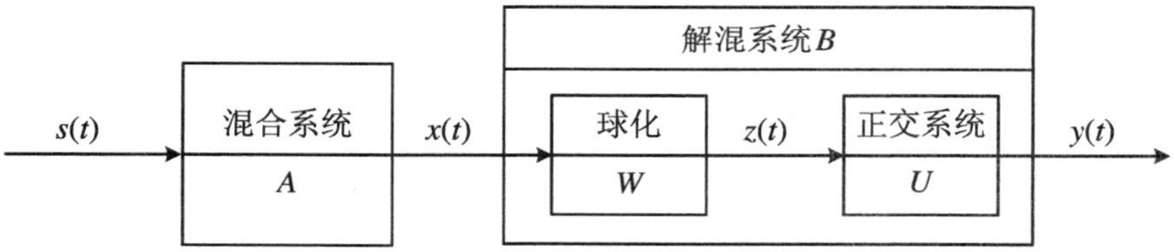

图 7.1 独立分量分析法 ICA 的工作原理图

ICA 算法的研究可分为基于信息论准则的迭代估计方法和基于统计学的代数方法两大类,从原理上来说,它们都是利用了源信号的独立性和非高斯性.基于信息论的方法研究中,各国学者从最大熵、最小互信息、最大似然和负熵最大化等角度提出了一系列估计算法,如 FastICA 算法、Infomax 算法、最大似然估计算法等.基于统计学的方法主要有二阶累积量、四阶累积量等高阶累积量方法.此处主要介绍 FastICA 算法.

一般情况下,所获得的数据都具有相关性,所以通常要求对数据进行初步的白化或球化处理,因为白化处理可去除各观测信号之间的相关性,从而简化了后续独立分量的提取过程.而且,与不对数据进行白化处理相比而言,数据进行白化处理后，算法的收敛性通常情况下较好.

若一零均值的随机向量 $\boldsymbol{Z}=(Z_1,\cdots,Z_M)^{\mathrm{T}}$ 满足 $\boldsymbol{E}\{\boldsymbol{Z}\boldsymbol{Z}^{\mathrm{T}}\}=\boldsymbol{E}$，其中，$\boldsymbol{Z}$ 为单位矩阵，我们称这个向量为白化向量. 白化的本质在于去相关，这同主分量分析的目标是一样的. 在 ICA 中，对于为零均值的独立源信号 $\boldsymbol{S}(t)=(S_1(t),\cdots,S_N(t))^{\mathrm{T}}$，有：$\boldsymbol{E}\{S_iS_j\}=\boldsymbol{E}\{S_i\}\boldsymbol{E}\{S_j\}=0$，当 $i\neq j$，且协方差矩阵是单位阵 $\mathrm{cov}(\boldsymbol{S})=\boldsymbol{E}$，因此，源信号 $\boldsymbol{S}(t)$ 是白色的. 对观测信号 $\boldsymbol{X}(t)$，我们应该寻找一个线性变换，使 $\boldsymbol{X}(t)$ 投影到新的子空间后变成白化向量，即

$$\boldsymbol{Z}(t)=\boldsymbol{W}_0\boldsymbol{X}(t),\tag{7.1}$$

其中，$\boldsymbol{W}_0$ 为白化矩阵，$\boldsymbol{Z}$ 为白化向量.

利用主分量分析，通过计算样本向量便可得到一个变换

$$\boldsymbol{W}_0=\boldsymbol{\Lambda}^{-1/2}\boldsymbol{U}^{\mathrm{T}},$$

其中，$\boldsymbol{U}$ 和 $\boldsymbol{\Lambda}$ 分别代表协方差矩阵 $\boldsymbol{C}_X$ 的特征向量矩阵和特征值矩阵. 可以证明，线性变换 $\boldsymbol{W}_0$ 满足白化变换的要求. 通过正交变换，可以保证 $\boldsymbol{U}^{\mathrm{T}}\boldsymbol{U}=\boldsymbol{U}\boldsymbol{U}^{\mathrm{T}}=\boldsymbol{E}$. 因此，协方差矩阵：

$$\begin{aligned}\boldsymbol{E}\{\boldsymbol{Z}\boldsymbol{Z}^{\mathrm{T}}\}&=\boldsymbol{E}\{\boldsymbol{\Lambda}^{-1/2}\boldsymbol{U}^{\mathrm{T}}\boldsymbol{X}\boldsymbol{X}^{\mathrm{T}}\boldsymbol{U}\boldsymbol{\Lambda}^{-1/2}\}\\&=\boldsymbol{\Lambda}^{-1/2}\boldsymbol{U}^{\mathrm{T}}E\{\boldsymbol{X}\boldsymbol{X}^{\mathrm{T}}\}\boldsymbol{U}\boldsymbol{\Lambda}^{-1/2}=\boldsymbol{\Lambda}^{-1/2}\boldsymbol{\Lambda}\boldsymbol{\Lambda}^{-1/2}=\boldsymbol{E}.\end{aligned}\tag{7.2}$$

再将 $\boldsymbol{X}(t)=\boldsymbol{A}\boldsymbol{S}(t)$ 代入 $\boldsymbol{Z}(t)=\boldsymbol{W}_0\boldsymbol{X}(t)$，且令 $\boldsymbol{W}_0\boldsymbol{A}=\widetilde{\boldsymbol{A}}$，有

$$\boldsymbol{Z}(t)=\boldsymbol{W}_0\boldsymbol{A}\boldsymbol{S}(t)=\widetilde{\boldsymbol{A}}\boldsymbol{S}(t).\tag{7.3}$$

由于线性变换 $\widetilde{\boldsymbol{A}}$ 连接的是两个白色随机矢量 $\boldsymbol{Z}(t)$ 和 $\boldsymbol{S}(t)$，可以得出 $\widetilde{\boldsymbol{A}}$ 一定是一个正交变换. 如果把式(7.3)中的 $\boldsymbol{Z}(t)$ 看作新的观测信号，那么可以说，白化使原来的混合矩阵 $\boldsymbol{A}$ 简化成一个新的正交矩阵 $\widetilde{\boldsymbol{A}}$. 证明也是简单的：

$$\boldsymbol{E}\{\boldsymbol{Z}\boldsymbol{Z}^{\mathrm{T}}\}=\boldsymbol{E}\{\widetilde{\boldsymbol{A}}\boldsymbol{S}\boldsymbol{S}^{\mathrm{T}}\widetilde{\boldsymbol{A}}^{\mathrm{T}}\}=\widetilde{\boldsymbol{A}}E\{\boldsymbol{S}\boldsymbol{S}^{\mathrm{T}}\}\widetilde{\boldsymbol{A}}^{\mathrm{T}}=\widetilde{\boldsymbol{A}}\widetilde{\boldsymbol{A}}^{\mathrm{T}}=\boldsymbol{E}.\tag{7.4}$$

其实正交变换相当于对多维矢量所在的坐标系进行一个旋转.

在多维情况下，混合矩阵 $\boldsymbol{A}$ 是 $N\times N$ 的，白化后新的混合矩阵 $\widetilde{\boldsymbol{A}}$ 由于是正交矩阵，其自由度降为 $N\times(N-1)/2$，所以说白化使得 ICA 问题的工作量几乎减少了一半.

白化这种常规的方法作为 ICA 的预处理可以有效地降低问题的复杂度，而且算法简单，用传统的 PCA 就可完成. 用 PCA 对观测信号进行白化的预处理使得原来所求的解混合矩阵退化成一个正交阵，减少了 ICA 的工作量. 此外，PCA 本身具有降维功能，当观测信号的个数大于源信号个数时，经过白化可以自动将观测信号数目降到与源信号维数相同.

FastICA 算法，又称固定点(fixed-point)算法，是由芬兰赫尔辛基大学 Hyvärinen 等人提出来的. 它是一种快速寻优迭代算法，与普通的神经网络算法不

同的是这种算法采用了批处理的方式，即在每一步迭代中有大量的样本数据参与运算．但是从分布式并行处理的观点来看，该算法仍可称为是一种神经网络算法．FastICA 算法有基于峭度、基于似然最大、基于负熵最大等形式，这里，我们介绍基于负熵最大的 FastICA 算法．它以负熵最大作为一个搜寻方向，可以实现顺序地提取独立源，充分体现了投影追踪（projection pursuit）这种传统线性变换的思想．此外，该算法采用了定点迭代的优化算法，使得收敛更加快速、稳健．

因为 FastICA 算法以负熵最大作为一个搜寻方向，因此先讨论一下负熵判决准则．由信息论理论可知：在所有等方差的随机变量中，高斯变量的熵最大，因而我们可以利用熵来度量非高斯性，常用熵的修正形式，即负熵．根据中心极限定理，若一随机变量 X 由许多相互独立的随机变量 $S_i(i=1,2,3,\cdots,N)$ 之和组成，只要 S_i 具有有限的均值和方差，则不论其为何种分布，随机变量 X 较 S_i 更接近高斯分布．换言之，S_i 较 X 的非高斯性更强．因此，在分离过程中，可通过对分离结果的非高斯性度量来表示分离结果间的相互独立性，当非高斯性度量达到最大时，则表明已完成对各独立分量的分离．

负熵的定义：

$$N_g(Y) = H(Y_{\text{Gauss}}) - H(Y), \tag{7.5}$$

其中，Y_{Gauss} 是一与 Y 具有相同方差的高斯随机变量，$H(\cdot)$ 为随机变量的微分熵，且

$$H(Y) = -\int p_Y(\xi)\lg p_Y(\xi)\mathrm{d}\xi. \tag{7.6}$$

根据信息理论，在具有相同方差的随机变量中，高斯分布的随机变量具有最大的微分熵．当 Y 具有高斯分布时，$N_g(Y)=0$；Y 的非高斯性越强，其微分熵越小，$N_g(Y)$ 值越大，所以 $N_g(Y)$ 可以作为随机变量 Y 非高斯性的测度．由于根据式(7.6)计算微分熵需要知道 Y 的概率密度分布函数，这显然不切实际，于是采用如下近似公式：

$$N_g(Y) = \{E[g(Y)] - E[g(Y_{\text{Gauss}})]\}^2, \tag{7.7}$$

其中，$E[\cdot]$ 为均值运算，$g(\cdot)$ 为非线性函数，可取 $g_1(y)=\tanh(a_1 y)$ 或 $g_2(y) = y\exp(-y^2/2)$ 或 $g_3(y)=y^3$ 等非线性函数，这里，$1 \leqslant a_1 \leqslant 2$，通常我们取 $a_1 = 1$．

快速 ICA 学习规则是找一个方向以便 $\boldsymbol{W}^{\mathrm{T}}\boldsymbol{X}(\boldsymbol{Y}=\boldsymbol{W}^{\mathrm{T}}\boldsymbol{X})$ 具有最大的非高斯性．这里，非高斯性用式(7.7)给出的负熵 $N_g(\boldsymbol{W}^{\mathrm{T}}\boldsymbol{X})$ 的近似值来度量，$\boldsymbol{W}^{\mathrm{T}}\boldsymbol{X}$ 的方差约束为 1，对于白化数据而言，这等于约束 $\boldsymbol{W}$ 的范数为 1．FastICA 算法的推导如下．首先，$\boldsymbol{W}^{\mathrm{T}}\boldsymbol{X}$ 的负熵的最大近似值能通过对 $\boldsymbol{E}\{G(\boldsymbol{W}^{\mathrm{T}}\boldsymbol{X})\}$ 进行优化来获得．根据 Kuhn-Tucker 条件，在 $\boldsymbol{E}\{(\boldsymbol{W}^{\mathrm{T}}\boldsymbol{X})^2\} = \|\boldsymbol{W}\|^2 = 1$ 的约束下，$\boldsymbol{E}\{G(\boldsymbol{W}^{\mathrm{T}}\boldsymbol{X})\}$ 的最优值能在满足下式的点上获得：

$$\boldsymbol{E}\{\boldsymbol{X}g(\boldsymbol{W}^{\mathrm{T}}\boldsymbol{X})\}+\beta\boldsymbol{W}=0, \tag{7.8}$$

其中，β 是一个恒定值，$\beta=\boldsymbol{E}\{\boldsymbol{W}_0^{\mathrm{T}}\boldsymbol{X}g(\boldsymbol{W}_0^{\mathrm{T}}\boldsymbol{X})\}$，$\boldsymbol{W}_0$ 是优化后的 $\boldsymbol{W}$ 值. 若利用牛顿迭代法解方程式(7.8)，用 F 表示式(7.8)左边的函数，可得 F 的雅可比矩阵 $JF(\boldsymbol{W})$ 如下：

$$JF(\boldsymbol{W})=\boldsymbol{E}\{\boldsymbol{X}\boldsymbol{X}^{\mathrm{T}}g'(\boldsymbol{W}^{\mathrm{T}}\boldsymbol{X})\}-\beta\boldsymbol{I}. \tag{7.9}$$

为了简化矩阵的求逆，可以近似为式(7.9)的第一项. 由于数据被球化，$\boldsymbol{E}\{\boldsymbol{X}\boldsymbol{X}^{\mathrm{T}}\}=\boldsymbol{I}$，所以

$$\boldsymbol{E}\{\boldsymbol{X}\boldsymbol{X}^{\mathrm{T}}g'(\boldsymbol{W}^{\mathrm{T}}\boldsymbol{X})\}\approx\boldsymbol{E}\{\boldsymbol{X}\boldsymbol{X}^{\mathrm{T}}\}\cdot\boldsymbol{E}\{g'(\boldsymbol{W}^{\mathrm{T}}\boldsymbol{X})\}=\boldsymbol{E}\{g'(\boldsymbol{W}^{\mathrm{T}}\boldsymbol{X})\}\boldsymbol{I}.$$

因而雅可比矩阵变成了对角阵，并且能比较容易地求逆. 因而可以得到下面的近似牛顿迭代公式：

$$\begin{aligned}\boldsymbol{W}^*&=\boldsymbol{W}-[\boldsymbol{E}\{\boldsymbol{X}g(\boldsymbol{W}^{\mathrm{T}}\boldsymbol{X})\}-\beta\boldsymbol{W}]/[\boldsymbol{E}\{g'(\boldsymbol{W}^{\mathrm{T}}\boldsymbol{X})\}-\beta],\\\boldsymbol{W}&=\boldsymbol{W}^*/\|\boldsymbol{W}^*\|,\end{aligned} \tag{7.10}$$

其中，$\boldsymbol{W}^*$ 是 $\boldsymbol{W}$ 的新值，$\beta=\boldsymbol{E}\{\boldsymbol{W}^{\mathrm{T}}\boldsymbol{X}g(\boldsymbol{W}^{\mathrm{T}}\boldsymbol{X})\}$，规格化能提高解的稳定性. 简化后就可以得到 FastICA 算法的迭代公式：

$$\begin{aligned}\boldsymbol{W}^*&=\boldsymbol{E}\{\boldsymbol{X}g(\boldsymbol{W}^{\mathrm{T}}\boldsymbol{X})\}-\boldsymbol{E}\{g'(\boldsymbol{W}^{\mathrm{T}}\boldsymbol{X})\}\boldsymbol{W},\\\boldsymbol{W}&=\boldsymbol{W}^*/\|\boldsymbol{W}^*\|.\end{aligned} \tag{7.11}$$

实践中，FastICA 算法中用的期望必须用它们的估计值代替. 当然最好的估计是相应的样本平均. 理想情况下，所有的有效数据都应该参与计算，但这会降低计算速度. 所以通常用一部分样本的平均来估计，样本数目的多少对最后估计的精确度有很大影响. 迭代中的样本点应该分别选取，假如收敛不理想的话，可以增加样本的数量.

FastICA 算法的基本步骤概括如下：

(1) 对观测数据 $\boldsymbol{X}$ 进行中心化，使它的均值为 0；

(2) 对数据进行白化，$\boldsymbol{X}\rightarrow\boldsymbol{Z}$；

(3) 选择需要估计的分量的个数 m，设迭代次数 $p\leftarrow1$；

(4) 选择一个初始权矢量(随机的) $\boldsymbol{W}_p$；

(5) 令 $\boldsymbol{W}_p=\boldsymbol{E}\{\boldsymbol{Z}g(\boldsymbol{W}_p^{\mathrm{T}}\boldsymbol{Z})\}-\boldsymbol{E}\{g'(\boldsymbol{W}_p^{\mathrm{T}}\boldsymbol{Z})\}\boldsymbol{W}$，非线性函数 g 的选取见前文；

(6) $\boldsymbol{W}_p=\boldsymbol{W}_p-\sum_{j=1}^{p-1}(\boldsymbol{W}_p{}^{\mathrm{T}}\boldsymbol{W}_j)\boldsymbol{W}_j$；

(7) 令 $\boldsymbol{W}_p=\boldsymbol{W}_p/\|\boldsymbol{W}_p\|$；

(8) 假如 $\boldsymbol{W}_p$ 不收敛的话，返回第(5)步；

(9) 令 $p=p+1$，如果 $p\leqslant m$，返回第(4)步.

有关 K-mer 方法在序列比较领域成功的应用参见文献[24-25,43,64,68,73,

76-77,79-82],以及 ICA 在特征抽取方面的能力参见文献[108-109,181-182].受此启发,可将其综合起来运用,以提高序列相似度的分析性能.本章通过优化,提出层级的 ICA-based 模型,用以分析基因组序列的相似性.算法共分四步:(1) 将各条基因组序列分成若干个片段,并通过引入的"虚拟混合器"(VM)将每个片段转换成相应的 K-mer 向量;(2) 将所有这些"混合"所得的向量投影到分解后的独立分量坐标系,得到相应的坐标分量,从而利用层级的"投影抽取器"(PE),提取每条基因组序列的特征;(3) 寻优找到最佳分割方案对应的段数 s^*;(4) 将通过层级的(hierarchy-VMPE)模型获取的最终的降维后"特征"向量,运用于基因组序列相似度分析.在真实数据集上的实验表明了所提算法的有效性.

7.2 基因组序列特征提取模型

通过将核苷酸序列或多肽序列,转换为数值型基因组信号,诸多此类方法为我们提供了这样一些可能性,即利用大量的各种信号处理领域里通行的方法,来处理、分析序列[90].本节提出新的从基因组序列抽取特征信息的模型,并探讨模型具有的良好的性质.

7.2.1 基于 K-mer 虚拟混合器的基因组序列数据预处理

郝柏林实验室曾研究出基于 K-mer 的组分矢量(composition vector,CV)方法,与典型的 K-mer 方法相类似,文献[24]对频率特征谱 FFP 方法作了概述和研究.

1. K-mer 方法的参数选取

正如 6.2 节所述,从序列所抽取的特征信息可记为如下的等维向量:

$$\boldsymbol{m}^{(i)} = (m_{i1}, m_{i2}, \cdots, m_{i,4^k}), \tag{7.12}$$

其中,m_{ij}是记录第 i 条序列的第 j 种 k 个连续字符所组成模式的统计观测值.所有的 $\boldsymbol{m}^{(i)}$ 均由其自身长度,即 $L-k+1$,加以归一化,使所得特征向量免受每条基因组序列长度迥异的负面影响.

记 K-mer 的阶数为 K,因参数 K 对序列比较的结果影响甚多,故如何挑选恰当的参数 K 显得尤为重要.一些研究者曾经研究过 K 的选择问题,比如:Wu 等人[42]曾提出过用以研究相异度度量的最佳字长,由所研究的序列的长度来决定.

Sims 等人[24, 43]给出了另外一种解决办法，该法提供了最佳长度的上、下限范围. 下限可由所涉多重序列的平均长度来近似确定，若记 $\bar{L}$ 为若干条序列长度的平均值，则最佳阶数 K 的下限便可由 $\log_4(\bar{L})$的整数部分来确定.

2. 从基因组序列观测混合后得到的基因组信号

考察由若干条生物序列(比如：不同的基因组序列或蛋白质组序列)产生的一些基因组信号，进一步地，可假定存在若干个虚拟“传感器”或虚拟“接收器”，这些传感器具有数值各异的“固有频率”，以使得每个“传感器”能够记录那些原本带有些许不同模式经混合后所得的基因组信号.

观测数据 m_{ij} 可通过“传感”器(可理解为虚拟混合)获取，其值的大小与若干个潜在独立分量混合时所占的权重相对应. 这样，式(7.12)左端的观测向量 $\boldsymbol{m}^{(i)}$ 可理解成 n 个潜在分量 $\boldsymbol{c}^{(1)},\boldsymbol{c}^{(2)},\cdots,\boldsymbol{c}^{(n)}$ 的一种具体的线性组合. 由此，对于所有 n 条序列，直接观测到与其对应的 n 条的基因组信号：$\boldsymbol{m}^{(1)},\boldsymbol{m}^{(2)},\cdots,\boldsymbol{m}^{(n)}$ 便可表示如下：

$$\boldsymbol{m}^{(i)} = f_{i1}\cdot\boldsymbol{c}^{(1)} + f_{i2}\cdot\boldsymbol{c}^{(2)} + \cdots + f_{in}\cdot\boldsymbol{c}^{(n)}, \tag{7.13}$$

其中，f_{ij} 为用以定义这种表达的某些系数，$i=1,2,\cdots,n$，而 i 恰为原始序列或物种的标签. 而且 $\boldsymbol{c}^{(1)},\boldsymbol{c}^{(2)},\cdots,\boldsymbol{c}^{(n)}$ 彼此尽可能地相互独立.

接下来问题转化为：如何估计式(7.13)中系数 f_{ij} 呢？若将所有这些系数 f_{ij} 汇聚成“特征”矩阵 $\boldsymbol{F}$，须利用一些通用的统计属性，来探寻这样的矩阵 $\boldsymbol{F}$，以便通过该矩阵，用若干个独立信号来表示观测到的基因组信号. 故而，上述问题又恰好可归结为基于独立分量分析(ICA)类型的问题，该类问题始于如何对多元数据加以表示.

3. 从混合后的基因组信号中抽取本质特征

不过，上述问题的通行解决办法是：对观测数据 $\boldsymbol{m}^{(1)},\boldsymbol{m}^{(2)},\cdots,\boldsymbol{m}^{(n)}$ 施行独立分量分析法(ICA). 类似地，亦可将这些观测数据改写成基于 K-mer 的数据矩阵，记为 $\boldsymbol{K}$. 由此，对于从原始基因组序列转换而来的基因组信号，可为其估算系数矩阵 $\boldsymbol{F}$(其元素 f_{ij} 的值可由现存的一些算法，比如：FastICA 来估算). 由此，式(7.12)可看成“潜在变量”的统计模型，而这些潜在的分量假定为未知的，由于未能知晓“虚拟抽取器”系统的全部属性，暂时也就无法明了各独立分量 c_{ij} 的具体值，此类问题通常难以求解. 而且结合式(7.13)，问题恰恰由于无法直接记录，投影系数 f_{ij} 也是未知的. 故而所研究问题的本质转化为如何确定全部的系数 f_{ij}，其中，$i,j=1,2,\cdots,n$，而 n 为所涉基因组序列的条数.

此外，引入向量/矩阵(vector-matrix)记号，比起式(7.13)中的 n 个等式更加方便于对数据描述. 若将三组变量分别用三类行向量来表示，按照分块矩阵格式，

则 $\boldsymbol{K}$ 与 $\boldsymbol{F}$ 之间的关系可写成如下的行分块阵乘积的形式：

$$\begin{pmatrix} \boldsymbol{m}^{(1)} \\ \boldsymbol{m}^{(2)} \\ \vdots \\ \boldsymbol{m}^{(n)} \end{pmatrix} = \begin{pmatrix} \boldsymbol{f}^{(1)} \\ \boldsymbol{f}^{(2)} \\ \vdots \\ \boldsymbol{f}^{(n)} \end{pmatrix} \times \begin{pmatrix} \boldsymbol{c}^{(1)} \\ \boldsymbol{c}^{(2)} \\ \vdots \\ \boldsymbol{c}^{(n)} \end{pmatrix}, \tag{7.14}$$

其中，i 为基因组序列标签，$i=1,2,\cdots,n$，而 $\boldsymbol{c}^{(i)}$ 恰为 n 个彼此相互独立的 4^k 维向量，这 n 个独立分量是对混合矩阵$\boldsymbol{K}$ 中 n 个观测到的 4^k 维行向量，施行 ICA 获取的.

7.2.2　虚拟混合与投影抽取模型

为了从基因组序列中抽取其本质特征，现描述一下所设计的基于 K-mer 的虚拟混合器及基于 ICA 的投影抽取器模型，单层 VM-PE 模型的设计方案如图 7.2 所示.

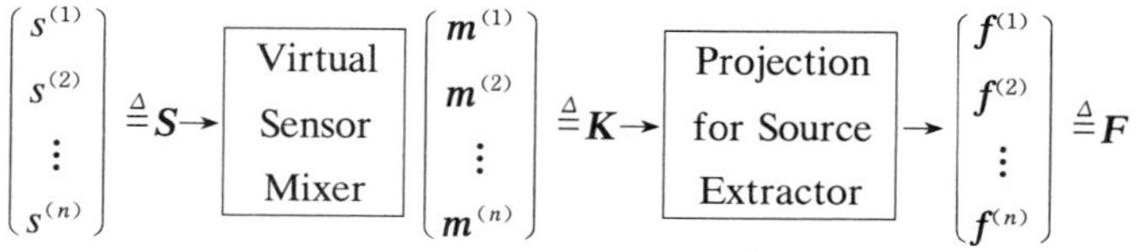

图 7.2　多重序列基于 K-mer 的观测经单层 ICA 提取特征的方案图

7.2.2.1　获取基因组信号的 VM-PE 模型

基于 K-mer 以及 ICA 的 VM-PE 模型具体描述如下，考察两个变换：

(1) $\boldsymbol{S} \xrightarrow{T_1} \boldsymbol{K}$

矩阵 $\boldsymbol{S}$ 表示所有 n 条长度各异的原始基因组序列，而矩阵 $\boldsymbol{K} \in \mathbf{R}^{n \times 4^K}$，为经过变换得到的相应的矩阵，此处基于 K-mer 的混合矩阵 $\boldsymbol{K}$ 由 n 条计数向量组成的观测值，结构如下：

$$\begin{pmatrix} \boldsymbol{m}^{(1)} \\ \boldsymbol{m}^{(2)} \\ \vdots \\ \boldsymbol{m}^{(n)} \end{pmatrix} = \begin{pmatrix} m_{11} & m_{12} & \cdots & m_{1,4^k} \\ m_{21} & m_{22} & \vdots & m_{2,4^k} \\ \vdots & \vdots & \ddots & \vdots \\ m_{n1} & m_{n2} & \cdots & m_{n,4^k} \end{pmatrix} \triangleq \boldsymbol{K}, \tag{7.15}$$

其中，$i=1,2,\cdots,n$，而 $\boldsymbol{m}^{(i)}$ 为混合后的元素组成的 4^k 维向量，该向量是从相应的序列 $\boldsymbol{s}^{(i)}$ 经虚拟混合器转换而来的(如图 7.2 中第一个方框所示).

(2) $\boldsymbol{K} \xrightarrow{T_2} \boldsymbol{F}$

矩阵 $\boldsymbol{F}$ 由所有的 n 条抽取的特征向量组成：

$$\boldsymbol{f}^{(i)} = (f_{i1}, f_{i2}, \cdots, f_{in}), \tag{7.16}$$

这些特征向量从 K-mer 类混合矩阵 $\boldsymbol{K}$，经过基于 ICA 投影抽取器捕获得到（如图 7.2 中的第二个方框所示）.

同样的，将所有特征向量汇入特征矩阵 $\boldsymbol{F}$，则式(7.16)便可改写为

$$\begin{pmatrix} \boldsymbol{f}^{(1)} \\ \boldsymbol{f}^{(2)} \\ \vdots \\ \boldsymbol{f}^{(n)} \end{pmatrix} = \begin{pmatrix} f_{11} & f_{12} & \cdots & f_{1n} \\ f_{21} & f_{22} & \vdots & f_{2n} \\ \vdots & \vdots & \ddots & \vdots \\ f_{n1} & f_{n2} & \cdots & f_{nn} \end{pmatrix} \triangleq \boldsymbol{F}. \tag{7.17}$$

由此，图 7.2 中矩阵 $\boldsymbol{K}$ 和 $\boldsymbol{F}$ 之间的关系可写成

$$\boldsymbol{K} = \boldsymbol{F} * \boldsymbol{C}, \tag{7.18}$$

亦即

$$\begin{pmatrix} \boldsymbol{m}_{11} & \boldsymbol{m}_{12} & \cdots & \boldsymbol{m}_{1,4^k} \\ \boldsymbol{m}_{21} & \boldsymbol{m}_{22} & \cdots & \boldsymbol{m}_{2,4^k} \\ \vdots & \vdots & \ddots & \vdots \\ \boldsymbol{m}_{n1} & \boldsymbol{m}_{n2} & \cdots & \boldsymbol{m}_{n,4^k} \end{pmatrix} = \begin{pmatrix} f_{11} & f_{12} & \cdots & f_{1n} \\ f_{21} & f_{22} & \cdots & f_{2n} \\ \vdots & \vdots & \ddots & \vdots \\ f_{n1} & f_{n2} & \cdots & f_{nn} \end{pmatrix} \times \begin{pmatrix} c_{11} & c_{12} & \cdots & c_{1,4^k} \\ c_{21} & c_{22} & \cdots & c_{2,4^k} \\ \vdots & \vdots & \ddots & \vdots \\ c_{n1} & c_{n2} & \cdots & c_{n,4^k} \end{pmatrix}. \tag{7.19}$$

显而易见，矩阵 $\boldsymbol{F}$ 属于空间 $\mathbf{R}^{n \times n}$，其所有行向量的维数均为 n. 此外，与观测值矩阵 $\boldsymbol{K}$ 相比，从式(7.18)及式(7.19)易知，特征矩阵 $\boldsymbol{F}$ 的维数得到大大地降低. 故而，最终降维后的特征矩阵 $\boldsymbol{F}$ 值得特别关注.

7.2.2.2　从序列到所抽取特征的复合变换

事实上，所得的全部 n 条特征向量 $\boldsymbol{f}^{(i)}$ $(i = 1, 2, \cdots, n)$，可看成是将全部 n 条基于 K-mer 的观测变量 $\boldsymbol{m}^{(i)}$，向独立分量矩阵 $\boldsymbol{C}$ 中 n 个潜在的 4^k 维向量 $\boldsymbol{c}^{(j)}$ 进行投影，捕获其“坐标”而得到的. 此处，所有的“坐标”值 f_{ij} $(i, j = 1, 2, \cdots, n)$ 为实相关系数值. 与此同时，正如式(7.14)所述，全部的向量 $\boldsymbol{c}^{(i)}$ 相互具有统计独立性.

总之，从整体上看，7.2.2.1 节所述的复合变换可描述为

$$T_2 \circ T_1 : s^{(i)} \mapsto \boldsymbol{f}^{(i)} = (f_{i1}, f_{i2}, \cdots, f_{in}), \tag{7.20}$$

通过该复合变换，我们可以方便地从多重基因组序列中抽取其特征信息. 或者，此处集成变换亦可描述为

$$\mathrm{Ker}\ \varphi : S^{n \times 1} \xrightarrow{T} \mathbf{R}^{1 \times \frac{n \cdot (n-1)}{2}}, \tag{7.21}$$

其中，$S^{n \times 1}$ 代表由 n 条长度互异的基因组序列组成的原始字符串序列空间

(original string sequence space)；而 $\mathbf{R}^{1\times\frac{n\cdot(n-1)}{2}}$ 表示从原始字串空间，经过图 7.2 所示的 VM-PE 模型转换而来的目标距离空间(objective distance space)

7.2.2.3 变换所具有的保距特性

正如以下命题所述，上述复合变换能够包含基因组序列的本质属性，由此，式(7.21)中的 φ 可解释为核算子(kernel operator)，上述 VM-PE 算法性质描述如下.

定义 7.1 在原始的字符串序列空间中，每两条不同序列之间的距离 $D(s^{(i)},s^{(j)})$定义为

$$D(s^{(i)},s^{(j)}) \triangleq 1-\mathrm{abs}(\mathrm{corr}(\boldsymbol{m}^{(i)},\boldsymbol{m}^{(j)})),\tag{7.22}$$

其中，$\boldsymbol{m}^{(i)}$为序列 $s^{(i)}$的基于 K-mer 的混合向量，$\boldsymbol{m}^{(j)}$同理，$i,j=1,2,\cdots,n$. 等号右端 corr(·,·)函数代表两条向量(即 $\boldsymbol{m}^{(i)}$与 $\boldsymbol{m}^{(j)}$)之间的相关程度. 通常，可由一对向量之间的相关系数值来定义相关程度，而 abs(·)为绝对值函数.

定义 7.2 记 $\mathbf{R}^d$ 为 d 维实赋范空间，核函数 $\varphi: S^{n\times 1}\mapsto\mathbf{R}^{1\times d}$ 为从原像空间 $S^{n\times 1}$到像空间 $\mathbf{R}^{1\times d}$的一个映射，此处

$$d=\frac{n\cdot(n-1)}{2}.$$

对空间 $S^{n\times 1}$中的任意元素，譬如 $s^{(i)}$及 $s^{(j)}$，若能由 $D(s^{(i)},s^{(j)})=\delta$ 推导出

$$D(\varphi(s^{(i)}),\ \varphi(s^{(j)}))=\delta,$$

则称函数 φ 为δ 型保距.

定理 7.1 $T_2\circ T_1:\ s^{(i)}\mapsto \boldsymbol{f}^{(i)}=(f_{i1},f_{i2},\cdots,f_{in})$为保距变换.

证明 由于 $\boldsymbol{m}^{(i)}$以及 $\boldsymbol{m}^{(j)}$，分别为序列 $s^{(i)}$以及 $s^{(j)}$基于 K-mer 的混合后所得的观测向量，其中 $i,j=1,2,\cdots,n$.

记 $T_2\circ T_1$ 为从原始字串空间到目标距离空间的一个复合变换，则下述等式：

$$\begin{aligned}\varphi(s^{(i)})&=(T_2\circ T_1)(s^{(i)})=T_2[T_1(s^{(i)})]\\&=T_2(\boldsymbol{m}^{(i)})=\boldsymbol{f}^{(i)}\end{aligned}\tag{7.23}$$

成立.

根据等式(7.13)，两条序列经过 VM 所得观测向量，可分别改写成如下和式：

$$\boldsymbol{m}^{(i)}=\sum_{p=1}^{n}f_{ip}\cdot\boldsymbol{c}^{(p)},\tag{7.24}$$

而

$$\boldsymbol{m}^{(j)}=\sum_{q=1}^{n}f_{jq}\cdot\boldsymbol{c}^{(q)}.\tag{7.25}$$

故有

$$\begin{aligned}\operatorname{corr}(\boldsymbol{m}^{(i)},\boldsymbol{m}^{(j)}) &= \operatorname{corr}\Big(\sum_{p=1}^{n} f_{ip}\cdot \boldsymbol{c}^{(p)},\sum_{q=1}^{n} f_{jq}\cdot \boldsymbol{c}^{(q)}\Big)\\ &= \sum_{p=1}^{n}\sum_{q=1}^{n}(\operatorname{corr}(f_{ip}\cdot \boldsymbol{c}^{(p)},f_{jq}\cdot \boldsymbol{c}^{(q)}))\\ &= \sum_{\substack{p=1\\p=q}}^{n}(\operatorname{corr}(f_{ip}\cdot \boldsymbol{c}^{(p)},f_{jq}\cdot \boldsymbol{c}^{(q)}))\\ &\quad+\sum_{\substack{p=1\\p\neq q}}^{n}\sum_{q=1}^{n}(\operatorname{corr}(f_{ip}\cdot \boldsymbol{c}^{(p)},f_{jq}\cdot \boldsymbol{c}^{(q)})).\end{aligned}\tag{7.26}$$

因每两条独立分量 $\boldsymbol{c}^{(p)}$ 以及 $\boldsymbol{c}^{(q)}$（此处 $p\neq q$），彼此相互具有统计独立性. 故而根据计算相关系数值，易知式(7.26)第二项恰好为零，由此，整个的式(7.26)可化简为

$$\operatorname{corr}(\boldsymbol{m}^{(i)},\boldsymbol{m}^{(j)})=\sum_{p=1}^{n}\operatorname{corr}(f_{ip}\boldsymbol{c}^{(p)},f_{jp}\boldsymbol{c}^{(p)})=\operatorname{corr}(\boldsymbol{f}^{(i)},\boldsymbol{f}^{(j)}),\tag{7.27}$$

其中，$i,j=1,2,\cdots,n$.

由式(7.23)以及定义 7.1，可得

$$\operatorname{corr}(\varphi(s^{(i)}),\ \varphi(s^{(j)}))=\operatorname{corr}(\boldsymbol{f}^{(i)},\boldsymbol{f}^{(j)}).\tag{7.28}$$

对比式(7.27)与式(7.28)知：其右端相等，由等量代换得两式左端相等，再由定义 7.1 知，下述等式成立：

$$D(s^{(i)},s^{(j)})=D(\varphi(s^{(i)}),\ \varphi(s^{(j)})),\quad i,j=1,2,\cdots,n.$$

故由定义 7.2 知：对于两条基因组序列，$s^{(i)}$ 以及 $s^{(j)}$，上述集成变换 T 确为 δ 型保距变换. 此处，上标 i 及 j 代表序列的标签，而各条序列长度彼此通常并不相等. ■

根据定理 7.1 和定义 7.2，可以先计算出"特征"投影所得矩阵 $\boldsymbol{F}$ 的全部行向量，$\boldsymbol{f}^{(i)}=(f_{i1},f_{i2},\cdots,f_{in})(i=1,2,\cdots,n)$，其中 i 代表 n 条原始基因组序列或蛋白质组序列的标签. 由此可得对应的 n 条 n 维的组合系数向量，可以视其为利用 VM-PE 算法，从原始基因组序列抽取出来的特征信息. 算法步骤描述如下：

Input：multiple genome sequences with different length：$s^{(1)},s^{(2)},\cdots,s^{(n)}$
begin
　for $i=1$ to n do
　　Through virtual mixer (VE), transform each genome sequence $s^{(i)}$ into a K-mer-based 4^k dimensional vector $\boldsymbol{m}^{(i)}$, which comprises n by 4^k observed matrix $\boldsymbol{K}$
　end for

Using FastICA-based projection extractor (PE), factorize matrix $\boldsymbol{K}$ into independent component matrix $\boldsymbol{C}$ which is left multiplied by projection feature matrix $\boldsymbol{F}$

for $i=1$ to $n-1$ do

　for $j=i+1$ to n do

　　Calculate pairwise distances using $\boldsymbol{F}$ by $D(s^{(i)}, s^{(j)}) = \| f^{(i)} - f^{(j)} \|_2$

　end for

end for

for $i=1$ to n do

　The feature vector for the i-th genome sequence←The i-th row vector of feature matrix $\boldsymbol{F}$

end for

Draw the dendrogram using th epairwise distances matrix

end

7.2.3　层级的 VMPE 模型

作为序列比对的方法之一，Needleman-Wunsch 算法通过比较两整条全长的序列，进行全局最优的比对. 然而，多数情况下，探寻多重序列之间的局部相似性依然至关重要. 因此，为了提高多重基因组序列的相似性分析的性能，须兼顾局部相似性.

1. 对长序列的分段 *K*-mer 施行层级 ICA

为了准确地抽取基因组序列全局信息，同时兼顾到局部信息，在上述单层 VMPE(参阅 7.2.2 节)基础之上，进一步地设计出分层的虚拟混合与投影抽取模型(hierarchy virtual mixer plus projection extractor, HVMPE).

图 7.3 给出了层级的 VMPE 模型的设计方案，过程共分四个阶段：(1) 对每条基因组序列的分段方案；(2) 利用单层 VM-PE 对分段后的各条序列并行实施特征信息的抽取；(3) 将每条序列抽取出来的诸项局部“特征”信息串联在一起，多重序列的特征组成“增广”矩阵；(4) 通过第二层的 VM-PE 算法对所得“增广”特征矩阵再次作用，最终得到抽取的特征信息.

2. 长序列的分段策略

记 s 为某一具体分段方案预设的段数，$s=2,3,\cdots,\Gamma$，此处 Γ 为最大分段数目. 譬如：若 s 取 2，意味着每条基因组序列分成两段，以此类推.

除了最后一段，其余各段的长度记为 m. 给定长度为 L 的序列，m 取值大小

与 s 有关,可计算如下:

$$m=\left\lfloor \frac{L}{s} \right\rfloor, \tag{7.29}$$

其中,$\lfloor \cdot \rfloor$代表不超过实数“·”的最大整数.

对于每条原始的基因组序列 $s^{(i)}$,从其第一子段 $P_1^{(i)}$ 中便可相应地抽取第一段“特征”向量 $\boldsymbol{f}_1^{(i)}$,仿照 6.2 节所述,对于预设的整数 s,每条基因组序列 $s^{(i)}$ 可以统一地转换为 $s\times n$ 维“特征”向量,记为 $\widetilde{\boldsymbol{f}}^{(i)}$,即有

$$\widetilde{\boldsymbol{f}}^{(i)}=(\boldsymbol{f}_1^{(i)},\boldsymbol{f}_2^{(i)},\cdots,\boldsymbol{f}_s^{(i)}), \tag{7.30}$$

其中,$s=2,3,\cdots,\Gamma$,而所有的 $\boldsymbol{f}_s^{(i)}$ 均由式(7.16)来确定.

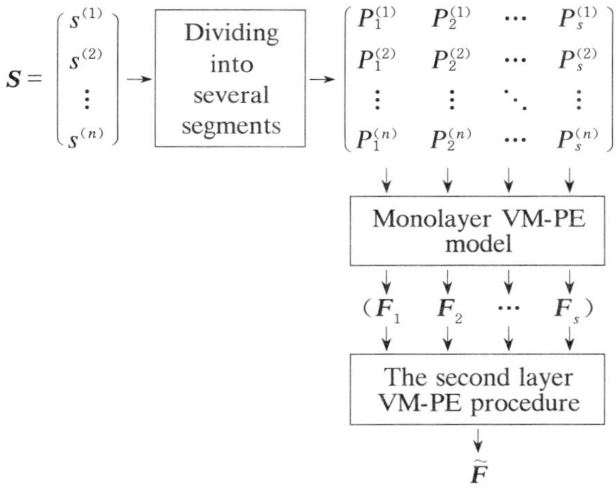

图 7.3　多重序列基于分段的 *K*-mer 观测经双层 ICA 捕获特征信息的方案图

3. HVMPE 模型的最佳分段数目 s^*

为确定最佳分段方案的具体分段数目大小 s^*,引入相关分析法.通过 *Mega* 软件,在基于序列比对的框架下,可以计算多重序列之间的成对距离矩阵,再将 s 种不同的分段方案所得的成对距离矩阵与之分别计算相关程度的高低,以确定何时最佳,*HVMPE* 模型的最佳分段数目 s^* 可由下式确定:

$$(s^*,\theta^*)=\arg\max_{s,\theta}\operatorname{corr}_{s,\theta}(Pdist_s,Pdist_0), \tag{7.31}$$

其中,s^* 代表 HVMPE 模型通过式(7.31)寻优得到的最佳分段数目,而 θ^* 表示的是此时相应的最佳距离测度,而且 $\theta^*\in\boldsymbol{\Theta}$,距离集包含 5 种常见类型的距离测度,即 $\boldsymbol{\Theta}=\{$cityblock, euclidean, cosine, correlation, spearman$\}$. 通常情况下,在高维空间中,寻优得到的最佳距离测度多为“cosine”,而在低维空间中常为“euclidean”.

一般地,成对距离的数值,往往经重新排列,改写成向量的约减形式,并非采用

对称矩阵的形式表达. 从而,对 n 个物种,两两之间的距离所构成的成对距离矩阵,可以改写为$\frac{n\times(n-1)}{2}$维的向量形式. 另一方面,式(7.31)中的输入参数 $Pdist_0$为目标空间的成对距离向量,其各个分量恰为每两两序列,经由基于比对方法计算所得的成对距离值构成的. 故而另一个输入参数 $Pdist_s$ 与 $Pdist_0$ 是等维度的,维数均为$\frac{n\times(n-1)}{2}$.

与之相反的,作为非序列比对方法之一,HVMPE 模型中须用到 s 种不同的分段方案,分别计算出来的 $Pdist_s$成对距离值的,作为式(7.31)右端的另一个输入参数. 对于第 i 条基因组序列 $s^{(i)}$,通过式(7.30)可计算其扩展的 $s\times n$ 维"特征"向量 $\widetilde{f}^{(i)}$. 式(7.31)右端的输入参数 $Pdist_s$代表两两序列对应的扩展向量之间成对距离向量,其各元素的值计算如下:

$$D(s^{(i)},s^{(j)})=(\widetilde{f}^{(i)},\widetilde{f}^{(j)})_{\theta^*},\tag{7.32}$$

其中,式(7.32)右端为通过对两条序列抽取出来的扩展"特征"向量,计算向量间的距离值. 而 θ^* 表示的是利用式(7.31)寻优得到的最佳距离测度. 由于引入了分段策略,并行 ICA 处理后所得的扩展的"特征"向量 $\widetilde{f}^{(i)}$ 的维数,在一定的程度上有所反弹,即原来直接采用单层 VMPE 情形下为 n 维,暂时会升至 $s\times n$ 维. 须再进一步利用串联所得的向量 $\widetilde{f}^{(i)}$,作为下一层 ICA 的输入,从而构成所谓的层级虚拟混合与投影抽取模型,通过该模型可在更低维的空间中获得最终的"特征"向量.

7.3　HVMPE 模型在真实基因组数据集上的应用

将 HVMPE 模型运用到真实数据集上,该数据集包含 20 条真哺乳亚纲动物的线粒体基因组序列,既往的一些相关工作对此做过研究,比如有文献[2,70,75,158,183 - 184]等等. 本章 HVMPE 算法的 MATLAB 程序源代码见:http://home.ustc.edu.cn/~yhj70/hVMPE/code.rar.

7.3.1　先行相关数据的准备

表 7.1 给出了这 20 条序列在 GenBank 中的登录号. 基于比对的框架,利用

Mega 软件[111]，计算 20 条序列间的成对距离. 表 7.2 给出了基于 Clustal W 算法的成对距离矩阵，从中可抽出第一行数据，该行记录了 Human 与其余 19 个物种之间的 Neighbor-Joining 距离值. 与传统的基于序列比对方法所得结果相对比，相关程度越高意味着对应的情形下所得分析结果越有效，也就是说该情形最佳.

表 7.1　20 种真哺乳亚纲物种线粒体基因组序列的简明信息

Accession no.	Species	Length
V00662	Human	16 569
D38116	Pigmy Chimpanzee	16 563
D38113	Common Chimpanzee	16 554
D38114	Gorilla	16 364
D38115	Bornean Orangutan	16 389
X99256	Gibbon	16 472
Y18001	Baboon	16 521
X79547	Horse	16 660
Y07726	White Rhinoceros	16 832
X63726	Harborseal	16 826
X72004	Gray Seal	16 797
U20753	Cat	17 009
X61145	Fin Whale	16 398
X72204	Blue Whale	16 402
V00654	Cow	16 338
X14848	Norway Rat	16 300
V00711	Mouse	16 295
Z29573	Opossum	17 084
Y10524	Wallaroo	16 896
X83427	Platypus	17 019

表 7.2　基于序列比对 Clustal W 算法利用 Mega4.0 软件计算成对距离矩阵

	P. Chim.	C. Chim.	Gorilla	Orang.	Gibbon	Baboon	Horse	W. Rhin.	H. Seal	G. Seal	Cat	F. Whale	B. Whale	Cow	Rat	Mouse	Oposs.	Walla.	Platypus
Human	0.086 9	0.088 9	0.109 0	0.156 3	0.172 2	0.234 5	0.311 6	0.303 2	0.332 4	0.331 6	0.332 4	0.327 5	0.323 5	0.324 8	0.360 2	0.366 7	0.427 6	0.414 5	0.430 8
P. Chim.		0.037 5	0.103 9	0.155 0	0.170 7	0.228 5	0.306 1	0.302 7	0.328 3	0.328 7	0.329 1	0.328 0	0.322 1	0.321 4	0.353 1	0.359 8	0.418 8	0.404 6	0.422 4
C. Chim.			0.106 5	0.156 8	0.171 9	0.230 5	0.305 2	0.302 4	0.326 9	0.328 3	0.331 2	0.324 8	0.318 4	0.318 7	0.353 0	0.363 1	0.418 7	0.407 5	0.421 8
Gorilla				0.158 9	0.173 9	0.237 2	0.309 8	0.302 9	0.334 0	0.331 3	0.335 6	0.330 8	0.327 4	0.327 2	0.362 9	0.366 8	0.427 7	0.414 3	0.425 5
Orang.					0.180 1	0.234 5	0.314 1	0.311 4	0.333 0	0.334 2	0.340 0	0.338 3	0.332 6	0.333 6	0.362 7	0.369 1	0.434 9	0.418 4	0.441 4
Gibbon						0.236 2	0.312 0	0.306 4	0.333 2	0.333 2	0.336 5	0.338 0	0.337 7	0.333 6	0.369 1	0.372 5	0.436 4	0.422 1	0.434 9
Baboon							0.325 6	0.321 6	0.347 6	0.348 3	0.355 5	0.340 0	0.338 5	0.342 7	0.376 1	0.387 2	0.443 3	0.429 4	0.441 3
Horse								0.169 3	0.228 9	0.230 3	0.230 7	0.236 5	0.235 4	0.230 4	0.312 1	0.321 8	0.374 9	0.364 1	0.378 9
W. Rhin.									0.224 7	0.226 2	0.226 1	0.238 6	0.234 5	0.230 0	0.314 7	0.318 4	0.372 5	0.356 1	0.378 7
H. Seal										0.035 5	0.209 5	0.263 7	0.254 9	0.245 5	0.324 5	0.326 4	0.389 0	0.373 1	0.384 0
G. Seal											0.210 4	0.265 0	0.257 3	0.246 2	0.326 6	0.328 2	0.389 0	0.372 7	0.384 6
Cat												0.262 6	0.257 6	0.246 6	0.327 1	0.327 9	0.384 5	0.377 0	0.392 1
F. Whale													0.076 6	0.224 7	0.339 5	0.344 5	0.392 7	0.381 9	0.390 5
B. Whale														0.222 3	0.335 9	0.336 5	0.389 7	0.376 0	0.388 0
Cow															0.321 5	0.320 8	0.375 8	0.363 7	0.372 1
Rat																0.194 4	0.393 9	0.383 8	0.403 4
Mouse																	0.381 4	0.380 1	0.395 0
Oposs.																		0.260 5	0.380 2
Walla.																			0.369 7

7.3.2　确定虚拟混合器(VM)的最佳阶数 K^*

对于前述给定的多重基因组序列,平均长度大约 17 000 bps,此时 K-mer 计数向量 $\boldsymbol{m}^{(i)}$ 在 $K \geqslant 8$ 以后变得越来越稀疏[68].故而,比较长序列时,更高阶的 K-mer 往往并不能有效地捕获到序列的本质特征.因而,需要考虑如何为 K-mer 确定出合理的阶数值 K^*,结合文献[24]中所提到的近似计算公式,从而上述数据集的整数型最佳阶数 K^* 可按下式求得:

$$K^* \approx \log_4(17\,000), \tag{7.33}$$

亦即,$K^* = 7$.

故对上述数据集中给定的某一条序列 $\boldsymbol{s}^{(i)}$,$K^* = 7$ 便可作为 HVMPE 模型在施行虚拟混合阶段 K-mer 的最佳阶数.此时,所有原始序列可经"混合器"转换为相应的 4^7 维向量.换句话说,通过虚拟混合器,全部所得的混合后的 7-mer 向量 $\boldsymbol{m}^{(i)}$,均一律被映射到 16 384 维的空间中,$i = 1, 2, \cdots, n$.

7.3.3　对 HVMPE 模型进行最佳段数 s^* 值的寻优

为探寻何时的 s^* 值最优,现遴选五种不同的分段方案,即分别取相应的五种 s 段 K-mer,其中 $s = 2, 3, \cdots, 6$.根据 7.2.3 节对 HVMPE 算法过程的描述,可分别计算这五种不同的分段方案所对应的五个性能值.结果列于表 7.3,该表中以相关程度视为性能值.

表 7.3　对模型的四阶段施行不同分段 7-mer 方案性能对比(%)

Type\segment	Dimension for optimization	2	3	4	5	6
Segmented VM	49 512 variable	—	96.72	—	—	—
Monolayer VMPE	20 constant	96.86	96.71	96.90	96.80	96.72
Cascaded PE	80 variable	96.86	96.72	96.91	96.80	96.72
Hierarchy VMPE	20 constant	97.21	97	97.62	97.44	96.67

1. 虚拟混合器(VM)的最佳分段数目 s^*

正如表 7.3 所示,其第二行列举了仅仅通过 VM 直接施行 K-mer 后所得的结果,此时,尚未使用投影抽取器加以作用.该行数据表明:"3 分段 7-mer"的相似度分析性能达到峰值,不过,此时 K-mer-based 的计数向量维数过高,高达 49 512.所以,须考虑如何解决降维的问题.

作为对比分析所需,还另外地选取三组组合实验,见表 7.3 的余下最后三行.

2. 单层 VMPE 模型的最佳分段数目 s^*

表 7.3 的第三行数据表明：当对上述表 7.1 所列线粒体基因组数据集施行单层 VMPE 模型时，最佳分段数目为 4，通过虚拟混合器，可将原始的基因组序列转换为相对应的寻优得到的 4 分段 7-mer 频率计数向量，向量的维数达到 4×4^7，即升至 65 536 维，已暂时高于 7.3.3 节所述的第一种情形对应的维数($3\times 4^7=49\,512$)．不过，当从混合所得的观测向量组中，通过单层 VMPE 作用，抽取与各序列相对应的所有的投影“坐标”后，最终的投影“特征”向量维数已降至 20，与 VMPE 作用之前相比，体现“特征”信息的向量的维数已大大降低．随后，在低维空间中，可采用常见而简便的“euclidean”距离测度，按照下式来计算成对距离值：

$$D(s^{(i)},s^{(j)})=\|\boldsymbol{f}^{(i)}-\boldsymbol{f}^{(j)}\|_2, \tag{7.34}$$

其中，$\boldsymbol{f}^{(i)}$ 恰为从原始序列 $s^{(i)}$，经单层 VMPE 模型转换而来的 20 维“特征”向量．故而，由式(7.31)便可确定，按“4 段 7-mer”达到最佳分段效果，此时用以刻画相似度分析性能指标的目标函数值，达到峰值 96.9%(详见表 7.3，第 3 行第 5 列)．

3. 串联投影抽取器的性能分析

不过，也可以通过：先对各个分段对应的 7-mer 观测向量同步“并行地”施以投影抽取(PE)作用，得到各段子序列的投影“坐标”；再根据式(7.30)，可得全部 20 条线粒体基因组序列扩展的“特征”向量：

$$\tilde{\boldsymbol{f}}^{(i)}=(\boldsymbol{f}_1^{(i)},\boldsymbol{f}_2^{(i)},\cdots,\boldsymbol{f}_s^{(i)}), \tag{7.35}$$

其中，i 为 20 个真哺乳亚纲动物的线粒体基因组序列标签，其取值范围为 1～20，而 s 取 2，…，6，即 s 恰好代表了这 5 种不同的分段方案．

依据式(7.32)，可分别计算出这 5 种情形下的成对距离矩阵，或将计算结果改写成 $n\times(n-1)/2$ 维的“拉直”向量，代入式(7.31)，即可确定出“4 段 7-mer”在这五种情形中最佳．计算结果见表 7.3 的第 4 行，其中第 5 列处达到峰值 96.91%．

通过“并行”投影“坐标”方式，从各子段的 K-mer 观测向量中抽取所得的“特征”，若串联在一起，此时称之为分段 K-mer 投影串联模型(cascaded projection extractor，cPE)．在表 7.3 计算所得的目标函数值中，与第 3 行相比，第 4 行数据表明：cPE 的效果略胜过单层模型情形(monolayer VMPE，m-VMPE)．不过，通过优化，此时的分段数目为 4，无论是观测值数据的维数，还是 cPE 的维数均有一定程度上的反弹，为了进一步提高序列相似度分析的效果，现提出分层次的 VMPE 模型(HVMPE)，以便在更低维的空间中来解决此类问题．

7.3.4　层级的 VMPE 模型的效果分析

在 7.2.3 节，曾探讨过对单层 VMPE 模型所作的改进，现将改进后的模型(即 hierarchy VMPE，h-VMPE)应用于上述真实数据集．

1. 寻优最佳分段方案

由式(7.31)易知,最佳分段 K-mer 的数目应为3而不再是4,即 $s^* = 3$. 具体的用于对比分析的目标函数值列于表7.3的底行,易知"4分段的7-mer"情形下的目标函数值97.62%,达到最高.考察表7.3的最后一行各目标函数值,与中间三行相应的各条记录对比,易知 HVMPE 模型在绝大多数分段方案中,所得目标函数值均高于其他三种情形,从而可以断定:在所列出的四种模型中 HVMPE 最优.

2. 与其他工作的对比

为了进一步增强上述 HVMPE 模型所得结果的说服力,以和基于传统的序列比对算法所得结果之间的相关程度为参考指标,将 Human 与其余19个物种间的成对距离值列于表7.4,其中第2~5列数据是取自不同的方法算得的成对距离矩阵,分别为:传统的基于序列比对算法、Kolmogorov 复杂度算法[151]、OPT-SVD 算法[183]以及本章的 HVMPE 模型.对于某两种不同方法算得的距离向量之间,二者相关程度可由下式予以计算:

$$\text{performance} = \text{corr\_coeff}(\text{Ali}, \text{app}), \tag{7.36}$$

其中,式(7.36)的右端有两个输入参数:第一输入参数 Ali 为19元组的距离向量,由比对方法算得(利用 Mega 软件,具体运用 Clustal W 算法实现);第二输入参数 app 代表其他具体的非比对方法(alignment-free approach)计算得到的距离向量.函数 corr_coeff 可以选用两个向量之间的相关系数作为不同方法所得结果之间的相关程度,从而,因变量 performance 便可作为检验指标,其值的大小可用于衡量新提出的非比对方法与传统比对方法接近的程度,结合相关系数的性质可知其取值范围为[−1,1].由于传统的比对方法是目前较为精准的方法之一,故式(7.36)左端 performance 函数值愈大,则表明该方法愈有效.

表7.4　利用 Human 与其余19物种间成对距离为指标对比分析几种方法性能

HumanVS. rest species	Alignment based	Kolmogorov complexity[151]	OPT-SVD[183]	HVMPE ($\times 10^2$)
P. Chim.	0.086 87	0.654 234	0.059 285 712	0.143 536
C. Chim.	0.088 86	0.657 387	0.041 232 607	0.143 119
Gorilla	0.108 96	0.732 325	0.041 462 402	0.151 092
Orang.	0.156 3	0.847 139	0.068 655 059	0.160 154
Gibbon	0.172 18	0.880 203	0.065 596 946	0.165 073
Baboon	0.234 49	0.841 775	0.070 727 095	0.171 485
Horse	0.311 55	0.971 558	0.144 379 093	0.1814 72
W. Rhin.	0.303 16	0.973 694	0.168 378 304	0.181 556
H. Seal	0.332 37	0.974 737	0.211 514 019	0.184 197
G. Seal	0.331 62	0.975 76	0.207 692 966	0.182 917
Cat	0.332 4	0.977 328	0.276 304 513	0.182 724

续表

HumanVS. rest species	Alignment based	Kolmogorov complexity[151]	OPT-SVD[183]	HVMPE ($\times 10^2$)
F. Whale	0.327 48	0.980 493	0.209 182 609	0.180 779
B. Whale	0.323 5	0.976 034	0.197 653 729	0.179 700
Cow	0.324 75	0.973 62	0.283 610 943	0.180 871
Rat	0.360 19	0.981 715	0.276 197 913	0.183 625
Mouse	0.366 69	0.980 4	0.372 617 581	0.184 529
Oposs.	0.427 61	0.986 243	0.547 350 28	0.192 016
Walla.	0.414 45	0.985 926	0.258 992 019	0.185 542
Platypus	0.430 8	0.988 041	0.445 501 566	0.192 662
Correlation coefficients		92.01%	86.27%	97.62%

注：表中各列给出了 Human 与其余 19 个物种间的成对距离值，其中第 2 列为基于传统的序列比对算法所得结果；而第 3，4 列分别为另外两种非比对方法所得结果；最后一列为本章 HVMPE 算法的情形．最后一行给出了三种不同方法所得结果，与基于传统序列比对算法所得 19 元组的成对距离向量间的相关系数值

考察表 7.4，以比对方法算得的 19 元组距离向量为参照系（第 2 列），第 3 列选取的是：Li 等人[151]运用 Kolmogorov 复杂度算法，计算出类似的 19 元组距离向量，现将其代入式（7.36）的右端，算得该方法的 performance 性能值为 92.01%；以此类推，可算得本章的 HVMPE 模型的 performance 性能值，该值却高达 97.62%．不过，OPT-SVD 模型的 performance 性能值却仅有 86.27%．这些结果详见表 7.4 的最底下一行，从中易见 HVMPE 明显胜过其余两种方法．

7.3.5　基于 HVMPE 模型的基因组序列种系发生分析

多重基因组序列的种系发生分析，在此 HVMPE 模型下，可经以下三个主要步骤实现：

（1）首先，利用 HVMPE 模型，计算对基因组序列按不同分段方案相对应的投影“特征”向量（projection feature vectors，PFV）；

（2）其次，选取“euclidean”距离测度，以便计算成对距离矩阵；

（3）最后，对所有不同分段方案进行寻优，确定哪种情形能生成最优的系统树图．

图 7.4 给出了本章 HVMPE 模型所衍生的系统树图，易将 20 个物种区分清晰：

（1）外群（Platypus，（Opossum，Wallaroo））离其余各族较远；

（2）七个灵长目（Primates）物种很清晰地聚在一个子类里；

（3）啮齿类（Rodents）两个物种（Mouse 及 Rat）居于系统树图的同一枝上；

（4）余下各个物种全部紧密地归入同一个子类中．

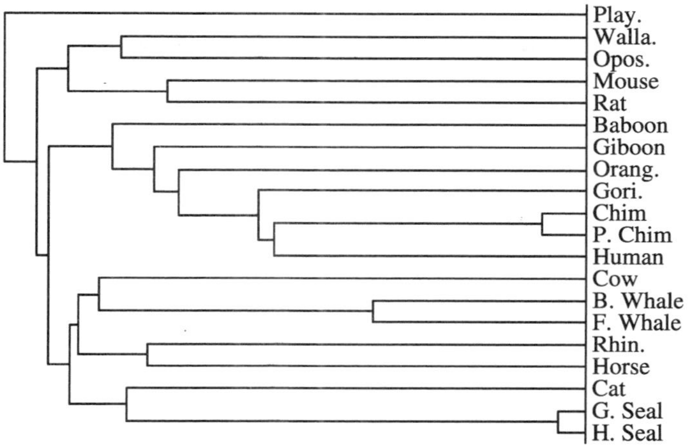

图 7.4　由 3 分段 7-mer 通过 HVMPE 模型构建的 20 条基因组系统树

与此同时,上述结论与进化事实相吻合,也与文献[151,183]中所得结论趋于一致.由此可知,本章的 HVMPE 模型是基因组序列比较的有效算法.不过,此处所得结论支持(Rodents,(Primates,Ferungulates))这一假说,该观点也曾在文献[150]中提及过,当时该文作者还例证了一直以来(Rodents,Primates 以及 Ferungulates)三者间的层次上的关系.

作为对照,利用 Mega 软件,基于序列比对方法重构了 NJ 树.图 7.5 给出了该数据集上的系统发生树,对比图 7.4 与图 7.5 可知,HVMPE 模型获得了与传统比对方法所得结果相类似的结论.

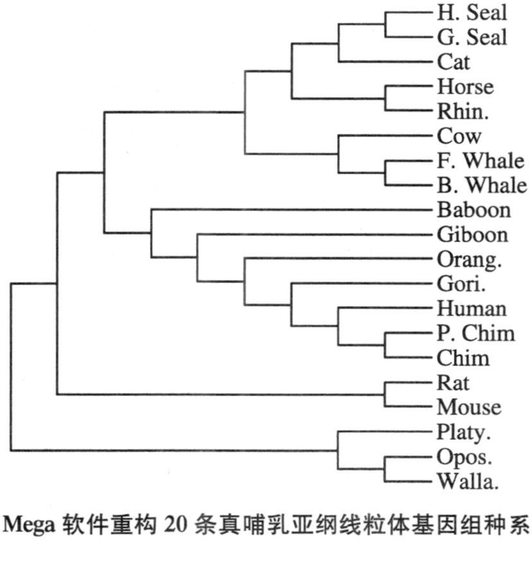

图 7.5　由 Mega 软件重构 20 条真哺乳亚纲线粒体基因组种系发生(NJ)树

7.3.6　在另一个基因组数据集上的应用

为了更进一步地检验 HVMPE 模型的效率，遴选了另一个数据集，其规模更大，包含了 34 条哺乳动物线粒体基因组序列，该数据集还曾在一些工作中相继被研究过，譬如文献[68,74,153].

同理，依据 7.3.3 节与 7.3.4 节的过程描述，通过 HVMPE 模型，可从原始的基因组序列中抽取 34 条“特征”向量. 此外，这些抽取的“特征”信息统一地降至 34 维. 利用 34 条向量，可计算出成对距离矩阵，进而可以分别计算出五种不同分段方案情形下，各自在多重基因组序列相似度分析中的性能值. 结果见表 7.5，由该表同时结合式(7.31)，易知“2 分段 7-mer”情形为最佳. 此时，优化出来的性能值达到 98.01%. 图7.6是利用HVMPE模型衍生所得的系统树图，而图7.7给出了NJ树，

表 7.5　通过 HVMPE 模型对五种不同的分段方案性能值寻优结果对照表

Type\segment	2	3	4	5	6
Hierarchy VMPE	98.01%	97.35%	97.60%	97.29%	97.13%

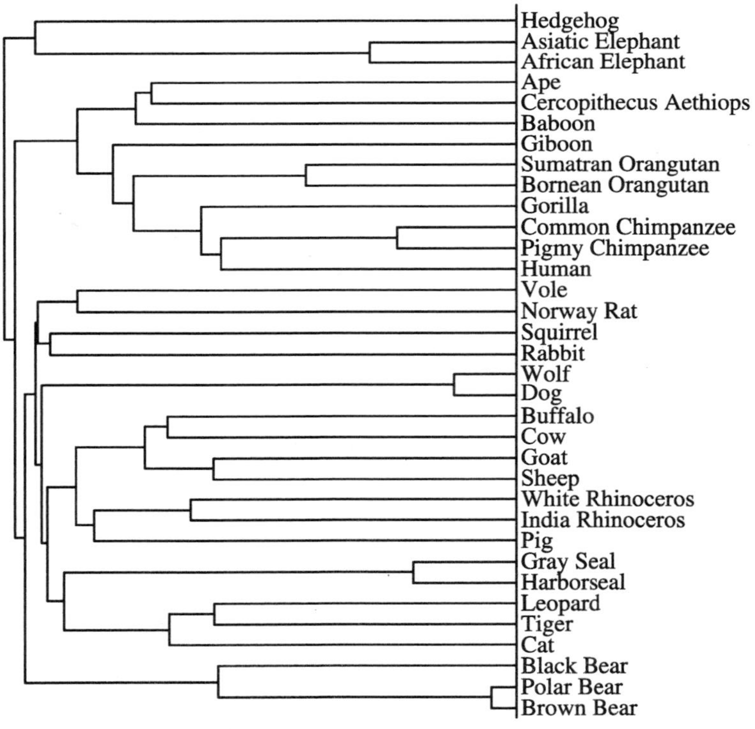

图 7.6　基于 HVMPE 模型的由两分段 7-mer 构建的 34 条基因组系统树

该树是基于序列比对算法且利用 Mega 软件重构而成的. 与图 7.7 所示的拓扑结构相对照，图 7.6 表明本章的 HVMPE 算法获得了与传统比对方法相类似的结论. 与此同时，利用 HVMPE 模型，本节第二个数据集上的聚类结果，与目前公开发布出来的一些代表性工作中的结论趋于一致[68,74,153].

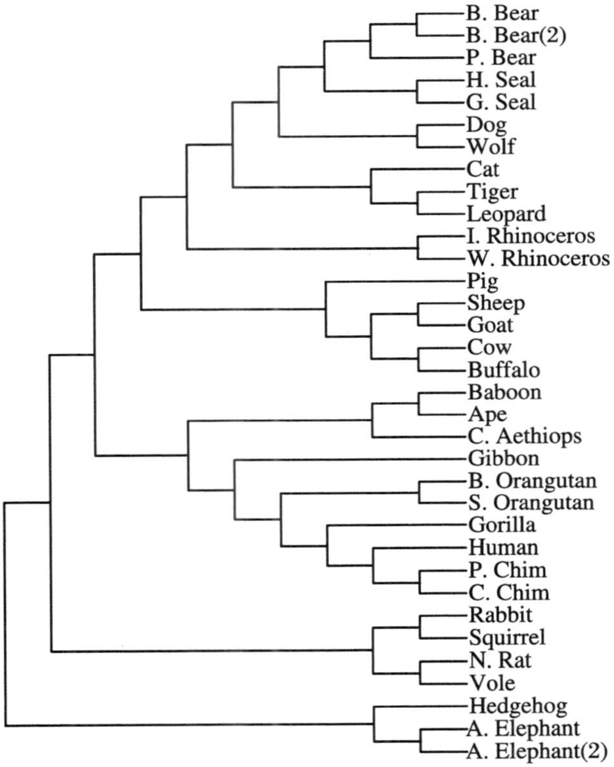

图 7.7 由 Mega 软件重构 34 条哺乳动物线粒体基因组种系发生树(NJ)

7.4 本章结论

本章旨在为比较基因组学研究界引入新的方法，所提出的 HVMPE 模型无须任何的人工干预以及进化模型的假定. 依照基于 ICA 的保距映射思想，具有成熟的数学上的理论基础，该模型所具有的一些良好性质得到理论上严格的证明. 本模型在大幅度降维情形下特征抽取领域有较好的应用前景. 当采用层级的 ICA-based 抽取器,对多重基因组序列捕获其本质“特征”,用以在更低维的空间中来比较基因组序列时,效果更优.尽管可能会出现对本章算法的质疑:认为 HVMPE 模型依赖于序列比对算法的结果.不过,值得强调的是:借助于序列比对算法的部分结果,仅仅是为寻优获取最佳分段方案.事实上,经过寻优,最佳分段数目约为 3 时,基因组比较获得最佳效果.

不过,上述模型取决于这样一个假定,即:比较基因组序列时,局部相似性与全局相似性须同时兼顾,本章实验结果恰好证实了这一假说的正确性.此外,我们的结论还表明:当经“混合”所得的观测向量,向以独立分量为坐标的系统进行投影时,可在降维后的低维空间中抽取其相应的“特征”向量;所得这些低维向量在聚类或分类时很有价值.事实上,还可设计新的输出可控的模型,以便进一步提高序列相似度分析的性能,或者将 HVMPE 模型移植、推广到其他领域加以应用.

第 8 章　总结与展望

基因组高维序列的特征信息抽取的目的，旨在挖掘出隐藏在高维数据中的低维结构．根据降维后的低维子空间的特性，可用于相似度分析、模式发现、基因组比较等．

8.1　本书的主要工作与创新点

(1) 提出了 AJD-NNM 方法．NNM 抓住生物序列具有"序"的特性，这一点在将序列转换成对称矩阵的阶段予以充分考虑．另外，与其他方法相比，我们的序列比较是基于信息无损技术的．故对相似度分析的精度有较大提高，图 2.6 验证了这一点．

尤其在第二阶段，AJD 从多重序列中联动而非孤立地抽取其特征信息，如此能够发现生物群体在分子水平上的共同结构．此外，根据均方差随簇数的改变而变化的情况作为准则，研究了最佳类别数，故给聚类结果减少了主观性而增强了客观说服力．此外，AJD-NNM 算法在计算距离时无需作进化模型的假设，且 AJD-NNM 算法涉及的变换具有保距的良好特性(见定理 2.21)．

(2) 提出了基于保序映射与奇异值分解的特征信息提取模型(OPT-SVD)．该方法在分析过程中，能充分考虑到生物序列的"序"的特性；此法的另外一个优于其他方法之处，在于序列间的比较是基于 16 元组的压缩的"特征"向量(CFV)，该向量经过归一化，变成单位向量，使得各条长度互异的基因组长序列不再受其长度的影响，故可广泛用于不同长度的序列之间比较运算．

同时，有了基于保序映射(OPT)以及奇异值分解(SVD)等理论推导，导出算法优良的性质，故只需直接计算出 16 种双核苷酸的频率的算术平方根，从而有效地规避了在对特征矩阵 $\boldsymbol{M}$ 作奇异值分解时的、实际上的耗时计算．与现存的一些系统发生分析方法相比，OPT-SVD 法无需进行多重序列比对(MSA)．此外，计算序列间的距离时既无需作假定，亦无需作近似．

在后基因组时代,OPT-SVD 算法在基因组水平上作种系发生分析,有着一定的应用前景.该算法计算成对距离时,无需任何进化模型,适合全基因组的种系发生分析,而这恰恰是现存的一些进化模型难以胜任的.

(3) 为便于基因组序列的数值描述,本书还引入复合变换:先将基因组序列通过保序的方式转换成 $16\times(L-1)$的稀疏矩阵;通过对每条序列的"特征"矩阵施行 SVD 分解,用于描述序列的数据的维数能得到极大地降低,即从高达 1.64×10^4(或 2×10^6)维降到 16 维.而且,原始每条基因组序列虽然长度不尽相同,不过最终都能转换到等维度的数值向量.且已证明出:① 变换具有保距特性(distance preserving transformation,DPT);② 16 维向量的各元素均与近邻核苷酸数目紧密相关(neighboring nucleotide number,NNN).

在算法的第二阶段,通过主成分分析法抽取上述变换所得向量的前面若干个主成分.在更大规模的数据集上,比如:由 10 条哺乳动物的全基因组序列构成的第二个数据集,序列长度高达 2 兆,DPT-PCA 算法依然取得较好的运行效果.

经过优化分析,两个数据集上,距离测度与主成分数目的最优组合分别为:"Standardized Euclidean" + "前四/三个主成分".同时,优化得出"Average"连接方式可获得最佳的聚类效果,所生成的系统树图与传统基于序列比对方法的结果较为接近,也符合进化事实.利用前两个主元,将每条基因组序列投影成二维平面上对应的点.该 Map 示图上,每两点之间的距离,一定程度上寓示着相对应的两个物种间亲疏关系.由此所构建的基因组 2 维 Map 示图,反映了各个物种间的关系.此外,算法得出的结论与进化事实趋于一致,聚类分析结果表明算法合理、有效.NNN-PCA 算法还可推广到蛋白质组序列数据集上,作序列的相似度分析.

(4) 根据近邻氨基酸 AAA 的分布特性,本书提出抽取蛋白质序列特征信息的方法,即:基于 AAA 的归一化"特征"向量法(NFV-AAA),用来分析蛋白质序列的相似度.鉴于 AAA 的分布比 SAA 的分布拥有更多的序列信息,NFV-AAA 算法的主要优点是:能够抽取蛋白质序列背后更多的隐藏着的信息.此外,在研究多重序列的相似性时,对"特征"向量的归一化处理的环节,有助于消除序列长度各不相同的负面影响.

与相关工作的对比表明:NFV-AAA 算法在分析蛋白质序列的相似性方面,具有准确、高效的区分能力.在所遴选的若干项具体方法所得结果中,与传统的基于序列比对算法所得结果对比起来,NFV-AAA 与其一致性达到最好:在 9 条 ND5 蛋白质序列组成的第一个数据集上,以 Human 与其余物种之间的成对距离为参考依据,相关系数高达 99.7%.与此同时,即使在由 24 条转铁蛋白序列组成的更大的数据集上,NFV-AAA 依然取得较好的效果,所得系统树图的成对距离矩阵,与基于比对方法的系统发生树的成对距离矩阵，二者整体上相关系数达到94.45%. 因而，基于AAA的数学描述符NFV可视为一种生物序列描述子，该描述子能够对蛋白质序列加以数值表征.

(5) 研究了K-mer阶数与距离测度的最优组合，在34条哺乳动物线粒体基因组序列组成的数据集上，得到结果为$(K^*, \theta^*) = (7, \text{euclidean})$. 在此情形下，对传统的$K$-mer法加以改进，提出了分段$K$-mer法，以便提高序列相似度分析的精确度. 寻优得到7-mer的最优段数为3，构建出该基因组序列数据集的系统树状图. 结果表明：在提取序列特征信息方面，s-K-mer法优于传统的K-mer法.

(6) 提出了HVMPE模型，用于比较基因组序列. 依照基于ICA的保距映射思想，具有成熟的数学理论基础，该模型所具有的一些良好性质得到理论上的严格证明. 本模型胜任大幅度降维场合，且特征信息抽取分析时精度较高. 当采用层级的ICA-based抽取器，对多重基因组序列捕获其本质"特征"，用以在更低维的空间中来比较基因组序列时，效果更优.

比较基因组序列时，局部相似性须与全局相似性同时予以考虑，HVMPE模型证实了这一假说. 此外，结论还表明：当经"混合"所得的观测向量，向以独立分量为坐标系统进行投影时，可在降维后的低维空间中抽取其相应的"特征"向量；所得这些低维向量在聚类或分类时很有价值.

8.2 未来工作的设想

(1) 改进AJD-NNM算法，拟研究近似联合奇异值分解算法及其在序列特征信息抽取中的应用.

(2) 将K-mer推广到高阶保序映射算法中，后续工作拟设计新的距离测度，以便进一步地提高算法在相似度分析方面的性能.

(3) 研究非负矩阵分解、压缩感知等信号处理算法及机器学习算法，尝试将其在高维组学序列比较分析中加以应用.

(4) 将NFV-AAA应用到分类学领域，最大限度地发挥算法的功效.

(5) 拟设计新的输出可控的HVMPE模型，以便进一步提高序列相似度分析的性能，或者将HVMPE模型移植、推广到分类学领域加以应用.

其中，尤为值得一提的是近来的研究热点：非负矩阵分解(non-negative matrix factorization，NMF)算法. 经初步的实验与论证，具有"移植"到序列分析领域中的可行性.

8.2.1 NMF 的基本原理

本书前述主要工作的核心体现在:矩阵的奇异值分解(SVD),矩阵的特征值分解(即矩阵束的联合对角化,joint diagonalization for matrix pencil,JD),以及常用的一些多元统计分析方法:主成分分析法(PCA),独立分量分析法(ICA),因子分析法(factor analysis:FA),矢量量化(vector quantization,VQ)等.

矩阵分解是上述这些算法的核心基础,其共同点都是通过将一个高维矩阵分解为两个或多个低维矩阵的乘积,实现维度规约,以便于在一个低维空间研究高维数据的性质.

D. D. Lee 和 H. S. Seung,于 1999 年在著名的科学杂志《Nature》上发表了对数学中非负矩阵研究的突出成果.该文提出了一种新的矩阵分解思想——非负矩阵分解(NMF)算法,即 NMF 是在矩阵中所有元素均为非负数约束条件之下的矩阵分解方法.该文的发表迅速引起了各个领域中的研究者的注意:(1) 科学研究中的很多大规模数据的分析方法需要通过矩阵形式进行有效处理,而 NMF 思想则为人类处理大规模数据提供了一种新的途径;(2) 与传统的一些算法相比而言,NMF 分解算法具有实现上的简便性、分解形式和分解结果上的可解释性以及占用存储空间少等诸多优点.

NMF 得到研究人员的青睐,除了易于获得快速分解算法之外,主要归功于其分解结果有较为明确的物理意义.例如在人脸识别中,分解结果为人脸的各个局部诸如鼻子、眼睛、嘴巴等,这符合人类思维中局部构成整体的概念.如图 8.1 所示.

图 8.1(a)为 NMF 对人脸图像的分解结果,可见每一个子图都是人脸的某个局部;图 8.1(b)为 VQ 分解结果,每一个子图就是某个原始样本;图 8.1(c)为 PCA 分解结果,子图由特征脸和各级误差脸组成.据 Lee 和 Seung 说,NMF 由于在分解过程中做了非负限制,得到的结果会像图上一样,每个子图(类似于基)是全图的一部分,这显然有别于我们往常所用的分解,并且更符合人类的认知规律,即:直观视觉过程中,“整体目标对象是由局部叠合而成的”.

当今,人类已步入大数据时代,正面临着准确分析或实时处理各种超大规模数据信息的挑战,如卫星传回的大量图像、机器人接收到的实时视频流、数据库中的大规模文本、Web 上的海量信息等.处理这类信息时,矩阵是人们最常用的数学表达方式,比如一幅图像就恰好与一个矩阵对应,矩阵中的每个位置存放着图像中一个像素的空间位置和色彩信息.由于实际问题中这样的矩阵很庞大,其中存放的信息分布往往不均匀,因此直接处理这样的矩阵效率低下,这对于很多实际问题而言就失去了实用意义.为高效处理这些通过矩阵存放的数据,一个关键的必要步骤便是对矩阵进行分解操作.通过矩阵分解,一方面将描述问题的矩阵的维数进行削减,另一方面也可以对大量的数据进行压缩和概括.

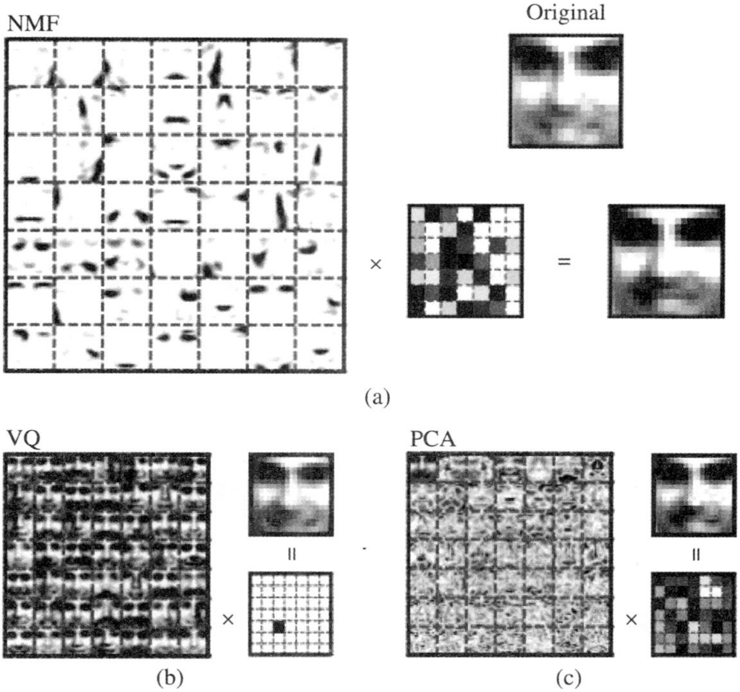

图 8.1　Lee 和 Seung 的经典文献中所述的 NMF 与 VQ 及 PCA 对照图[185]

正如本节开篇所述,现有文献中借由矩阵分解的手段来分析、解决实际问题的方法很多,比如:主成分分析法(PCA)、奇异值分解(SVD)、矢量量化(VQ)、独立分量分析法(ICA)等.

在所有这些方法中,原始的大矩阵 $\boldsymbol{V}$ 被近似分解为低秩的 $\boldsymbol{V}=\boldsymbol{WH}$ 形式.这些方法的共同特点是:因子 $\boldsymbol{W}$ 和 $\boldsymbol{H}$ 中的元素可为正或负,即使输入的初始矩阵元素是全正的,传统的秩削减算法也不能保证原始数据的非负性.

在数学上,从计算的观点来看,分解结果中存在负值是正确的,但负值元素在实际问题中往往是没有意义的.例如图像数据中不可能有负值的像素点;在文档统计中,负值也是无法解释的.因此,探索矩阵的非负分解方法一直是很有意义的研究问题,正因如此,Lee 和 Seung 两位科学家的 NMF 方法才得到人们的如此关注.

NMF 问题通常的提法如下[185]:给定一组信号 $\boldsymbol{v}_i \in \mathbf{R}_+^n$ $(i=1,2,\cdots,m)$,如何对其进行稀疏表示?即如何找到所有矩阵元素非负的约束下的分解方式满足:

$$V = WH, \tag{8.1}$$

其中，$V \in \mathbf{R}_{+}^{n\times m}$ 为待分解的观测矩阵，这里要求 $W \in \mathbf{R}_{+}^{n\times r}$，$H \in \mathbf{R}_{+}^{r\times m}$ 且 $r \ll \min\{m, n\}$.

如果去掉 V, W, H 的非负限制，则通过建模分析所得的矩阵 V 的分解问题，可由上述现成且高效的方法去实现，比如：主成分分析(PCA)、独立分量分析(ICA)、因子分析(FA)等. 然而，施加了非负限制后，这些方法就不再适用了. 而施加非负限制的原因，在于所寻找的"影响因子"的物理意义.

式(8.1)可视为矩阵的满秩分解，比如信号处理领域的傅里叶变换(正交分解)：可以把 W 看作信号分解时候的基函数，而 H 看作表示系数. 不过，此时的基向量是两两相互正交的. 但是，式(8.1)中的 W 矩阵的各向量无正交要求. 如果换一种写法会更像以前学过的信号分解方式：

$$v_i = Wh_i, \tag{8.2}$$

或者

$$v_i = \sum_j h_i(j) w_j, \tag{8.3}$$

其中，w_j 为 W 的第 j 列，即第 j 个基向量，$h_i(j)$ 为向量 h_i 的第 j 个元素，即表示系数. 在傅里叶变换里会有

$$h_i(j) = \langle v_i, w_j \rangle \tag{8.4}$$

成立.

这里因为不是正交分解，所以不能使用式(8.4). 因为 $\{w_i\}_{i=1}^{r}$ 各向量不正交，那么就很难用构造的方式来获得(比如傅里叶变换矩阵、小波变化矩阵都是用构造得到的). 于是分解就面临如下问题：

(1) 已知 V，如何同时确定 W, H?

(2) 分解中 r 为数据降维的重要标志，如何选取？

对于问题(2)，我们可以直接回答，r 的选取须随实际情况而定，也有一定的经验因素. 不过，显而易见的是原始数据 V 为 n 维，$r \ll \min\{n, m\}$ 时，降维效果才好，原始数据的维度才能得以大幅度约减；但需要注意，r 太小了恢复效果肯定不好. 而问题(1)，便是 NMF 的研究重点了. 仅有一个已知量 V，两个未知量 W 和 H 又如何才能确定地求出来呢?

运用优化的思想，加上约束条件上述问题就明朗了. 第一个约束条件隐含于等式(8.1)中，一般求解的问题中很难得到"="，即我们得到的是近似解，于是式(8.1)可以改写为

$$V = WH + E, \tag{8.5}$$

其中，E 是逼近误差. 由此，便可把 NMF 问题重新表述为：已知 $V \in \mathbf{R}_{+}^{n\times m}$，求解 $W \in \mathbf{R}_{+}^{n\times r}$，$H \in \mathbf{R}_{+}^{r\times m}$，$E \in \mathbf{R}_{+}^{n\times m}$，使得

$$E = V - WH. \tag{8.6}$$

这里要求 $\|E\|$ 尽可能小,并且算法是快速收敛的.即找到求解下式的收敛算法:

$$\min_{W,H}\|V - WH\|. \tag{8.7}$$

NMF 是一种新的矩阵分解算法,它克服了传统矩阵分解的很多问题,通过寻找上下文有意义的解决方法,提供解释数据的更深看法.NMF 通过寻找低秩,非负分解那些都为非负值的矩阵.

在现实生活的应用中,不难追寻到其影子,如:数字图像中的像素一般为非负数,文本分析中的单词统计也总是非负数,股票价格也总是正数等等.NMF 的基本思想可以简单描述为:对于任意给定的一个非负(观测)矩阵 V,NMF 算法能够寻找到两个非负矩阵分别为 W 和 H,使得满足式(8.7),从而将一个非负的观测矩阵分解为左右两个非负矩阵的乘积.由于分解前后的矩阵中仅包含非负的元素,因此,原矩阵 V 中的一列向量可以解释为对左矩阵 W 中所有列向量(称为基向量)的加权和,而权重系数为右矩阵 H 中对应列向量中的元素.

上述基于基向量组合的描述形式具有很直观的语义解释,它体现出人类思维活动中"局部构成整体"的潜在意识.然而研究指出,非负矩阵分解是个 NP 问题,可以划为优化问题用迭代方法交替求解 W 和 H.为此,NMF 算法提供了基于简单迭代的求解算法:具有收敛速度快、左右非负矩阵存储空间小的特点,它能将高维的数据矩阵降维处理,适合处理大规模数据.利用 NMF 进行文本、图像大规模数据的分析方法,较传统的处理算法速度更快、更便捷.

NMF 思想的提出迅速引起广泛关注,已有诸多成功的案例.

首先,追根溯源该算法当初提出的背景.通过图 8.1 中的面部特征提取例子,即可对 NMF 处理数据的方式窥见一斑.最左边的大矩阵由一系列的小图组成,这些小图是分析数据库中包含的 2 429 个脸部图像的结果,每幅图像由 19×19 个像素组成.传统方法中这样的小图是一幅完整的人脸图像,但是在 NMF 方法中,每个小图是通过一组基图像乘以一个权重矩阵而产生的面部特征图,经过这样处理的每幅小图像恰好表示了诸如"鼻子""嘴巴""眼睛"等人脸局部特征信息,此举可大大压缩存放的图像数据量级.左边的大矩阵由每幅小图像的 19 列一起组成矩阵的一列,那样它就是 19×19=361 行,2 429 列.由于 NMF 不允许基图像或中间的权重矩阵中出现负值,因此只有相加组合得到的正确基图像才允许,最后通过处理后的重构图像效果是比较满意的.这个例子中,NMF 方法用基图像来代表眼、眉毛、鼻子、嘴、耳朵、胡子等,它们一起组成了数据库中的脸,此过程给人最先的直觉就是其很好地压缩了数据.事实上,Lee 和 Seung 在他们的文章中更深入地指出,与人类识别事物的过程相似,NMF 也是一种优化的机制,近似于我们的脑分析和存储人脸数据的过程.此例中,原图像表示成这些局部特征的加权组合,这与人类思维中"局部构成整体"的认知规律相一致.因此,NMF 算法似乎体现了一种智能行为.不过,在 Lee 和 Seung 发表他们的研究成果[185]之前,针对非负矩阵的研究早在 20 世纪 70 年代已经有数学家做了一些相关的工作,但是没有引起过多的关注.20 世纪 90 年代早期,科学家开始将数学上非负矩阵的研究成果用于环境处理和卫星遥控的应用,但是对于非负矩阵的应用意义和价值的理解仍只局限于少数科学家中,人们还没有广泛重视这种方法.直到 1999 年 Lee 和 Seung 的非负矩阵研究成果发表在《Nature》杂志之后,这一切才得以改变.尽管同年有另两位科学家也发表了与 Lee 和 Seung 相近的研究结果,但由于其文章刊登在并非如《Nature》那样具有极高声誉的学术杂志上,因此其工作并没有得到如 Lee 和 Seung 同样的关注,这也从一个侧面折射了高水平学术杂志对研究工作的推动作用.与此同时,NMF 也是一个很有效的算法,它力图在大规模的矩阵数据中发现具有解释功能的关系,相比当前文献中公布的其他方法来说,使用 NMF 的算法也是非常精确和快速的.NMF 算法思想能为世界上权威的学术刊物所接受并非偶然,因为该理论本身蕴含了巨大的潜能,这种潜在的力量将通过各种具体的应用来得以体现.

其次,NMF 在其他领域取得众多直接或间接的有效应用.譬如:(1) 图像分析:被用于发现数据库中的图像特征,便于快速自动识别应用;(2) 文本聚类/数据挖掘:能够发现文档的语义相关度,用于信息自动索引和提取;(3) 语音处理:三菱研究所和 MIT(麻省理工学院)的科学家合作,无需基于知识库,利用 NMF 从演奏中的复调音乐中成功识别出各个调子,并将它们分别记录下来;(4) 机器人控制:能实现机器人对周围对象的快速、准确的识别,从而便于控制;(5) 生物医学工程和化学工程领域:能够在 DNA 阵列分析中识别基因,能够处理核医学中的电子发射过程的动态连续图像,有效地从这些动态图像中提取所需要的特征.另外,NMF 还可以应用到遗传学和药物发现中,由于 NMF 的分解不出现负值,故采用 NMF 分析基因 DNA 的分子序列可使分析结果更加可靠.同样,用 NMF 来选择药物成分还可以获得最有效的且副作用最小的新药物.

此外,NMF 算法在环境数据处理、信号分析与复杂对象的识别方面都有着很好的应用.近年来,NMF 思想的应用,俨然已成为新的研究热点,毋庸置疑以后会有更多的成功应用相继涌现,同时也将促进 NMF 的进一步研究.

8.2.2 序列分析中引入 NMF 算法的构想

现实生活中的数据,我们总是希望有个稀疏表达,这是从压缩或数据存储的角度希望达到的效果.从另一方面来讲,我们面对大量数据的时候,总是幻想能够发现其中的“规律”，那么在描述或处理的时候，直接操作这些提纲挈领的“规律”，会有效得多.

为此，诸多研究者乐此不疲，不断推陈出新，探寻有效的用来分析生物序列的新方法.

从信号处理的视觉，可将生物序列数据视为较少的“生成元”(4 种核苷酸或 20 种氨基酸等)“生长”而成. 故而通过建模分析，可将生物序列的数值化表征问题很自然地归结为非负矩阵分解(NMF). 自 Lee 和 Seung 于 1999 年正式提出该方法距今，历经十多年的发展，已经成为一个相对成熟的数据分析手段，在图像分析、文本聚类、数据挖掘、语音处理等方面得到了广泛应用. 受这些成功应用的启发，我们正迈向新的征程，尝试将 NMF 的思想精髓融入到序列分析领域中.

参 考 文 献

[1] Kantorovitz M R, Robinson G E, Sinha S. A Statistical Method for Alignment-Free Comparison of Regulatory Sequences[J]. Bioinformatics, 2007, 23: i249-i255.

[2] Huang Y, Wang T. Phylogenetic Analysis of DNA Sequences with a Novel Characteristic Vector[J]. Journal of Mathematical Chemistry, 2011, 49: 1479-1492.

[3] Hamori E, Ruskin J. H Curves, a Novel Method of Representation of Nucleotide Series[J]. Journal Biological Chemistry, 1983, 258: 1318-1327.

[4] Jeffrey H J. Chaos Game Representation of Gene Structure[J]. Nucleic Acids Research, 1990, 18: 2163-2170.

[5] Nandy A. A New Graphical Representation and Analysis of DNA Sequence Structure: I. Methodology and Application to Globin Genes[J]. Current Science, 1994, 66: 309-314.

[6] Zhang R, Zhang C T. Z Curves, an Intutive Tool for Visualizing and Analyzing the DNA Sequences[J]. Journal of Biomolecular Structure & Dynamics, 1994, 11: 767-782.

[7] Zhang C T. A Symmetrical Theory of DNA Sequences and Its Applications[J]. Journal of Theoretical Biology, 1997, 187: 297-306.

[8] Randić M, Vracko M, Nandy A, et al. On 3-D Graphical Representation of DNA Primary Sequences and Their Numerical Characterization[J]. Journal of Chemistry Information & Computer Science, 2000, 40: 1235-1244.

[9] He P, Wang J. Characteristic Sequences for DNA Primary Sequence [J]. Journal of Chemical Information & Computer Science, 2002, 42: 1080-1085.

[10] Randić M, Vracko M, Lers N, Plavsic D. Novel 2-D Graphical Representation of DNA Sequences and Their Numerical Characterization[J]. Chemical Physics Letters, 2003, 368: 1-6.

[11] Randić M, Vracko M, Lers N, Plavsic D. Analysis of Similarity/Dissimilarity of DNA Sequences Based on a Novel 2-D Graphical Representation[J]. Chemical Physics Letters, 2003, 371: 202-207.

[12] Yuan C X, Liao B, Wang T M. New 3d Graphical Representations of DNA Sequences and Their Numerical Characterization[J]. Chemical Physics Letters, 2003, 379: 412-417.

[13] Li C, Wang J. On a 3-D Representation of DNA Primary Sequences[J]. Combinatorial Chemistry & High Throughput Screening, 2004: 23-27.

[14] Liu N, Wang T. A Weighted Measure for the Similarity Analysis of DNA Sequences[J]. Journal of Molecular Modeling, 2006, 12: 897-903.

[15] Nandy A, Harle M, Basak S C. Mathematical Descriptors of DNA Sequences: Development and Applications[J]. ARKIVOC, 2006, ix: 211-238.

[16] Randić M, Zupan J, Balaban A T, et al. Graphical Representation for Protein[J]. Chemistry Review, 2011, 111: 790-862.

[17] Qian P, Zhang Y, Jian G. A Novel Representation of Protein Sequences and Its Application[J]. Journal of Convergence Information Technology, 2011, 6: 227-235.

[18] He P A, Wei J, Yao Y, Tie Z. A Novel Graphical Representation of Protein and Its Application[J]. Physica A: Statistical Mechanics and its Applications, 2011.

[19] Abo el Maaty M I, Abo-Elkhier M M, Abd Elwahaab M A. 3D Graphical Representation of Protein Sequences and Their Statistical Characterization[J]. Physica A: Statistical Mechanics and its Applications, 2010, 389: 4668-4676.

[20] Li C, Yu X, Yang L, et al. 3-D Maps and Coupling Numbers for Protein Sequences[J]. Physica A: Statistical Mechanics and its Applications, 2009, 388: 1967-1972.

[21] Stuart G W, Moffett K, Leader J J. A Comprehensive Vertebrate Phylogeny Using Vector Representations of Protein Sequences from Whole Genomes[J]. Molecular Biology Evolution, 2002, 19: 554-562.

[22] Bielińska-Wąż D. Graphical and Numerical Representations of DNA Sequences: Statistical Aspects of Similarity[J]. Journal of Mathematical Chemistry, 2011, 49: 2345-2407.

[23] Blaisdell B E. A Measure of the Similarity of Sets of Sequences Not Requiring Sequence Alignment[J]. Proceedings of the National Academy of Sciences, 1986, 83: 5155-5159.

[24] Sims G E, Jun S R, Wu G A, Kim S H. Alignment-Free Genome Comparison with Feature Frequency Profiles (Ffp) and Optimal Resolutions[J]. Proceedings of the National Academy of Sciences, 2009, 106: 2677-2682.

[25] Jun S R, Sims G E, Wu G A, Kim S H. Whole-Proteome Phylogeny of Prokaryotes by Feature Frequency Profiles: An Alignment-Free Method with Optimal Feature Resolution[J]. Proceedings of the National Academy of Sciences, 2009, 107: 133-138.

[26] Randić M. Condensed Representation of DNA Primary Sequences[J]. Journal of Chemistry Information & Computer Science, 2000, 40: 50-56.

[27] Wu Y, Liew A W C, Yan H, Yang M. Db-Curve: A Novel 2d Method of DNA Sequence Visualization and Representation[J]. Chemical Physics Letters, 2003, 367: 170-176.

[28] Liu Z B, Liao B, Zhu W. A New Method to Analyze the Similarity Based on Dual Nucleotides of the DNA Sequence[J]. MATCH, 2009, 61: 541-552.

[29] Liu Z, Liao B, Zhu W, Huang G. A 2d Graphical Representation of DNA Sequence Based on Dual Nucleotides and Its Application[J]. International Journal of Quantum Chemistry,

2009,109:948-958.

[30] Akhtar M, Epps J, Ambikairajah E. On DNA Numerical Representation for Period-3 Based Exon Prediction[J]. International Workshop on Genomic Signal Processing and Statistics, 2007.

[31] Randić M. Another Look at the Chaos-Game Representation of DNA[J]. Chemical Physics Letters, 2008, 456:84-88.

[32] Wang S, Tian F, Feng W, Liu X. Applications of Representation Method for DNA Sequences Based on Symbolic Dynamics [J]. Journal of Molecular Structure: THEOCHEM, 2009, 909:33-42.

[33] Brodzik A K, Peters O. Symbol-Balanced Quaternionic Periodicity Transform for Latent Pattern Detection in DNA Sequences[J]. Proceedings of IEEE ICASSP, 2005:373-376.

[34] Cristea P D. Large Scale Features in DNA Genomic Signals[J]. Signal Processing, 2003, 83:871-888.

[35] Liao B, Tan M, Ding K. Application of 2-D Graphical Representation of DNA Sequence[J]. Chemical Physics Letters, 2005, 414:296-300.

[36] Stuart G W, Berry M W. An Svd-Based Comparison of Nine Whole Eukaryotic Genomes Supports a Coelomate Rather Than Ecdysozoan Lineage[J]. BMC Bioinformatics, 2004, 5: 204-216.

[37] Yao F, Coquery J, Lê Cao K A. Independent Principal Component Analysis for Biologically Meaningful Dimension Reduction of Large Biological Data Sets[J]. BMC Bioinformatics, 2012, 13:24.

[38] Sargsyan K, Wright J, Lim C. Geopca: A New Tool for Multivariate Analysis of Dihedral Angles Based on Principal Component Geodesics[J]. Nucleic Acids Research, 2011, 40: e25-e25.

[39] Kettenring J R. Coping with High Dimensionality in Massive Datasets [J]. Wiley Interdisciplinary Reviews: Computational Statistics, 2011, 3:95-103.

[40] Wu T J, John P B, Daniel B D. A Measure of DNA Sequence Dissimilarity Based on Mahalanobis Distance between Frequencies of Words[J]. Biometrics, 1997, 53: 1431-1439.

[41] Wu T J, Hsieh Y C, Li L A. Statistical Measures of DNA Dissimilarity under Markov Chain Models of Base Composition[J]. Biometrics, 2001, 57:441-448.

[42] Wu T J, Huang Y H, Li L A. Optimal Word Sizes for Dissimilarity Measures and Estimation of the Degree of Dissimilarity between DNA Sequences[J]. Bioinformatics, 2005, 21:4125-4132.

[43] Sims G E, Jun S R, Wu G A, Kim S H. Whole-Genome Phylogeny of Mammals: Evolutionary Information in Genic and Nongenic Regions[J]. Proceedings of the National Academy of Sciences, 2009, 106:17077-17082.

[44] Liu X, Dai Q, Xiu Z, Wang T. Pnn-Curve: A New 2d Graphical Representation of DNA Sequences and Its Application[J]. Journal of Theoretical Biology, 2006, 243: 555-561.

[45] Qi X Q, Wen J, Qi Z H. New 3d Graphical Representation of DNA Sequence Based on Dual Nucleotides[J]. Journal of Theoretical Biology, 2007, 249: 681-690.

[46] Qi Z H, Fan T R. Pn-Curve: A 3d Graphical Representation of DNA Sequences and Their Numerical Characterization[J]. Chemical Physics Letters, 2007, 442: 434-440.

[47] Yao Y H, Nan X Y, Wang T M. Analysis of Similarity/Dissimilarity of DNA Sequences Based on a 3-D Graphical Representation [J]. Chemical Physics Letters, 2005, 411: 248-255.

[48] Bielińska-Wąż D, Wąż P, Clark T. Similarity Studies of DNA Sequences Using Genetic Methods[J]. Chemical Physics Letters, 2007, 445: 68-73.

[49] Bielińska-Wąż D, Wąż P, Clark T, et al. 2D-Dynamic Representation of DNA Sequences Original Research Article[J]. Chemical Physics Letters, 2007, 442: 140-144.

[50] Bielińska-Wąż D, Nowak W, Wąż P, et al. Distribution Moments of 2D-Graphs as Descriptors of DNA Sequences[J]. Chemical Physics Letters, 2007, 43: 08-413.

[51] Huang G, Liao B, Li Y, Yu Y. Similarity Studies of DNA Sequences Based on a New 2D Graphical Representation[J]. Biophysical Chemistry, 2009, 43: 5-59.

[52] Vinga S, Almeida J. Alignment-Free Sequence Comparison: a Review[J]. Bioinformatics, 2003, 19: 13-523.

[53] Nandy A, Ghosh A, Nandy P. Numerical Characterization of Protein Sequences and Application to Voltage-Gated Sodium Channel A Subunit Phylogeny[J]. Silico Biology, 2009, 9.

[54] Feng Z P. Prediction of the Subcellular Location of Prokaryotic Proteins Based on a New Representation of the Amino Acid Composition[J]. Biopolymers, 2000, 8: 91-499.

[55] Novič M, Randić M. Representation of Proteins as Walks in 20-D Space[J]. SAR and QSAR in Environmental Research, 2008, 19: 317-337.

[56] Yu H J, Huang D S. Novel 20-D Descriptors of Protein Sequences and It's Applications in Similarity Analysis[J]. Chemical Physics Letters, 2012, 531: 261-266.

[57] Randić M, Zupan J. Highly Compact 2D Graphical Representation of DNA Sequences[J]. SAR and QSAR in Environmental Research, 2004, 15: 191-205.

[58] Zhu W, Liao B, Ding K. A Condensed 3d Graphical Representation of Rna Secondary Structures[J]. Journal of Molecular Structure: THEOCHEM, 2005: 193-198.

[59] Yao Y H, Dai Q, Li C, et al. Analysis of Similarity/Dissimilarity of Protein Sequences[J]. Proteins: Structure, Function, and Bioinformatics, 2008, 73: 864-871.

[60] Wen J, Zhang Y. A 2D Graphical Representation of Protein Sequence and Its Numerical Characterization[J]. Chemical Physics Letters, 2009, 476: 281-286.

[61] He P A, Zhang Y P, Yao Y H, et al. The Graphical Representation of Protein Sequences Based on the Physicochemical Properties and Its Applications [J]. Journal of Computational Chemistry, 2010, 31: 2136-2142.

[62] Liao B, Sun X, Zeng Q. Novel Method for Similarity Analysis and Protein Sub-Cellular Localization Prediction[J]. Bioinformatics, 2010, 26: 2678-2683.

[63] Wu Z C, Xiao X, Chou K C. 2D-Mh: A Web-Server for Generating Graphic Representation of Protein Sequences Based on the Physicochemical Properties of Their Constituent Amino Acids[J]. Journal of Theoretical Biology, 2010, 267: 29-34.

[64] Yu C, Cheng S Y, He R L, Yau S S T. Protein Map: An Alignment-Free Sequence Comparison Method Based on Various Properties of Amino Acids[J]. Gene, 2011, 486: 110-118.

[65] Chang G, Wang T. Phylogenetic Analysis of Protein Sequences Based on Distribution of Length About Common Substring[J]. The Protein Journal, 2011, 30: 167-172.

[66] Xia X, Xie Z. Protein Structure, Neighbor Effect, and a New Index of Amino Acid Dissimilarities[J]. Molecular Biology and Evolution, 2002, 19: 58-67.

[67] Karlin S, Burge C. Dinucleotide Relative Abundance Extremes: a Genomic Signature[J]. Trends in Genetics, 1995, 11: 283-290.

[68] Yu H J. Segmented K-Mer and Its Application on Similarity Analysis of Mitochondrial Genome Sequences[J]. Gene, 2013, 518: 419-424.

[69] Nguyen K. On the Edge of Web-Based Multiple Sequence Alignment Services[J]. Tsinghua Science and Technology, 2012, 17: 629-637.

[70] Yang L, Zhang X, Zhu H. Alignment Free Comparison: Similarity Distribution between the DNA Primary Sequences Based on the Shortest Absent Word [J]. Journal of Theoretical Biology, 2012, 295: 125-131.

[71] Zhao B, He R L, Yau S S T. A New Distribution Vector and Its Application in Genome Clustering[J]. Molecular Phylogenetics and Evolution, 2011, 59: 438-443.

[72] Yu C, Deng M, Yau S S T. DNA Sequence Comparison by a Novel Probabilistic Method[J]. Information Sciences, 2011, 181: 1484-1492.

[73] Sims G E, Kim S H. Whole-Genome Phylogeny of Escherichia Coli/Shigella Group by Feature Frequency Profiles (Ffps)[J]. Proceedings of the National Academy of Sciences, 2011, 108: 8329-8334.

[74] Huang G, Zhou H, Li Y, Xu L. Alignment-Free Comparison of Genome Sequences by a New Numerical Characterization[J]. Journal of Theoretical Biology, 2011, 281: 107-112.

[75] Deng M, Yu C, Liang Q, et al. A Novel Method of Characterizing Genetic Sequences: Genome Space with Biological Distance and Applications[J]. PLOS ONE, 2011, 6: e17293.

[76] Cheung M K, Li L, Nong W, Kwan H S. 2011 German Escherichia Coli O104: H4

Outbreak: Alignment-Free Whole-Genome Phylogeny by Feature Frequency Profiles[J]. Nature Precedings, 2011.

[77] Xu M, Su Z. A Novel Alignment-Free Method for Comparing Transcription Factor Binding Site Motifs[J]. PLOS ONE, 2010, 5: e8797.

[78] Chan R H, Wang R W, Yeung H M. Composition Vector Method for Phylogenetic: a Review [J]. The Ninth International Symposium on Operations Research and Its Applications, 2010.

[79] Vinga S. Biological Sequence Analysis by Vector-Valued Functions: Revisiting Alignment-Free Methodologies for DNA and Protein Classification[J]. 2006.

[80] Ulitsky I, Burnstein D, Tuller T, Chor B. The Average Common Substring Approach to Phylogenomic Reconstruction[J]. Journal of Computational Biology, 2006, 13: 336-350.

[81] Basic E. Comparative DNA Analysis.

[82] Vinga S, Almeida J S. Local Renyi Entropic Profiles of DNA Sequences [J]. BMC Bioinformatics, 2007, 8: 393.

[83] Song J, Tang H W. A New 2-D Graphical Representation of DNA Sequences and Their Numerical Characterization[J]. Journal of Biochemical and Biophysical Methods, 2005, 63: 228-239.

[84] Liao B, Wang T M. New 2d Graphical Representations of DNA Sequences[J]. Journal of Computatioal Chemistry, 2004, 25: 1364-1368.

[85] Yao Y H, Wang T M. A Class of New 2-D Graphical Representation of DNA Sequences and Their Application[J]. Chemical Physics Letters, 2004, 398: 318-323.

[86] Randić M, Vračko M, Zupan J, Novič M. Compact 2-D Graphical Representation of DNA[J]. Chemical Physics Letters, 2003, 373: 558-562.

[87] Randić M. Graphical Representations of DNA as 2-D Map[J]. Chemical Physics Letters, 2004, 386: 468-471.

[88] Liao B, Wang T M. Analysis of Similarity/Dissimilarity of DNA Sequences Based on 3-D Graphical Representation[J]. Chemical Physics Letters, 2004, 388: 195-200.

[89] Wang W, Johnson D H. Computing Linear Transforms of Symbolic Signals[J]. IEEE Transactions on Signal Processing, 2002, 50: 628-634.

[90] Cristea P D. Conversion of Nucleotide Sequences into Genomic Signals[J]. J. Cell Mol. Med., 2002, 6: 279-303.

[91] Golub G H, Loan C F V. Matrix Computations[M]. 3rd ed. Baltimore and London: Johns Hopkins University Press, 1996.

[92] Heiler M, Schnörr C. Learning Sparse Representations by Non-Negative Matrix Factorization Matrix Factorization and Sequential Cone Programming [J]. Journal of Machine Learning Research, 2006, 7: 1385-1407.

[93] Zhang F. Matrix Theory:Basic Results and Techniques[M]. New York:Springer,1999.
[94] Field D J. What is the Goal of Sensory Coding[J]. Neural Computation,1994,6:559-601.
[95] Horn R A,Johnson C R. Matrix Analysis[M]. 杨奇,译. 天津:天津大学出版社,1989.
[96] 廖安平,刘建州. 矩阵论[M]. 长沙:湖南大学出版社,2005.
[97] 方保镕,周继东,李医民. 矩阵论[M]. 北京:清华大学出版社,2004.
[98] 刘丁酉. 矩阵分析[M]. 武汉:武汉大学出版社,2003.
[99] 刘慧,袁文燕,姜冬青. 矩阵论及应用[M]. 北京:化学工业出版社,2003.
[100] 张贤达. 矩阵分析及应用[M]. 北京:清华大学出版社,2004.
[101] 冯天祥,李世宏. 矩阵的 QR 分解[J]. 西南民族学院学报,2001,20:418-421.
[102] 丘维声. 高等代数[M]. 北京:清华大学出版社,2010.
[103] 周立仁. 矩阵同时对角化的条件讨论[J]. 湖南理工学院学报,2007,20:8-10.
[104] Cardoso J F,Souloumiac A. Blind Beamforming for Non-Gaussian Signals[J]. IEE Proc-F (Radar and Signal Process),1993,140:362-370.
[105] Belouchrani A, Abed-Meraim K, Cardoso J F, Moulines R. A Blind Source Separation Technique Using Second-Order Statistics [J]. IEEE Trans. Signal Process., 1997, 45: 434-444.
[106] Pham D T, Cardoso J F. Blind Separation of Instantaneous Mixtures of Non Stationary Sources[J]. IEEE Trans. on Signal Process.,2001,42:1837-1848.
[107] Magnus J R, Neudecker H. Matrix Differential Calculus with Applications in Statistics and Econometrics[M]. John Wiley & Sons,1999.
[108] Yeredor A. Non-Orthogonal Joint Diagonalization in the Least-Squares Sense with Application in Blind Source Separation [J]. IEEE Transactions on Signal Processing, 2002,50:1545-1553.
[109] Ziehe A, Laskov P, Nolte G, Muller K R. A Fast Algorithm for Joint Diagonalization with Non-Orthogonal Transformations and Its Application to Blind Source Separation[J]. Journal of Machine Learning Research,2004,5:777-800.
[110] Dai Q, Guo X, Li L. Sequence Comparison Via Polar Coordinates Representation and Curve Tree[J]. Journal of Theoretical Biology,2011:78-85.
[111] Saitou N, Nei M. The Neighbor-Joining Method: A New Method for Reconstructing Phylogenetic Trees[J]. Molecular Biology and Evolution,1987,4:406-425.
[112] Xie G,Mo Z. Three 3D Graphical Representations of DNA Primary Sequences Based on the Classifications of DNA Bases and Their Applications [J]. Journal of Theoretical Biology,2011,269:123-130.
[113] Zhang Z J. Dv-Curve: A Novel Intuitive Tool for Visualizing and Analyzing DNA Sequences[J]. Bioinformatics,2009,25:1112-1117.
[114] Liao B,Tan M,Ding K. A 4D Representation of DNA Sequences and Its Application[J].

Chemical Physics Letters,2005,402:380-383.

[115] Chi R,Ding K. Novel 4D Numerical Representation of DNA Sequences[J]. Chemical Physics Letters,407:63-67,2005.

[116] Liao B,Ding K. A 3D Graphical Representation of DNA Sequences and Its Application[J]. Theoretical Computer Science,2006:56-64.

[117] Zhang Y,Chen W. Invariants of DNA Sequences Based on 2dd-Curves[J]. Journal of Theoretical Biology,2006:382-388.

[118] Yao Y H,Dai Q,Nan X Y,et al. Analysis of Similarity/Dissimilarity of DNA Sequences Based on a Class of 2d Graphical Representation[J]. Journal of Computational Chemistry,2008,29:1632-1639.

[119] Tang X,Zhou P,Qiu W. On the Similarity/Dissimilarity of DNA Sequences Based on 4d Graphical Representation[J]. Chinese Science Bulletin,2010,55:701-704.

[120] Luo J. A New Graphical Representation and Its Application in Similarity Dissimilarity Analysisof DNA Sequences[J]. 2010 4th International Conference on Bioinformatics and Biomedical Engineering (iCBBE),2010:1-5.

[121] Li C,Ma H,Zhou Y,et al. Similarity Analysis of DNA Sequences Based on the Weighted Pseudo-Entropy[J]. Journal of Computational Chemistry,2011,32:675-680.

[122] Liu X Q,Dai Q,Xiu Z,Wang T. Pnn-Curve: A New 2d Graphical Representation of DNA Sequences and Its Application[J]. Journal of Theoretical Biology,2006,243:555-561.

[123] 徐树方.矩阵计算的理论与方法[M].北京:北京大学出版社,1994.

[124] Dongarra J,Moler C,Bunch J,Stewart G W. Linpack User's Guide[M]. Philadelphia: Society for Industrial and Applied Mathematics,1979.

[125] Kalman D. A Singularly Valuable Decomposition: The Svd of a Matrix[J]. The College Mahtematics Journal,1998,27:2-23.

[126] Stewart G W,Sun J G. Matrix Perturbation Theory[M]. New York: Harcourt Brace Jovanovich,1990.

[127] Lawson C L, Hanson R J. Solving Least Squares Problems[M]. Englewood Cliffs,New Jersey:Prentice-Hall,1974.

[128] D R, Abrahamsen A. Image Compression Using Singular Value Decomposition[J]. Applications of Linear Algebra.

[129] Higham N J. Recent Developments in Dense Numerical Linear Algebra[J]. 2000.

[130] Golub G H,Van Der Vorst H A. Numerical Progress in Eigenvalue Computation in the 20th Century Working Document. Available[J]. 1999.

[131] Stewart G W. On the Early History of the Singular Value Decomposition[J]. SIAM Rev.,1993,35:551-566.

[132] Golub G ,Kahan W. Caculating the Singular Values and Pseudo-Inverse of a Matrix[J]. SIAM J. Numer. Anal. ,1965,2:205-224.

[133] Businger P A,Golub G H. Algorithm 358: Singular Value Decomposition of a Complex Matrix[J]. Assoc. Comp. Math,1969,12:564-565.

[134] Demmel J W, Kahan W. Accurate Singular Values of Bidiagoanl Matrices[J]. SIAM Journal of statistical computation and simulation,1990,11:873-912.

[135] Deift P,Demmel J W,Li L C,Tomei C. The Bidiagonal Singular Value Decomposition and Hamiltonian Mechanics [J]. SIAM Journal on numerical analysis, 1991, 28: 1463-1516.

[136] Fernando K V, Parlett B N. Accurate Singular Values and Differential Qd Algorithms[J]. Numerical Mathematics: Theory, Methods and Applications, 1994, 67: 191-229.

[137] Parlett B N. The New Qd Algorithms[J]. Acta Numerica,1995:459-491.

[138] James D,Kresimir V. Jacobi's Method Is More Accurate Than Qr[J]. SIAM Journal on Matrix Analysis and Applications,1992,13:1204-1245.

[139] Drmac Z. A Posteriori Computation of the Singular Vectors in a Preconditioned Jacobi Svd Algorithm[J]. IMA Journal of numerical analysis,1999,19:191-213.

[140] Dhillon J D I,Gu M. Efficient Computation of the Singular Value Decomposition with Applications to Least Squares Problems[J]. Technical Report LBL-36201,1994.

[141] Gu M,Eisenstat S C. A Divide-and-Conquer Algorithm for the Bidiagonal Svd[J]. SIAM Journal on Matrix Analysis and Applications,1995,16:79-92.

[142] Barlow J,Demmel J. Computing Accurate Eigensystems of Scaled Diagonally Dominant Matrices[J]. SIAM Journal on Numerical Analysis,1990,27:762-791.

[143] Fernando K V,Parlett B N. Accurately Counting Singular Values of Bidiagonal Matrices and Eigenvalues of Skew-Symmetric Tridiagonal Matrices[J]. SIAM Journal on Matrix Analysis and Applications,1998,20:373-399.

[144] Barlow J L. More Accurate Bidiagonal Reduction for Computing the Singular Value Decomposition[J]. SIAM Journal on Matrix Analysis and Applications,2002,23:761-798.

[145] Press W H,Flannery B P,Teukolsky S A,Vetterling W T. Numerical Recipes in C:The Art of Scientific Computing[M]. Cambridge:Cambridge University Press,1992.

[146] Wilkinson J H, Reinsch C. Linear Algebra: Vol Ii of Handbook for Automatic Computation[M]. New York:Springer-Verlag,1971.

[147] Anderson E,Bai Z,Bischof C H,et al. Lapack Users' Guide Edn[M]. 3rd ed. Philadelphia PA:SIAM Press,1999.

[148] Golub G H, Van Loan C F. Matrix Computations [M]. Baltimore: Johns Hopkins University Press,1996.

[149] Czedli G, Lenkehegyi A. On Congruence N-Distributivity of Ordered Algebras[J]. Acta. Math. Hungar., 1983, 41: 17-26.

[150] Cao Y, Janke A, Waddell P J, et al. Conflict among Individual Mitochondrial Proteins in Resolving the Phylogeny of Eutherian Orders[J]. Journal of Molecular Evolution, 1998, 47: 307-322.

[151] Li M, Badger J H, Chen X, et al. An Information-Based Sequence Distance and Its Application to Whole Mitochondrial Genome Phylogeny[J]. Bioinformatics, 2001, 17: 149-154.

[152] Otu H H, Sayood K. A New Sequence Distance Measure for Phylogenetic Tree Construction[J]. Bioinformatics, 2003, 19: 2122-2130.

[153] Yu C, Liang Q, Yin C, et al. A Novel Construction of Genome Space with Biological Geometry[J]. DNA Research, 2010, 17: 155-168.

[154] Basak S C, Gute B D, Mills D. Similarity Methods in Analog Selection, Property Estimation and Clustering of Diverse Chemicals[J]. ARKIVOC, 2006, ix: 157-210.

[155] Raina S Z, Faith J J, Disotell T R, et al. Evolution of Base-Substitution Gradients in Primate Mitochondrial Genomes[J]. Genome Research, 2005, 15: 665-673.

[156] Dai Q, Wang T. Comparison Study on K-Word Statistical Measures for Protein: From Sequence to "Sequence Space"[J]. BMC Bioinformatics, 2008, 9: 1-19.

[157] Tamura K, Dudley J, Nei M, Kumar S. Mega4: Molecular Evolutionary Genetics Analysis (Mega) Software Version 4.0[J]. Molecular Biology and Evolution, 2007, 24: 1596-1599.

[158] Dai Q, Liu X, YaoY H, Zhao F. Numerical Characteristics of Word Frequencies and Their Application to Dissimilarity Measure for Sequence Comparison[J]. Journal of Theoretical Biology, 2011, 276: 174-180.

[159] Yao Y H, Dai Q, Li L, et al. Similarity/Dissimilarity Studies of Protein Sequences Based on a New 2d Graphical Representation[J]. Journal of Computational Chemistry, 2010, 31: 1045-1052.

[160] Krettek A, Gullberg A, Arnason U. Sequence Analysis of the Complete Mitochondrial DNA Molecule of the Hedgehog, Erinaceus Europaeus, and the Phylogenetic Position of the Lipotyphla[J]. Journal of Molecular Evolution, 1995, 41: 952-957.

[161] Prasad A B, Allard M W, Green E D. Confirming the Phylogeny of Mammals by the Use of Large Comparative Sequence Data Sets[J]. Molecular Biology and Evolution, 2008, 25: 1795-1808.

[162] Gao L, Qi J. Whole Genome Molecular Phylogeny of Large Dsdna Viruses Using Composition Vector Method[J]. BMC Evolution Biology, 2007, 7: 41.

[163] Qi J, Wang B, Hao B L. Whole Proteome Prokaryote Phylogeny without Sequence Alignment: A K-String Composition Approach[J]. Journal of Molecular Evolution, 2004,

58:1-11.

[164] Liao B. Analysis of Similarity/Dissimilarity of DNA Sequences Based on a Condensed Curve Representation[J]. J. Mol. Struct. (THEOCHEM), 2005, 717:199-203.

[165] Liao B, Zhu W. Analysis of Similarity/Dissimilarity of DNA Primary Sequences Based on Condensed Matrices and Information Entropies[J]. Current Computer-Aided Drug Design, 2006, 2:275-285.

[166] Feng J, Liu X, Wang T. Condensed Representations of Protein Secondary Structure Sequences and Their Application[J]. J. Biomol. Struct. Dyn., 2008, 25:621-628.

[167] Liao B, Liao B, Lu X, Cao Z. A Novel Graphical Representation of Protein Sequences and Its Application[J]. Journal of Computational Chemistry, 2011, 32:2539-2544.

[168] He P A, Wei J, Yao Y, Tie Z. A Novel Graphical Representation of Proteins and Its Application[J]. Physica A: Statistical Mechanics and Its Applications, 2012, 391:93-99.

[169] Randić M. Withdrawn: 2-D Graphical Representation of Proteins Based on Physico-Chemical Properties of Amino Acids[J]. Chemical Physics Letters, 2007, 444: 176-180.

[170] Nandy A. Two-Dimensional Graphical Representation of DNA Sequences and Intron-Exon Discrimination in Intron-Rich Sequences[J]. Comput. Appl. Biosci., 1996, 12: 55-62.

[171] Liu Z B, Liao B, Zhu W, Huang G H. A 2D Graphical Representation of DNA Sequence Based on Dual Nucleotides and Its Application[J]. Int. J. Quantum. Chem., 2009: 948-958.

[172] Cao Z, Liao B, Li R. A Group of 3d Graphical Representation of DNA Sequences Based on Dual Nucleotides[J]. International Journal of Quantum Chemistry, 2008, 108: 1485-1490.

[173] Liao B, Xiang X, Zhu W. Coronavirus Phylogeny Based on 2d Graphical Representation of DNA Sequence[J]. Journal of Computational Chemistry, 2006, 27:1196-1202.

[174] Yu J F, Sun X, Wang J H. Tn Curve: A Novel 3d Graphical Representation of DNA Sequence Based on Trinucleotides and Its Applications[J]. Journal of Theoretical Biology, 2009, 261:459-468.

[175] Yu J F, Sun X. Reannotation of Protein-Coding Genes Based on an Improved Graphical Representation of DNA Sequence[J]. Journal of Computational Chemistry, 2010, 31: 2126-2135.

[176] Liao B, Ding K. Graphical Approach to Analyzing DNA Sequences[J]. Journal of Computational Chemistry, 2005, 26:1519-1523.

[177] Afreixo V, Bastos C A C, Pinho A J, et al. Genome Analysis with Inter-Nucleotide Distances[J]. Bioinformatics, 2009, 25:3064-3070.

[178] Ford M J. Molecular Evolution of Transferrin: Evidence for Positive Selection in

Salmonids[J]. Molecular Biology and Evolution, 2001, 18: 639-647.

[179] Xu R, Wunsch Ⅱ D. Survey of Clustering Algorithms[J]. IEEE Transactions on Neural Networks, 2005, 16: 645-678.

[180] Comon P. Independent Component Analysis, a New Concept[J]. Signal Processing, 1994, 36: 287-314.

[181] Albera L, Kachenoura A, Wendling F, et al. On Joint Diagonalization of Cumulant Matrices for Independent Component Analysis of Mrs and Eeg Signals[J]. Conf Proc IEEE Eng Med Biol Soc, 2010, 2010: 1902-5.

[182] Huang D S, Zheng C H. Independent Component Analysis Based Penalized Discriminant Method for Tumor Classification Using Gene Expression Data[J]. Bioinformatics, 2006, 22: 1855-1862.

[183] Yu H J, Huang D S. Novel Graphical Representation of Genome Sequence and Its Applications in Similarity Analysis [J]. Physica A: Statistical Mechanics and Its Applications, 2012, 391: 6128-6136.

[184] Huang Y, Yang L, Wang T. Phylogenetic Analysis of DNA Sequences Based on the Generalized Pseudo-Amino Acid Composition[J]. Journal of Theoretical Biology, 2011, 269: 217-223.

[185] Lee D D, Seung H S. Learning the Parts of Objects by Non-Negative Matrix Factorization [J]. Nature, 1999: 788-791.